300MW热电联产机组技术丛书

2014年版

热工控制系统和设备

国电太原第一热电厂　编著

中国电力出版社
CHINA ELECTRIC POWER PRESS

内 容 提 要

全书分六章，主要结合国电太原第一热电厂的实际，对300MW热电联产机组的热工控制系统和设备进行了介绍。第一章介绍计算机控制技术及分散控制系统；第二章介绍单元机组协调控制系统；第三章介绍旁路控制系统；第四章介绍炉膛安全监控系统；第五章介绍顺序控制系统；第六章介绍热工保护系统。本书还提出了一些具体的改进措施和建议，以增加实用性。

本书主要针对有一定实际工作经历的机组运行人员学习使用；也可供即将走上工作岗位的学生参考，方便他们把理论知识与工作实践更快地结合起来；还可以供高等院校热能动力工程等专业的师生参考，帮助他们深入了解现场情况。

图书在版编目（CIP）数据

热工控制系统和设备/国电太原第一热电厂编著. —北京：中国电力出版社，2008.6（2020.4 重印）

（300MW 热电联产机组技术丛书）

ISBN 978-7-5083-6722-4

Ⅰ.热… Ⅱ.国… Ⅲ.热电厂-热力工程-自动控制-控制系统 Ⅳ.TM621.4

中国版本图书馆 CIP 数据核字（2008）第 013714 号

中国电力出版社出版、发行

（北京市东城区北京站西街 19 号 100005 http://www.cepp.sgcc.com.cn）

三河市百盛印装有限公司印刷

各地新华书店经售

*

2008 年 6 月第一版 2020 年 4 月北京第三次印刷

787 毫米×1092 毫米 16 开本 15 印张 362 千字

印数 5001—6000 册 定价 **42.00** 元

编 委 会

编 委 主 任　史太平　任晓林

编 委 成 员　周茂德　李朝平　裴志伟　贾春生　任贵明

　　　　　　　姚泽民　柴吉文

丛 书 主 编　卫泳波

丛 书 副 主 编　郭友生　高丕德　石占山　帖险峰　闫　哲

《热工控制系统和设备》主编　杨乃冈

《化学水处理系统和设备》主编　万红云

《输煤系统和设备》主编　任　芸

《除灰除尘系统和设备》主编　杨晓东

Foreword

序

　　国电太原第一热电厂（以下简称"电厂"）创建于 1953 年，属"一五"期间国家 156 项重点工程之一。50 多年来，经过六期扩建，逐步发展成为拥有装机容量 1275MW 的现代化大型热电联产企业。至 2006 年底，为国家发电 1266.44 亿 kW·h，供热 2.79 亿 MW，担负着太原市 1000 万 m² 、80 万居民的集中采暖供热和周边化工工业热负荷，为太原市的清洁生产和全省的经济发展作出了突出贡献。

　　电厂五期扩建的两台 300MW 机组为波兰拉法克公司生产的低倍率循环半塔式燃煤锅炉，与东方电站集团公司生产的汽轮发电机组相配套；六期扩建两台 300MW 机组的锅炉、汽轮机和发电机均由东方集团公司生产。50 多年的发展过程中，电厂在机、炉、电、热、化、燃及脱硫等各个专业的生产运行和设备检修方面积累了很多有益的经验。在这一过程中，电厂的工程技术人员一直不遗余力，在完善专业教材体系并使其更贴近企业专业特点方面不断进行探索。

　　我们在 2005 年编写完成《锅炉及辅助设备》、《汽轮机及辅助设备》、《发电机及电气设备》、《火力发电厂烟气脱硫设备运行与检修》等分册的基础上，继续完成了《热工控制系统和设备》、《化学水处理系统和设备》、《输煤系统和设备》和《除灰除尘系统和设备》等分册，使《300MW 热电联产机组技术丛书》成为一套专业完整、有较高参考价值的技术丛书。我们衷心希望丛书的问世，能够对推动热电联产机组的技术发展有所裨益。

　　国家电力体制改革之后，国民经济保持持续稳步增长，极大地推动了电力工业的加速发展，为专业技术水平的进一步提高提供了难得的机遇。同时，随着电力技术的不断发展，使更多的新技术、新工艺在电力企业生产中得到更为广泛的应用。作为专业技术工作者，我们都深感责任之重大和任务之艰巨。在这套丛书问世之际，我们再次表达这样一个心愿：希望与全国电力行业的同行共勉，为我国电力专业技术建设多添一块砖、多加一块瓦、多出一分力，培养出更多的优秀人才。

　　在编写过程中，广大技术人员付出了辛勤的劳动，中国国电集团公司、中国国电集团公司华北分公司及山西电网公司的领导都给予了大力的支持，在此表示衷心地感谢。

国电太原第一热电厂厂长　史太平

前 言

　　国电太原第一热电厂共有 4 台 300MW 热电联产机组。其中，五期 2×300MW 机组于 1992 年投产，锅炉为波兰生产的直吹式低倍率强制循环燃煤炉，汽轮机为东方汽轮机厂生产的亚临界供热凝汽式汽轮机，机组控制系统于 2002 年和 2003 年实施了 DCS 控制系统一体化改造工程，采用国产 EDPF-NT 型 DCS 控制系统；六期 2×300MW 机组于 1999 年投产，锅炉为东方锅炉厂生产的中间储仓式自然循环燃煤汽包炉，汽轮机为东方汽轮机厂生产的亚临界供热凝汽式汽轮机，机组采用美国西屋 WDPF-Ⅱ 型 DCS 控制系统。为了扩大交流，不断提高职工的技术水平，我们编写了本书。

　　全书由杨乃冈主持并编写和修改了部分内容。第一章由周尚周、雷金海编写，第二章由武小蕾、郭彦斌编写，第三章由周尚周、牛晋峰编写，第四章由王保良编写，第五章由乔志明编写，第六章由武向东编写。在编写过程中得到了各级领导和相关工程技术人员的大力支持，特别是卫泳波同志对本书的定位、内容、大纲提出了中肯的指导意见，在此诚挚地表示感谢。

　　因水平和条件有限，书中不免存在不妥之处，恳请广大读者批评指正。

编者

2007 年 7 月

目 录

计算机控制技术 第一章

第一节 热工控制系统概述

火力发电是一个经化学能→热能→势能→动能→机械能→电能的多层次能量转换的过程。其中涉及的热力设备众多，热力系统庞大，生产过程复杂，并且多数生产设备长期处于高温、高压、高速、易燃、易爆等恶劣条件或某种极限状态下运行，所以对其生产过程进行有效的控制是电力安全经济生产的一项基本任务。

热工控制系统主要由测量装置、执行机构（执行装置）和控制系统三大部分组成。其中测量装置和执行机构在原理和结构上没有新的变化，只是引入了智能化、网络通信接口、微处理器等，已可以实现计算机远程设定甚至控制，并逐步向现场总线控制方向发展，其核心已逐步由计算机控制系统所取代。

一、热工测量

1. 温度测量

火电厂热工测量控制系统中的温度测量传感器，采用热电偶热电阻，少数地方采用其他热敏元件如金属膜（双金属膜）水银温包等作为温度测量的一次元件。300MW 以上的机组一般是热电偶热电阻信号直接进入电子室，由分散控制系统（DCS）系统中专门的信号调整模件将其转换成适用于控制系统的信号。热电偶的冷端补偿，依据控制系统的不同而采用各种不同的方法，现在通常采用的方法有：使用冷端补偿器、使用恒温箱，以及用热电阻测量接线盒中的温度然后在软件中进行修正。

2. 压力（真空）测量

传感器为应变原理的膜片、弹簧管，变送器为位移检测原理或电阻电容检测原理，4～20mA 输出，二次仪表多数为数字显示仪表。

3. 流量测量

流量测量以采用标准节流件，依据差压原理测量为主，少数地方采用齿轮流量计或涡轮流量计，如燃油流量的测量。大机组中的主蒸汽流量测量许多地方不用节流件，利用汽轮机调节级的压力通用公式计算得出。用节流件测量主蒸汽流量时一般都有压力温度补偿。二次仪表数字化、智能化，在分散控制系统（DCS）中实现密度补偿就更为方便。

4. 液位（料位）测量

液位测量以差压原理经压力补偿测量为主，电接点、工业电视并用。云膜或轻液双色水位计仍在使用，也有使用浮子及电磁原理的液位开关的。料位测量以称重式或电容式传感器配 4～20mA 变送器测量为主，也有使用浮子式或超声波原理的。

5. 其他热工测量

如氧化锆烟气含氧量测量、电导率测量、二相流的测量、火焰检测等，除电导率测量比较简单外，这些测量多数还处于研究开发阶段，或者说还没有完全定型和成熟。

随着科学技术的不断发展，也由于生产实践的需求以及原有技术的不足，进入新的一个世纪以后，热工自动化专业技术以更快的速度发展。传感器、变送器将更趋于小型化、数字化、智能化；二次仪表将趋向于小型化、数字化或全 CRT 显示技术；控制系统将从 DCS 系统向 FCS 或更新型的系统过渡。控制系统的功能也将进一步拓宽，更多地注重更高层次的生产管理方面的功能。传统的仪表控制系统主要是监视和操作以及控制功能，至于更高层次上的生产管理功能，直到有了 DCS 系统才开始涉及，以后的自动化控制系统将在这方面有更大的作为。

总之，在测量技术方面，新原理、新材料、新工艺制成的各种新型传感器、变送器将层出不穷，二次仪表将趋向于与传感器、变送器一体化、小型化，并且全面智能化。

二、控制系统

火力发电机组控制系统的发展大致经历了以下三个阶段。

1. 就地控制阶段

20 世纪二三十年代，火电厂机组的容量很小，仅仅能对锅炉蒸汽压力、汽包水位、汽轮机转速等实现简单的自动控制。国外在 40 年代以前，我国在 50 年代建设的火电厂基本上采用这种控制方式。

2. 集中控制阶段

集中控制阶段分为局部集中控制和机组集中控制两个子阶段。

20 世纪 40 年代初，由于出现了中间再热式机组，锅炉和汽轮机之间的联系增加，为了协调机炉间的运行，出现了局部集中控制系统。这一阶段控制系统的显著特点是：锅炉和汽轮机的控制系统表盘相对集中地安装在一起；运行人员同时监视和控制机炉的运行；控制设备主要是气动或电动单元组合仪表。国外 40～50 年代，我国 60～70 年代初建设的火电厂基本上采用这种控制方式。

20 世纪 50 年代后，火电厂机组的容量进一步增大，机电炉之间的联系更加密切，同时，仪表和控制设备的尺寸缩小，而且出现了新型的巡回检测仪表和局部程控装置，机组集中控制系统成形了。这一阶段控制系统的显著特点是：整个机组机电炉的监视和控制表盘集中在一个控制室内；运行人员同时监视和控制机电炉的运行；控制设备主要是电动单元组合仪表、组件组装式仪表、以微处理机为核心的数字式仪表。国外 50～60 年代，我国 70～80 年代建设的火电厂基本上采用这种控制方式。

3. 计算机控制阶段

随着火电厂机组向高参数大容量方向发展，生产过程中需要监视的内容越来越多，过程控制的任务越来越重。另一方面，计算机的发展与普及、现代控制理论的产生与应用，以及二者相结合所形成的计算机控制系统向工业领域的渗透，使计算机控制系统应运而生。计算机控制阶段分为集中型计算机控制、分散型计算机控制和综合自动化三个子阶段。

计算机控制系统最初在火电厂的应用，采用的是集中型计算机控制系统。它最显著的特点是：用一台计算机实现几十甚至几百个控制回路和许多被控量的控制、显示、操作、管理等。但是，集中型计算机控制系统存在致命的缺点：由于当时计算机硬件可靠性不够高，而用一台计算机承担所有的监视和控制任务，使得危险高度集中，一旦计算机故障，将导致生产过程全面瞬间瘫痪；而且在计算机速度和容量有限的情况下，一台计算机所承受的工作负荷过大，也影响了系统的实时性和正确性。

20 世纪 70 年代初，大规模集成电路制造成功和微处理器的问世，使得计算机的可靠性和运算速度大大提高，而且价格大幅度下降。计算机技术的发展与日益成熟的分散型计算机控制思想相结合，促使火电厂自动化技术进入了分散型计算机控制的新时代。分散型计算机控制系统就是我们常说的分散控制系统，它的显著特点是：由多个基本控制单元去控制复杂生产过程中的局部系统；通过 CRT 显示技术与数据高速公路交换数据，使得运行人员能够对整个系统集中进行监视、操作、管理等。分散控制也就是控制分散，危险分散，管理集中。我国于 80 年代中期开始在火电厂机组上应用分散控制系统，而且新建的 300MW 以上机组普遍采用分散控制系统。

在分散控制系统的基础上，火电厂控制系统正向更高层次的综合自动化方向发展。综合自动化是一种集控制、管理、决策为一体的全局自动化模式，它是在对各局部生产过程实现自动控制的基础上，从全局最优的观点出发，把火电厂的运作体系视为一个整体，在新的管理模式和工艺指导下，综合运用现代科学技术与手段，将各自独立的局部自动化子系统有机地综合成一个完整的大系统，实现生产过程的全局自动化。

三、控制子系统

1. 自动发电控制系统（Automatic Generation Control，简称 AGC）

AGC 是现代电网控制中心的一项基本和重要的功能，是电网现代化管理和商业化运营的需要。自动发电控制系统主要由三部分组成：电网调度中心的能量管理系统（EMS）、电厂端的远方终端（RTU），以及分散控制系统的协调控制系统、微波和分散通道。

2. 厂级实时监控信息系统（Supervisory Information System in Plant Level，简称 SIS）

SIS 是发电厂的生产过程自动化和电力市场交易信息网络化的中间环节，是发电企业实现发电生产到市场交易的中间控制层，是实现生产过程控制和生产信息管理一体化的核心，是承上启下实现信息网络的控制枢纽，是实现机组的安全经济运行的有效手段。SIS 系统具有以下功能：

(1) 实现全厂生产过程监控。

(2) 实时处理全厂经济信息和成本核算。

(3) 具有竞价上网处理系统。

(4) 实现机组之间的经济负荷分配。

(5) 进行机组运行经济评估及运行操作指导。

3. 单元机组协调控制系统（Coordination Control System，简称 CCS）

所谓协调控制，是指通过控制回路协调汽轮机和锅炉的工作状态，同时给锅炉自动控制系统和汽轮机自动控制系统发出指令，以达到快速响应负荷变化的目的，尽最大可能发挥机组的调频、调峰能力，稳定运行参数。

协调控制系统通常指机、炉闭环控制系统的总体，包括各子系统。原电力部热工自动化标委会推荐采用模拟量控制系统（Modulating Control System，MCS）来代替闭环控制系统、协调控制系统、自动调节系统等名称，但习惯上仍沿用协调控制系统。

4. 旁路控制系统（Bypass Control System，简称 BCS）

大型中间再热式机组一般都设置旁路热力系统，其目的是在机组启停过程中协调机、炉的动作，回收工质，保护再热器等。该系统具有启动、泄流和安全三项功能，从而较好地解决了机组启动过程中机、炉之间的不协调问题，改善了启动性能。

5. 锅炉炉膛安全监控系统（Furnace Safeguard Supervisory System，简称 FSSS）[或称燃烧器管理系统（Burner Management System，简称 BMS）]

炉膛安全监视系统包括炉膛火焰监视、炉膛压力监视、炉膛吹扫、自动点火、燃烧器自动切换、紧急情况下的主燃料跳闸等。

6. 顺序控制系统（Sequence Control System，简称 SCS）

按照生产过程工艺要求预先拟定的顺序，有计划、有步骤、自动地对生产过程进行一系列的操作，称为顺序控制。顺序控制也称程序控制，在发电厂中主要用于主机或辅机的自动启停程序控制，以及辅助系统的程序控制。如汽轮机、磨煤机的自动启停程序控制，定期排污和定期吹灰的程序控制等。

7. 数据采集系统（Data Acquisition System，简称 DAS）

又称计算机监控系统，其基本功能是对机组整个生产过程参数进行在线检测，经处理运算后以 CRT 画面形式提供给运行人员。该系统可进行自动报警、制表打印、性能指标计算、事件顺序记录、历史数据存储以及操作指导等。

8. 汽轮机数字电液控制系统（Digital Electric Hydraulic System，简称 DEH）

汽轮机数字电液控制系统是汽轮发电机组的重要组成部分，除完成汽轮机转速、功率及机前压力的控制外，还可实现机组启停过程及故障时的控制和保护。DEH 包括两个控制功能：

（1）BTC，Base Turbine Control，即汽轮机基本控制。

（2）ATC，Auto Turbine Control，即汽轮机自动程序控制。

9. 给水泵汽轮机电液控制系统（Machine Electric Hydraulic System，简称 MEH）

给水泵汽轮机电液控制系统是锅炉全程给水控制的重要组成部分，可完成给水泵汽轮机的控制等。

10. RUN BACK、RUN UP、RUN DOWN、FCB

（1）RUN BACK 即自动快速减负荷。

（2）RUN UP 即强增负荷。

（3）RUN DOWN 即强减负荷。

（4）FCB（FAST CUT BACK）即负荷快速切回或称快速甩负荷。

11. 汽轮机监控系统（汽轮机监视仪表 TSI）

汽轮发电机属高速运转的大型机械设备，对其参数的要求十分严格。大轴的振动、位移、热膨胀等参数直接影响到汽轮机的安全运行，必须精确测量并加以监视。以微处理器为核心的汽轮机监控系统，可有效地解决参数检测与处理方面的困难。

12. 汽轮机紧急跳闸系统（ETS）

在汽轮机运行过程中出现异常时，能采取必要措施进行处理，并在异常情况继续发展到可能危及设备及人身安全时，能采取果断措施停止汽轮机运行的自动控制系统。

此外，控制子系统还包括汽轮机自启动系统（TAS）和辅助系统的计算机程控系统。

第二节 分散控制系统概述

一、DCS 的定义

分散控制系统的英文原名为 Distributed Control System（简称 DCS），通常也称为集散控制系统或分布式控制系统。DCS 系统是继直接作用式气动仪表、气动单元组合仪表、电动单元组合仪表和组件组装式仪表之后的新一代控制系统。

分散控制系统的特征是 4C 技术，即控制技术（Control）、计算机技术（Computer）、通信技术（Communication）和显示技术（Cathode Ray Tube）。在 DCS 系统中通信技术尤为重要，操作员站、工程师站、现场控制站都是通过网络联在一起的，系统数据显示、控制、系统组态等所有功能，也都依靠通信技术来完成。故可简单地说，DCS 系统等于计算机加网络。

DCS 系统是相对于集中式控制系统而言的一种新型计算机控制系统，是在集中式控制系统的基础上发展、演变而来的。在系统功能方面，DCS 和集中式控制系统的区别不大，但在系统功能的实现方法上却完全不同。DCS 系统是一种控制功能分散、操作显示集中、采用分级结构的智能站网络系统。其目的在于控制或管理一个工业生产过程或工厂。该系统采用计算机、通信和屏幕显示技术，实现对生产过程的数据采集、控制和保护等功能，利用通信技术实现数据共享。其主要特点是功能分散、数据共享、可靠性高。

DCS 系统是以大型工业生产过程及其相互关系日益复杂的控制对象为前提，从生产过程综合自动化的角度出发，按照系统工程中分解与协调的原则研制开发出来的，并以微处理机为核心。

二、DCS 系统结构

1. 系统网络

DCS 的骨架——系统网络，是 DCS 的基础和核心。由于网络对于 DCS 整个系统的实时性、可靠性和扩充性，起着决定性的作用，因此各厂家都在这方面进行了精心的设计。

DCS 的系统网络，必须满足实时性的要求，即在确定的时间限度内完成信息的传送。这里所说的"确定"的时间限度，是指在无论何种情况下，信息传送都能在这个时间限度内完成，而这个时间限度则是根据被控制过程的实时性要求确定的。因此，衡量系统网络性能的指标并不是网络的速率，即通常所说的每秒比特数（bit/s），而是系统网络的实时性，即能在多长的时间内确保所需信息的传输完成。

系统网络还必须非常可靠，在任何情况下，网络通信都不能中断，因此多数厂家的DCS 均采用双总线、环形或双重星形的网络拓扑结构。

为了满足系统扩充性的要求，系统网络上可接入的最大节点数量应比实际使用的节点数量大若干倍。这样，一方面可以随时增加新的节点，另一方面也可以使系统网络运行于较轻的通信负荷状态，以确保系统的实时性和可靠性。

在系统实际运行过程中，各个节点的上网和下网是随时可能发生的，特别是操作员站，这样，网络重构会经常进行，而这种操作绝对不能影响系统的正常运行。因此，系统网络应该具有很强的在线网络重构功能。

2. 网络节点

过程控制站是对现场 I/O 处理并实现直接数字控制功能的网络节点。一般一套 DCS 中要设置多个现场 I/O 控制站，用以分担整个系统的 I/O 和控制功能。这样既可以避免由于一个站点失效造成整个系统的失效，提高系统可靠性，也可以使各站点分担数据采集和控制功能，有利于提高整个系统的性能。

DCS 的操作员站是处理一切与运行操作有关的人机界面（HMI-Human Machine Interface 或 Operator Interface）功能的网络节点。

DCS 的工程师站是对 DCS 进行离线的配置、组态工作，以及在线的系统监督、控制、维护的网络节点，其主要功能是提供对 DCS 进行组态、配置工作的工具软件（即组态软件），并在 DCS 在线运行时实时地监视 DCS 网络上各个节点的运行情况，使系统工程师可以通过工程师站及时调整系统配置及一些系统参数的设定，使 DCS 随时处在最佳的工作状态之下。与集中式控制系统不同，所有的 DCS 都要求有系统组态功能，可以说，没有系统组态功能的系统就不能称为 DCS。

3. 系统结构

DCS 系统是由以微处理器为核心的基本控制单元、数据采集站、高速数据通道、上位监控和管理计算机，以及 CRT 操作站等组成的。

（1）基本控制单元。基本控制单元是直接控制生产过程的硬件和软件的有机结合体，是分散控制系统的基础，它可以实现闭环模拟量控制和顺序控制，完成常规模拟仪表所能完成的一切控制功能。基本控制单元有很多个，每个单元只控制某一局部生产过程，一个基本控制单元故障不会影响整个生产过程。

（2）CRT 操作站。CRT 操作站是用户与系统进行信息交换的设备，它以屏幕窗口或文件表格的形式提供人与过程、人与系统的界面，可以实现操作指令输入、各种画面显示、控制系统组态、系统仿真等功能。

（3）高速数据通道。高速数据通道是信息交换的媒介，它将分散在不同物理位置上执行不同任务的各基本控制单元、数据采集站、上位计算机、CRT 操作站连接起来，形成一个信息共享的控制和管理系统。

（4）上位计算机。上位计算机用于对生产过程的管理和监督控制，协调各基本控制单元的工作，实现生产过程最优化控制，并在大容量存储器中建立数据库。有的分散控制系统没有设置上位计算机，而是把它的功能分散到系统的其他一些工作站中，建立分散的数据库，并为整个系统公用，各个工作站都可以透明地对其进行访问。

（5）数据采集站。数据采集站主要用来采集各种生产现场数据，以满足系统监测、控制以及生产管理与决策计算的需要。有的分散控制系统没有专门的数据采集站，而由基本控制单元来完成数据采集和生产过程控制的双重任务。

（6）网间连接器。网间连接器是分散控制系统与其他标准的网络系统进行通信联系的接口，使得系统的通信性能具有时代要求的开放性。

三、DCS 系统特征

1. 分散控制系统的分散特征

功能分散，物理分散，地理分散。

2. 分散控制系统的技术特征

DCS 系统的技术特征是 4C 技术，即控制技术（Control）、计算机技术（Computer）、通信技术（Communication）和显示技术（Cathode Ray Tube）。

3. 分散控制系统的控制特征

（1）均质性。即每个子系统都具有相同的成分，系统间可相互替换，且不存在任何主从关系。

（2）局域性。即每个子系统只依靠当地的信息就可自身管理，并与其他子系统相互协调。

（3）自含性。即每个子系统本身都含有管理自身和与其他子系统协调的功能。

4. DCS 控制系统的结构特征

DCS 控制系统的原理结构比较固定，无论 DCS 系统的控制设备多么复杂，所有 DCS 系统均由四种接口构成。

（1）运行操作接口，也称操作员站。运行人员通过此设备对现场的所有对象实施控制和操作，对工艺信号进行监视，同时具有报警功能。

（2）开发维护接口，也称工程师站。工程师或热控维护人员通过此设备进行保护投退、数据强制和数据修改组态。

（3）现场控制接口，也称过程控制单元。每个过程控制单元相当于一台计算机，不同的是它的控制器、电源是冗余的，且带有 I/O 卡件。

（4）网间通信接口，也称网桥。主要作用是将工业过程控制的实时控制局域网和外界的网络连接起来，实现信息共享。

第三节　分散控制系统的技术要求

一、分散控制系统外部条件

1. 分散控制系统的环境

（1）控制室及电子间的空气质量。控制室及电子设备室空气中微粒浓度应达到表 1-1 所示的二级标准（引用美国仪表协会标准 ISA-S71.04《过程量控制和控制系统的环境文件：大气污染物》）。

表 1-1　　　　　　　　　　　　　　　空 气 微 粒 标 准

微粒尺寸	浓　　度		
	分 类 级 别		
	1 级	2 级	3 级
＞1mm	＜1000	＜5000	＜10000
100～1000μm	＜500	＜3000	＜5000
1～100μm	＜70	＜200	＜350
＜1μm	＜70	＜200	＜350

（2）控制室及电子设备间内机柜滤网应定期清洗和更换，机柜内电缆孔洞应封堵。

（3）空气流通不仅要考虑补充新鲜空气，而且要维持控制室及电子设备间处于微正压（25.4～50.8Pa），减少粉尘进入。

（4）工作人员进入电子设备间内应着装干净。

（5）每年对控制室及电子设备间环境空气质量进行一次测试。

2. 控制室及电子设备间的温度和湿度

（1）电子设备间的环境温度宜保持在 18～20℃，不超过 25℃，温度变化率应小于或等于 5℃/h。

（2）相对湿度宜保持在 45%～70%，在任何情况下，不允许结露。

冬季相对湿度不能维持在此范围内时，最低值应以不产生静电为宜；当空调设备发生故障时，应严密监视室温，使其不超过制造厂允许值。

3. 分散控制系统远程设备环境

分散控制系统现场布置的远程设备环境的空气质量、温度、湿度应满足制造厂的要求。对于要安装的特定站和外围设备来说，温度、湿度、振动及磨损或腐蚀物质必须控制在一定的水平内，所有的 WDPF 系统设备应进行遮盖，避免雨、湿气、灰尘以及阳光直射。

例如：若环境恶劣，可采用密闭保护结构；若有易燃的悬浮物，就要安装清洁空气压力通风设备；如可能出现高温，应当安装冷却风机或空调。

此外，还需要制订措施监视和控制设备永久性安装位置的温度和湿度。

4. 电磁干扰

机组运行时，在电子设备室内不宜使用会产生电磁干扰的设备（如移动电话、对讲机等）。遇特殊情况需要使用时，应按制造厂规定进行（机柜门关闭，距机柜 2m 以外使用）。

机组运行时，严禁在电子设备间使用电焊机、冲击钻等强电磁干扰设备。

5. 装修材料

控制室和电子设备室内装修材料除按设计规范选用外，还应考虑防静电、防滑、吸光的要求。

二、分散控制系统配置的基本要求

（1）分散控制系统配置应能满足机组任何工况下的监控要求（包括紧急故障处理），CPU 负荷率应控制在设计指标之内并留有适当裕度。

（2）所有控制站的 CPU 负荷率在恶劣工况下不得超过 60%，所有计算站、数据管理站、操作员站、工程师站、历史站等的 CPU 负荷率在恶劣工况下不得超过 40%，并应留有适当裕度。

（3）CPU 负荷率应定期检查统计，如超过设计指标应迅速采取措施进行处理。

（4）控制站、操作员站、计算站、数据管理站、历史站或服务器脱网、离线、死机，在其他操作员站监视器上应设有醒目的报警功能，或在控制室内设有独立于 DCS 系统之外的声光报警。

（5）主要控制器应采用冗余配置，重要 I/O 点应考虑采用非同一板件的冗余配置。

（6）分配控制回路和 I/O 信号时，应使一个控制器或一块 I/O 板件损坏时对机组安全运行的影响尽可能小。I/O 板件及其电源故障时，应使 I/O 处于对系统安全的状态，不出现误动。

（7）冗余 I/O 板件及冗余信号应进行定期检查和试验，确保板件及信号处于热备用状态。

（8）主系统及与主系统连接的所有相关系统（包括专用装置）的通信负荷率设计必须控制在合理的范围（保证在高负荷运行时不出现"瓶颈"现象）之内，其接口设备（板件）应稳定可靠。

（9）通信总线应有冗余设置，通信负荷率在繁忙工况下不得超过 30%，对于以太网则不得超过 20%。

（10）定期检查测试通信负荷率，若超过设计指标，应采取措施优化组态，降低通信量。

三、分散控制系统的电源及接地

1. 供电系统

DCS 系统需要电压和频率波动最小的可靠电源。电源接线的总指导原则是：在每个站集群现场，应安装一个单独的断路器盘，为每个站的电源线配备一个专用的断路器；如果采用两条独立的电源线即主辅电源线，每条电源线应有专门的断路器。这些断路器必须有 ON/OFF 开关，且每站必须有一个专用开关。断路器和开关应靠近站并设在操作人员易于接近的地方，并应有明显的标注。

用户提供的交流馈线上的中性点必须接地，且不得在西屋公司的设备上接地。电源接线（从电源到控制站）电缆应满足适用的国家安全性电气规范，确保供给外围设备的电源来自与站相同的电源。否则，可能出现接地问题，因为会形成可能产生噪声的接地回路，从而影响系统性能。

2. 不间断电源

（1）分散控制系统正常运行时，应由不间断电源（UPS）供电。对于未设冗余 UPS 备用电源的情况，当 UPS 故障时允许短时间内直接取自保安电源作为备用电源。每路进线应分别接在不同供电的母线段上。

（2）UPS 二次侧不经批准不得随意接入新的负载，最大负荷情况下，UPS 容量应有 20%～30% 的余量。

（3）UPS 电源应能保证连续供电 30min，确保安全停机停炉的需要。

（4）UPS 供电主要技术指标如下：

1）电压波动小于 10% 的额定电压。

2）频率范围为 50Hz±0.5Hz。

3）波形失真小于 5%。

4）备用电源投时间小于 5ms。

5）电压稳定度稳态时应在 ±5% 以内，动态时应在 ±10% 以内。

6）频率稳定度稳态时应在 ±1% 以内，动态过程时应在 ±10% 以内。

（5）UPS 应有过电流、过电压、输入浪涌保护功能，并有故障切换报警显示。

3. 电源隔离及电源分配

运行机组应检查以下内容：

（1）正常运行时，分散控制系统电源应由 UPS 提供，不能直接由厂用电提供。

（2）输出侧不允许接地时，应采用隔离变压器进行隔离，以便隔离变压器二次侧接地。

（3）每次检修时，均要检查 UPS 输出侧电源分配盘电源开关或熔断器等。

（4）供电线径取决于以上系统负载，地线线径应与供电线径相同。

（5）备用电源的切换时间应小于 5ms（应保证控制器不能初始化）。系统电源故障应在控制室内设有独立于 DCS 系统之外的声光报警。

（6）采用直流供电方式的重要 I/O 板件，其直流电源、电压采用冗余配置。

4. 分散控制系统接地

DCS 接地系统应满足下列要求：DCS 机柜外壳不允许与建筑物钢筋直接相连。机柜外壳、电源地、除故障地和逻辑地应分别接到机柜各地线上，并将各机柜相应地线连接后，再用两根铜芯电缆引至接地极（体），电缆铜芯截面应满足制造厂的规定。所有进入 DCS 系统控制信号的电缆必须采用质量合格的屏蔽电缆，且有良好的单端接地。

单点接地：应保证 DCS 系统满足"一点接地"的要求，整个接地系统最终只有一点接到接地地网上，并满足接地电阻的要求。在理想的情况下 WDPF 系统所有的接地应连接到一个单接地点上。实际上，一般必须设许多接地点，然而在各个站及站集群中通常都采用单点方法接地。

站集群接地方法：所有的数据总线接地必须在实地接地和器件电阻的一欧姆内及彼此的一欧姆内（25℃），由一条光缆中继器连接线分离时例外。若使用光缆中继器，转发器应使用与同轴数据总线连接的相同接地，建议使用该接地法。

一般，一个站集群指 15m 半径内连接的所有站。为了接地，这个限制参考了从集群中心接地点到每个站的最大电缆长度，即一个集群内的每个站必须从集群接地点起 15m 电缆长度以内，所选择的每个站集群位置必须包括一个适当的接地点或接地网。为了保证系统的正常运行，应为所有的站集群通信接地接线，并遵守以下规定：不通过非 DCS 系统接地；不接地至高压设备所使用的接地；不通过任何 DCS 系统元件接非 DCS 设备（除了标准外围设备）；不接地到结构件上，如工字梁柱；不超过集群接地点和集群内每个站之间 15m。

输入输出信号屏蔽线要求单端接地，信号端不接地，屏蔽线应直接接在机柜地线上。信号端接地，屏蔽线应在信号端接地。

DCS 单独设置接地网时，专用接地网周围不允许有大型电力设备的接地极；DCS 不设置专用接地网而利用全厂公用接地网时，DCS 的接地极（体）也应远离大型电力设备的接地极（体）。

数据总线接地的要求：同轴电缆数据总线的接地对于正确运行是极其重要的，特别是在长数据总线接地时（对于广泛分布的系统）必须予以极大的注意。同轴电缆数据接地应遵守以下原则：以绝缘 No.4AWG（或更大）电缆对数据总线每 536m 进行接地；在所有房间进出口点，所有建筑物进出口点进行接地；为了获得最佳效果，建议敷设数据总线的导管每 30m 进行一次接地；所有数据总线接地应接至电厂的地面或接地网，数据总线接地（包括任何直接与数据总线连接的站的接地）必须在实地接地和器件电阻的一欧姆内及彼此的一欧姆内（这称为"一欧姆原则"）。

信息总线接地要求：DCS 有各种类型的接地，其目的有两个：保护性（安全性）接地和电路参考（噪声）接地。当将所有非载电流金属件（例如外罩、通道、出口盒等）连接到保护性接地时，就增强了人员和设备的安全性，这就防止了这些部件在事故时有电。假如没有保护性接地，金属部件就可能带电，会导致触电和设备损坏。

回路参考地是交流和直流配电方案中带电返回导线的接地，动力系统必须进行接地以最大程度地减少噪声，获得最佳系统性能。

DPU 接地：对于 I/O 的分散处理器站，数字接地（简称 PG）与柜接地（简称 CG）必须连接。

对于 DPU 的站集群，所有 DPU 的 PG 接地必须以放射方式进行连接，集群中所有其他站的 PG 与该站的 PG 连接。接点站的 PG 最后连接到 CG，因而连接到集群接地。

只有 PG 必须是放射状的，CG 可以串联，除非有明文规定和安全性限制不允许这种方法。PG 必须放射状连接，无论所选择 CG 连接的方式如何。

站外围设备的接地：无论何时，外部的外围设备（如打印机）要连接到站上，就必须接地到站。一般情况下，外围设备从交流配电盘供电，通过三相交流插头进行接地。但在有些情况下，外围设备不能与交流配电盘连接，例如，外围设备必须连接到一个与系统接地相连的电源上（或连接到符合 DCS 要求的一个单独接地上）。DCS 系统与电力系统共用一个接地网时，控制系统接地线与电气接地网只允许有一个连接点，且接地电阻应小于 0.5Ω。

重点处理好两种接地：保护地（CG）和屏蔽地（AG）。

保护地接至电厂电气专业接地网，接地电阻小于 2Ω，屏蔽地则在电厂电气专业接地网接地电阻小于或等于 0.5Ω 时，直接接至电厂电气专业接地网。当电厂电气专业接地网接地电阻较大时，应独立设置接地系统，接地电阻小于或等于 2Ω。屏蔽地接地点应远离电厂大电流设备，如给水泵、磨煤机等，距离应在 10m 以上。

模拟量信号（模拟输入、模拟输出，特别是低电平的模拟输入信号如热电偶、热电阻信号等）最好采用屏蔽双绞电缆连接，且有良好的单端接地。

5. DCS 接地系统的检查与测试

对 DCS 接地系统的检查，宜在机组大修时进行，内容至少应包括以下项目：

DSC 机柜外壳不允许与建筑物钢筋直接相连，机柜外壳、电源地、屏蔽地和逻辑地应分别接到机柜各地线上，并将各机柜相应地线连接后，再用两根钢芯电缆引至接地极（体）。

地线与地极连接点应采用焊接方式，焊接点无断裂、虚焊、腐蚀；机柜间地线可采用螺栓固定方式，要求整片螺栓紧固、无锈蚀。

接地极无松动，接地电阻应符合要求。

从机柜到电气的整个接地系统接地电阻应符合接地电阻要求。

输入、输出信号屏蔽线应符合单端接地要求。

四、电缆的敷设规范

1. 信号分类

电缆的合理布设可以有效地减少外部环境对信号的干扰以及各种电缆之间的相互干扰，提高 DCS 系统运行的稳定性。信号具体分类如下：

（1）Ⅰ类信号。热电阻信号、热电偶信号、毫伏信号、应变信号等低电平信号。

（2）Ⅱ类信号。0～5V、1～5V、4～20mA、0～10mA 模拟量输入信号；4～20mA、0～10mA 模拟量输出信号；电平型开关量输入信号；触点型开关量输入信号；脉冲量输入信号；24V DC 小于 50mA 的阻性负载开关量输出信号。

（3）Ⅲ类信号。24～48V DC 感性负载或者电流大于 50mA 的阻性负载的开关量输出信号。

（4）Ⅳ类信号。110V AC 或 220V AC 开关量输出信号，此类信号的馈线可视作电源线处理布线的问题。

其中，Ⅰ类信号很容易被干扰，Ⅱ类信号容易被干扰，而Ⅲ、Ⅳ类信号在开关动作瞬间会成为强烈的干扰源，通过空间环境干扰附近的信号线。

2. 信号电缆布设总体原则

对于Ⅰ类信号电缆，必须采用屏蔽电缆，有条件时最好采用屏蔽双绞电缆。

对于Ⅱ类信号，尽可能采用屏蔽电缆，其中Ⅱ类信号中用于控制、连锁的模拟输入、输出信号及开入信号，必须采用屏蔽电缆，有条件时最好采用屏蔽双绞电缆。

对于Ⅳ类信号，严禁与Ⅰ、Ⅱ类信号捆在一起走线，应作为 220V 电源线处理，与电源电缆一起走线，有条件时建议采用屏蔽双绞电缆。

对于Ⅲ类信号，允许与 220V 电源线一起走线（即与Ⅳ类信号相同），也可以与Ⅰ、Ⅱ类信号一起走线。但在与Ⅰ、Ⅱ类信号一起走线的情况下，Ⅲ类信号必须采用屏蔽电缆，最好为屏蔽双绞电缆，且与Ⅰ、Ⅱ类信号电缆相距 15cm 以上。

为保证系统稳定、可靠、安全地运行，与 DCS 系统相连的信号电缆还必须保证：

（1）Ⅰ类信号中的毫伏信号、应变信号应采用屏蔽双绞电缆，这样可以大大减小电磁干扰和静电干扰。

（2）条件允许的情况下，Ⅰ～Ⅳ类信号应尽可能采用屏蔽电缆（或屏蔽双绞电缆），还应保证屏蔽层只有一点接地，且要接地良好。

（3）绝对禁止大功率的开关量输出信号线、电源线、动力线等电缆与直接进入 DCS 系统的Ⅰ、Ⅱ类信号电缆并行捆绑。

（4）绝对禁止采用一根多芯电缆中的部分芯线用于传输Ⅰ类或Ⅱ类的信号，另外部分芯线用于传输Ⅲ类或Ⅳ类信号的情况。

（5）严禁同一信号的芯线分布在不同的几条电缆中（如三线制的热电阻）。

因此，在现场电缆敷设中，必须有效地分离Ⅲ、Ⅳ类信号电缆和电源线等易产生干扰的电缆。

3. 现场电缆布设的几项规定

为了叙述方便，把Ⅰ、Ⅱ类信号电缆统称为信号电缆，把Ⅲ、Ⅳ类信号电缆和现场电源电缆统称为电源电缆。在有条件的场合，信号电缆和电源电缆应采用不同走线槽走线，在进入 DCS 机房（或机柜）时，也应尽可能相互远离。当这两种电缆无法满足分开走线的要求时，它们必须都采用屏蔽电缆（或屏蔽双绞电缆），且满足以下要求：

（1）如果信号电缆和电源电缆之间的间距小于 15cm 时，必须在信号电缆和电源电缆之间设置屏蔽用的金属隔板，并将隔板接地。

（2）当信号电缆和电源电缆垂直方向或水平方向分离安装时，信号电缆和电源电缆之间的间距应大于 15cm。

（3）对于某些干扰特别大的应用场合，如电源电缆上挂接电压为 220V AC，电流在 10A 以上的感性负载，而且电源电缆不带屏蔽层时，那么要求它与信号电缆的垂直方向间隔距离必须在 60cm 以上。

（4）在两组电缆垂直相交时，若电源电缆不带屏蔽层，最好用厚度在 1.6mm 以上的铁板覆盖交叉部分。

第四节　分散控制系统的抗干扰技术

随着科学技术的发展，DCS 在工业控制中的应用越来越广泛。DCS 控制系统的可靠性直接影响到工业企业的安全生产和经济运行，因此，系统的抗干扰能力是关系到整个系统可靠运行的关键。

自动化系统中所使用的各种类型 DCS，有的集中安装在控制室，有的安装在生产现场，它们大多处在强电电路和强电设备所形成的恶劣电磁环境中。要提高 DCS 控制系统的可靠性，一方面要求 DCS 生产厂家提高设备的抗干扰能力；另一方面，要求在工程设计、安装施工和使用维护中对 DCS 系统的抗干扰予以高度重视，只有多方配合才能完善解决问题，有效地增强系统的抗干扰性能。

影响 DCS 控制系统的干扰源与一般影响工业控制设备的干扰源一样，大都产生在电流或电压剧烈变化的部位，这些电荷剧烈移动的部位就是噪声源，即干扰源。

干扰类型通常按干扰产生的原因、噪声干扰模式和噪声的波形性质的不同划分。其中，按噪声产生的原因不同，分为放电噪声、浪涌噪声、高频振荡噪声等；按噪声的波形、性质不同，分为持续噪声、偶发噪声等；按噪声干扰模式不同，分为共模干扰和差模干扰。

共模干扰和差模干扰是一种比较常用的分类方法。共模干扰是信号对地的电位差，主要由电网串入、地电位差及空间电磁辐射在信号线上感应的共态（同方向）电压迭加所形成。共模电压有时较大，特别是采用隔离性能差的配电器供电室，变送器输出信号的共模电压普遍较高，有的可高达 130V 以上。共模电压通过不对称电路可转换成差模电压，直接影响测控信号，造成元器件损坏（这就是一些系统 I/O 模件损坏率较高的主要原因），这种共模干扰可为直流，亦可为交流。差模干扰是指作用于信号两极间的干扰电压，主要由空间电磁场在信号间耦合感应及由不平衡电路转换共模干扰所形成，这种干扰直接叠加在信号上，会影响测量与控制的精度。

一、干扰源与作用途径

1. 干扰的来源

分散控制系统所受到的干扰源分为外部干扰和内部干扰。

（1）来自空间的辐射干扰。空间的辐射电磁场（EMI）主要是由电力网络、电气设备的暂态过程、雷电、无线电广播、电视、雷达、高频感应加热设备等产生的，通常称为辐射干扰，其分布极为复杂。若 DCS 系统置于所射频场内，就会受到辐射干扰，其影响主要通过两条途径：一是直接对 DCS 内部的辐射，由电路感应产生干扰；二是对 DCS 通信内网络的辐射，由通信线路的感应引入干扰。辐射干扰与现场设备布置及设备所产生的电磁场大小，特别是频率有关，一般通过设置屏蔽电缆和 DCS 局部屏蔽及高压泄放元件进行保护。

（2）来自系统外引线的干扰。主要通过电源和信号线引入，通常称为传导干扰。这种干扰在我国工业现场较严重。

1）来自电源的干扰。实践证明，因电源引入的干扰造成 DCS 控制系统故障的情况很多，某工程调试中就曾遇到过，后更换隔离性能更高的 DCS 电源，问题才得到解决。DCS 系统的正常供电电源均由电网供电。由于电网覆盖范围广，它将受到所有空间电磁干扰而在线路上产生感应电压和电流。尤其是电网内部的变化，如开关操作浪涌、大型电力设备启停、交直流传动装置引起的谐波、电网短路暂态冲击等，都通过输电线路传到电源原边。DCS 电源通常采用隔离电源，但其机构及制造工艺因素使其隔离性并不理想。实际上，由于分布参数特别是分布电容的存在，绝对隔离是不可能的。

2）来自信号线引入的干扰。与 DCS 控制系统连接的各类信号传输线，除了传输有效的各类信息之外，总会有外部干扰信号侵入。此干扰主要有两种途径：一是通过变送器供电电源或共用信号仪表的供电电源串入的电网干扰，这往往被忽视；二是信号线受空间电磁辐射感应的干扰，即信号线上的外部感应干扰，这是很严重的。由信号线引入的干扰会引起 I/O 信号工作异常和测量精度大大降低，严重时将引起元器件损伤。对于隔离性能差的系统，还将导致信号间互相干扰，引起共地系统总线回流，造成逻辑数据变化、误动和死机。DCS 控制系统因信号引入干扰造成 I/O 模件损坏数相当严重，由此引起系统故障的情况也很多。

3）来自接地系统混乱时的干扰。接地是提高电子设备电磁兼容性（EMC）的有效手段之一。正确的接地，既能抑制电磁干扰的影响，又能抑制设备向外发出干扰；而错误的接地，反而会引入严重的干扰信号，使 DCS 系统无法正常工作。DCS 控制系统的地线包括系统地、屏蔽地、交流地和保护地等。接地系统混乱对 DCS 系统的干扰主要是各个接地点电位分布不均，不同接地点间存在地电位差，引起地环路电流，影响系统正常工作。例如电缆屏蔽层必须一点接地，如果电缆屏蔽层两端 A、B 都接地，就存在地电位差，有电流流过屏蔽层；当发生异常状态如雷击时，地线电流将更大。此外，屏蔽层、接地线和大地有可能构成闭合环路，在变化磁场的作用下，屏蔽层内也会出现感应电流，通过屏蔽层与芯线之间的耦合，干扰信号回路。若系统地与其他接地处理混乱，所产生的地环流就可能在地线上产生不等电位分布，影响 DCS 内逻辑电路和模拟电路的正常工作。DCS 工作的逻辑电压干扰容限较低，逻辑地电位的分布干扰容易影响 DCS 的逻辑运算和数据存储，造成数据混乱、程序跑飞或死机。模拟地电位的分布将导致测量精度下降，引起对信号测控的严重失真和误动作。

（3）来自 DCS 系统内部的干扰。主要由系统内部元器件及电路间的相互电磁辐射产生，如逻辑电路相互辐射及其对模拟电路的影响，模拟地与逻辑地的相互影响及元器件间的相互不匹配使用等。这都属于 DCS 制造厂对系统内部进行电磁兼容设计的内容，比较复杂，作为应用部门是无法改变的，可不必过多考虑，但要选择具有较多应用实绩或经过考验的系统。

2. 干扰的作用途径

（1）传导耦合。干扰由导线进入电路中称为传导耦合。电源线、输入输出信号线都是干扰经常串入的路径。

（2）静电耦合。干扰信号通过分布电容进行传递称为静电耦合。系统内部各导线之间，印刷线路板的各线条之间，变压器线匝之间的绕组之间、元件之间以及元件与导线之间都存在着分布电容。具有一定频率的干扰信号通过这些分布电容提供的电抗通道穿行，对系统形成干扰。

（3）电磁耦合。电磁耦合是指在空间磁场中电路之间的互感耦合。因为任何载流导体都会在周围的空间产生磁场，而交变磁场又会在周围的闭合电路中产生感应电动势，所以这种电磁耦合总是存在的，只是程度强弱不同而已。

（4）公共阻抗耦合。公共阻抗耦合是指多个电路的电流流经同一公共阻抗时所产生的相互影响。例如系统中往往是多个电路共用一个电源，各电路的电流都流经电源内阻 R_n 和线路电阻 R_L，R_n 和 R_L 就成为各电路的公共阻抗。每一个电路的电流在公共阻抗上造成的压降都将成为其他电路的干扰信号。

3. 干扰的作用形式

各种干扰信号通过不同的耦合方式进入系统后，按照对系统的作用形式又可分为共模干扰和串模干扰。

（1）共模干扰。共模干扰是在电路输入端相对公共接地点同时出现的干扰，也称为共态干扰、对地干扰、纵向干扰、同向干扰等。共模干扰主要是由电源的地、放大器的地以及信号源的地之间的传输线上的电压压降造成的。

（2）串模干扰。串模干扰就是指串联叠加在工作信号上的干扰，也称之为正态干扰、常态干扰、横向干扰等。共模干扰对系统的影响是转换成串模干扰的形式作用的。

二、硬件抗干扰技术

1. 共模干扰的抑制

抑制共模干扰的主要方法是设法消除不同接地点之间的电位差。

（1）变压器隔离。利用变压器把模拟信号电路与数字信号电路隔离开来，也就是把模拟地与数字地断开，以使共模干扰电压不成回路，从而抑制了共模干扰。注意，隔离前和隔离后应分别采用两组互相独立的电源，切断两部分的地线联系。

（2）光电隔离。光电隔离是利用光电耦合器完成信号的传送，实现电路的隔离。根据所用的器件及电路不同，通过光电耦合器既可以实现模拟信号的隔离，更可以实现数字量的隔离。注意，光电隔离前后两部分电路应分别采用两组独立的电源。

（3）浮地屏蔽。采用浮地输入双层屏蔽放大器来抑制共模干扰。所谓浮地，就是利用屏蔽方法使信号的"模拟地"浮空，从而达到抑制共模干扰的目的。

（4）采用具有高共模抑制比的仪表放大器作为输入放大器。仪表放大器具有共模抑制能力强、输入阻抗高、漂移低、增益可调等优点，是一种专门用来分离共模干扰与有用信号的器件。

2. 串模干扰的抑制

抑制串模干扰主要从干扰信号与工作信号的不同特性入手，针对不同情况采取相应的措施。

（1）在输入回路中接入模拟滤波器。如果串模干扰频率比被测信号频率高，则采用输入低通滤波器来抑制高频串模干扰；如果串模干扰频率比被测信号频率低，则采用高通滤波器来抑制低频串模干扰；如果串模干扰频率落在被测信号频谱的两侧，应采用带通滤波器。

一般情况下，串模干扰均比被测信号变化快，故常用二阶阻容低通滤波网络作为模拟信号/数字信号转换器的输入滤波器。

（2）使用双积分式 A/D 转换器。当尖峰型串模干扰为主要干扰时，使用双积分式 A/D 转换器，或在软件上采用判断滤波的方法加以消除。

双积分式 A/D 转换器对输入信号的平均值而不是瞬时值进行转换，所以对尖峰干扰具有抑制能力。如果取积分周期等于主要串模干扰的周期或为主要串模干扰周期的整数倍，则通过积分比较变换后，对串模干扰有更好的抑制效果。

（3）采用双绞线作为信号线。若串模干扰和被测信号的频率相当，则很难用滤波的方法消除。此时，必须采用其他措施，消除干扰源。通常可在信号源到计算机之间选用带屏蔽层的双绞线或同轴电缆，并确保接地正确可靠。

采用双绞线作为信号引线的目的是减少电磁，双绞线能使各个小环路的感应电势相互抵消。一般双绞线的节距越小，抗干扰能力越强。

（4）电流传送。当传感器信号距离主机很远时很容易引入干扰。如果在传感器出口处将被测信号由电压转换为电流，以电流形式传送信号，将大大提高信噪比，从而提高传输过程中的抗干扰能力。

3. 长线传输干扰的抑制

在计算机控制系统中，由于数字信号的频率很高，很多情况下传输线要按长线对待。例如，对于 10ns 级的电路，几米长的连线应作为长线来考虑，而对于 ns 级的电路，1m 长的连线就要当作长线处理。

（1）长线传输的干扰。信号在长线中传输时会遇到三个问题：

1）长线传输易受到外界干扰。

2）具有信号延时。

3）高速度变化的信号在长线中传输时，还会出现波反射现象。

当信号在长线中传输时，由于传输线的分布电容和分布电感的影响，信号会在传输线内部产生向前进的电压波和电流波，称为入射波；另外，如果传输线的终端阻抗与传输线的波阻抗不匹配，那么当入射波到达终端时，便会引起反射；同样，反射波到达传输线始端时，如果始端阻抗不匹配，还会引起新的反射。这种信号的多次反射现象，使信号波形失真和畸变，并且引起干扰脉冲。

（2）抗干扰措施。采用终端阻抗匹配或始端阻抗匹配，可以消除长线传输中的波反射或者把它抑制到最低限度。

1）波阻抗 R_P 的求解。为了进行阻抗匹配，必须事先知道传输线的波阻抗 R_P。

2）终端匹配。最简单的终端匹配方法如图 1-1 所示，如果传输线的波阻抗是 R_P，那么当 $R = R_P$ 时，便实现了终端匹配，消除了波反射。此时终端波形和始端波形的形状相一致，只是时间上滞后。由于终端电阻变低，则加大负载，使波形的高电平下降，从而降低了高电平的抗干扰能力，但对波形的低电平没有影响。为了克服上述匹配方法的缺点，可采用图 1-2 所示的终端匹配方法。

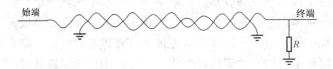

图 1-1　简便的终端匹配方法

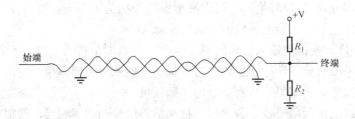

图 1-2　改进后的终端匹配方法

3）始端匹配。在传输线始端串入电阻 R，也能基本上消除反射，达到改善波形的目的。

三、软件抗干扰技术

1. 软件出错对系统的危害

（1）数据采集不可靠。在数据采集通道，尽管已采取了一些必要的抗干扰措施，但在数据传输过程中仍然会有一些干扰侵入系统，造成采集的数据不准确，从而形成误差。

（2）控制失灵。一般情况下，控制状态的输出是通过微机控制系统的输出通道实现的。由于控制信号输出功率较大，不易直接受到外界干扰。但是在微机控制系统中，控制状态的输出常常取决于某些条件状态的输入和条件状态的逻辑处理结果，而在这些环节中，由于干扰的侵入，可能造成条件状态偏差、失误，致使输出控制误差加大，甚至控制失灵。

（3）程序运行失常。微型计算机系统引入强干扰后，程序计数器 PC 的值可能被改变，因此会破坏程序的正常运行。被干扰后的 PC 值是随机的，这将引起程序执行一系列毫无意义的指令，最终可能导致程序"死循环"。

2. 数字滤波方法

数字滤波是提高数据采集系统可靠性最有效的方法，因此在微机控制系统中一般都要进行数字滤波。所谓数字滤波，就是通过一定的计算或判断程序，减少干扰在有用信号中的比重，故实质上它是一种程序滤波。

数字滤波克服了模拟滤波器的不足，它与模拟滤波器相比，有以下几个优点：数字滤波是用程序实现的，不需要增加硬设备，所以可靠性高，稳定性好；数字滤波可以对频率很低（如 0.01Hz）的信号实现滤波，克服了模拟滤波器的缺陷；数字滤波器可根据信号的不同，采用不同的滤波方法或滤波参数，具有灵活、方便、功能强的特点。

（1）程序判断滤波法。

1）限幅滤波法。限幅滤波的做法是把两次相邻的采样值相减，求出其增量（以绝对值表示），然后与两次采样允许的最大差值（由被控对象的实际情况决定）ΔY 进行比较。若采样值增量小于或等于 ΔY，则取本次采样值；若大于 ΔY，则仍取上次采样值作为本次采样值，即

$|Y_k - Y_{k-1}| \leqslant \Delta Y$，则 $Y_k = Y_k$，取本次采样值；

$|Y_k - Y_{k-1}| > \Delta Y$，则 $Y_k = Y_{k-1}$，取上次采样值。

其中，Y_k 是第 k 次采样值；Y_{k-1} 是第 $k-1$ 次采样值；ΔY 是相邻两次采样值所允许的最大偏差，其大小取决于采样周期 T 及 Y 值的动态响应。

2）限速滤波法。限速滤波是用三次采样值来决定采样结果的。其方法是，当 $|Y_2 - Y_1| > \Delta Y$ 时，再采样一次，取得 Y_3，然后根据 $|Y_3 - Y_2|$ 与 ΔY 的大小关系来决定本次采样值。具体判别式如下：

设顺序采样时刻 t_1、t_2、t_3 所采集的参数分别为 Y_1、Y_2、Y_3，那么当 $|Y_2 - Y_1| \leqslant \Delta Y$ 时，取 Y_2 输入计算机；当 $|Y_2 - Y_1| > \Delta Y$ 时，Y_2 不采用，但仍保留，继续采样取得 Y_3；当 $|Y_3 - Y_2| \leqslant \Delta Y$ 时，取 Y_3 输入计算机；当 $|Y_3 - Y_2| > \Delta Y$ 时，取 $Y_2 = (Y_2 + Y_3)/2$ 输入计算机。

（2）中值滤波法。这种滤波法是将被测参数连续采样 N 次（一般 N 取奇数），然后把采样值按大小顺序排列，再取中间值作为本次的采样值。

（3）算术平均值滤波法。这种方法就是在一个采样期内，对信号 x 的 N 次测量值进行算术平均，作为时刻 k 的输出。

（4）加权平均值滤波。算术平均值对于 N 次以内所有的采样值来说，所占的比例是相同的，亦即取每次采样值的 $1/N$。有时为了提高滤波效果，将各采样值取不同的比例，然后再相加，此方法称为加权平均值法。其中 C_0，C_1，…，C_{N-1} 为各次采样值的系数，它体

现了各次采样值在平均值中所占的比例。

（5）滑动平均值滤波法。不管是算术平均值滤波，还是加权平均值滤波，都需连续采样 N 个数据，这种方法适合于有脉动干扰的场合。但是由于必须采样 N 次，需要时间较长，故检测速度慢。为了克服这一缺点，可采用滑动平均值滤波法，即依次存放 N 次采样值，每采进一个新数据，就将最早采集的那个数据丢掉，然后求包含新值在内的 N 个数据的算术平均值或加权平均值。

（6）惯性滤波法。前面讲的几种滤波方法基本上属于静态滤波，主要适用于变化过程比较快的参数，如压力、流量等。但对于慢速随机变量采用短时间内连续采样求平均值的方法，其滤波效果往往不够理想。为了提高滤波效果，可以仿照模拟滤波器，用数字形式实现低通滤波。

（7）复合数字滤波。复合滤波就是把两种以上的滤波方法结合起来使用。例如把中值滤波的思想与算术平均的方法结合起来，就是一种常用的复合滤波法。具体方法是首先将采样值按大小排队，去掉最大和最小的，然后再把剩下的取平均值。这样显然比单纯的平均值滤波的效果要好。

3．输入/输出软件抗干扰措施

（1）开关量（数字量）信号输入抗干扰措施。对于开关量的输入，为了确保信息准确无误，在软件上可采取多次读取的方法（至少读两次），认为无误后再行输入。

（2）开关量（数字量）信号输出抗干扰措施。当计算机输出开关量控制闸门、料斗等执行机构动作时，这些执行机构由于外界干扰而可能发生误动作，比如已关的闸门、料斗可能中途打开，已开的闸门、料斗可能中途突然关闭。为了防止这些误动作，可以在应用程序中每隔一段时间（比如几毫秒）发出一次输出命令，不断地关闭闸门或者开闸门。这样，就可以较好地消除由于扰动而引起的误动作（开或关）。

4．软件冗余技术

（1）数据冗余。RAM 数据冗余就是将要保护的原始数据在另外两个区域同时存放，建立两个备份，当原始数据块被破坏时，用备份数据块去修复。备份数据的存放地址应远离原始的存放地址以免被同时破坏，数据区也不要靠近栈区，以防止万一堆栈溢出而冲掉数据。

（2）程序冗余。当 CPU 受到干扰后，往往将一些操作数当作指令码来执行，引起程序混乱。当程序弹飞到某一单字节指令上时，便自动纳入正轨。当弹飞到某一双字节指令上时，有可能落到其操作数上，从而继续出错。当程序弹飞到三字节指令上时，因它有两个操作数，继续出错的机会更大。因此，我们应多采用单字节指令，并在关键的地方人为地插入一些单字节指令（NOP）或将有效单字节指令重复书写，这便是软件冗余。

5．程序运行失常的软件抗干扰

为了防止"死机"，一旦发现程序运行失常后能及时引导程序恢复原始状态，必须采取一些相应的软件抗干扰措施。

（1）设置软件陷阱。当干扰导致程序计数器 PC 值混乱时，可能造成 CPU 离开正确的指令顺序而跑飞到非程序区去执行一些无意义地址中的内容，或进入数据区，把数据当作操作码来执行，使整个工作紊乱，系统失控。针对这种情况，可以在非程序区设置陷阱，一旦程序飞到非程序区，会很快进入陷阱，然后强迫程序由陷阱进入初始状态。

所谓软件陷阱，就是一条引导指令，强行将捕获的程序引向一个指定的地址，在那里有一段专门对程序出错处理的程序。软件陷阱安排在以下 4 种地方：

1）未使用的中断向量区。

2）未使用的大片 ROM 空间。

3）表格。

4）程序区。

（2）设置监视跟踪定时器。监视跟踪定时器，也称为看门狗定时器（Watchdog），可以使陷入"死机"的系统产生复位，重新启动程序运行。这是目前用于监视跟踪程序运行是否正常的最有效的方法之一，近来得到了广泛的应用。

每一个微机控制系统都有自己的程序运行周期。在初始化时，将 Watchdog 定时器的时间常数定为略大于程序的运行周期，并且在程序运行的每个循环周期内，每次都对定时器重新初始化。如果程序运行失常、跑飞或进入局部死循环，不能按正常循环路线运行，则 Watchdog 定时器得不到及时的重新初始化而达到定时时间，会引起定时中断，在中断服务程序中将系统复位，再次将程序的运行拉入正常的循环轨道。

四、接地技术

1. DCS 控制系统中的地线

（1）数字地，也叫逻辑地。它是微机系统中各种 TTL、CMOS 芯片及其他数字电路的零电位。

（2）模拟地。它是放大器，A/D、D/A 转换器中的模拟电路零电位。

（3）信号地。它是传感器和变送器的地。

（4）功率地。它是指功率放大器和执行部件的地。

（5）屏蔽地。它是为了防止静电感应和磁场感应而设置的，同时也为了避免机壳带电而危及人身与设备的安全。

（6）交流地。交流 50Hz 电源的地线，它是噪声地。

（7）直流地。直流电源的地线。

2. 常用的接地方法

（1）一点接地和多点接地。对于信号频率小于 1MHz 的低频电路，其布线和元器件间的电感影响较小，地线阻抗不大，而接地电路形成的环流有较大的干扰作用，因而应采用一点接地，防止地环流的产生。

当信号频率大于 10MHz 时，布线与元器件间的电感使得地线阻抗变得很大。为了降低地线阻抗，应采用就近多点接地。如果信号频率在 1～10MHz 之间，当地线长度不超过信号波长的 1/20 时，可以采用一点接地，否则就要多点接地。由于在工业过程控制系统中，信号频率大都小于 1MHz，故通常采用一点接地。

（2）模拟地和数字地的连接。数字地主要是指 TTL 或 CMOS 芯片、I/O 接口芯片、CPU 芯片等数字逻辑电路的地端，以及 A/D、D/A 转换器的数字地。而模拟地则是指放大器、采样/保持器和 A/D、D/A 中模拟信号的接地端。在微机控制系统中，数字地和模拟地必须分别接地，然后仅在一点处把两种地连接起来。否则，数字回路通过模拟电路的地线再返回到数字电源，将会对模拟信号产生影响。

（3）主机外壳接地。为了提高计算机的抗干扰能力，将主机外壳作为屏蔽罩接地，而把机内器件架与外壳绝缘，绝缘电阻大于 50MΩ，即机内信号地浮空。

（4）多机系统的接地。在计算机网络系统中，多台计算机之间相互通信，资源共享。如果接地不合理，将使整个网络无法正常运行。近距离的可以采用多机一点接地方法。

五、电源系统的抗干扰技术

1. 抗干扰稳压电源的设计

微机常用的直流稳压电源采用了双隔离、双滤波和双稳压措施，具有较强的抗干扰能力，可用于一般工业控制场合。

（1）隔离变压器。隔离变压器的作用有两个：其一是防止浪涌电压和尖峰电压直接窜入而损坏系统；其二是利用其屏蔽层阻止高频干扰信号窜入。为了阻断高频干扰经耦合电容传播，隔离变压器设计为双屏蔽形式，原副边绕组分别用屏蔽层屏蔽起来，两个屏蔽层分别接地。这里的屏蔽为电场屏蔽，屏蔽层可用铜网、铜箔或铝网、铝箔等非导磁材料构成。

（2）低通滤波器。各种干扰信号一般都有很强的高频分量，低通滤波器是有效的抗干扰器件，它允许工作频率为 50Hz 的电源通过，而滤掉高次谐波，从而改善供电质量。低通滤波器一般由电感和电容组成，在市场上有各种低通滤波器产品供选用。一般来说，在低压大电流场合应选用小电感大电容滤波器，在高压小电流场合，应选大电感小电容滤波器。

（3）交流稳压器。交流稳压器的作用是保证供电的稳定性，防止电源电压波动对系统的影响。

（4）电源变压器。电源变压器是为直流稳压电源提供必要的电压而设置的。为了增加系统的抗干扰能力，电源变压器做成双屏蔽形式。

（5）直流稳压系统。直流稳压系统包括整流器、滤波器、直流稳压器和高频滤波器等几部分。

一般直流稳压电源用的整流器多为单相桥式整流，直流侧常采用两个并联电容滤波。一个为平滑滤波电容，常选用几百～几千微法的电解电容，用以减轻整流桥输出电压的脉动。另一个为高频滤波电容，常选用 $0.01～0.1\mu F$ 的瓷片电容，用于抑制浪涌的尖峰。作为直流稳压器件，现在常用的就是三端稳压器 78×× 和 79×× 系列芯片，这类稳压器结构简单，使用方便，负载稳定度为 15mV，具有过电流和输出短路保护，可用于一般微机系统。三端稳压电源的输出端常并接两个电容，一个主要起负载匹配作用，常选用几十至几百微法的电解电容；另一个为中抗高频干扰电容，常选取 $0.01～0.1\mu F$ 的瓷片电容。

2. 电源系统的异常保护

（1）不间断电源 UPS。在正常情况下，由交流电网向微机系统供电，并同时给 UPS 的电池组充电。一旦交流电网出现断电，则不间断电源 UPS 自动切换到逆变器供电，逆变器将电池组的直流电压逆变成为与工频电网同频的交流电压，此电压送给直流稳压器后继续保持对系统的供电。

（2）连续备用供电系统。连续备用供电系统是由柴油发电机供电，在两种供电系统转换期间，由电池完成平稳过渡，以避免电源更换对系统的冲击。

3. DCS 系统的掉电保护

对于允许暂时停运的微机系统，希望在电源掉电的瞬间，系统能自动保护 RAM 中的有用信息和系统的运行状态，以便当电源恢复时，能自动从掉电前的工作状态恢复。掉电保护工作包括电源监控和 RAM 的掉电保护两个任务。

（1）电源监控电路。电源监控电路用来监测电源电压的掉电，以便使 CPU 能够在电源下降到所设定的门限值之前完成必要的数据转移和保护工作，并同时监控电源何时恢复正常。电源监控电路有很多种类和规格，如美国 MAXM 公司生产的 μP 监控电路具有下列功能：

1）上电复位。

2）监控电压变化，可从 1.6～5V。

3）看门狗 Watchdog 功能。

4）片使能。

5）备份电池切换开关等。精度有 ±1.5% 和小于 ±2.5% 各挡，复位方式有高有效和低有效两种。封装形式根据功能不同，有 3、4、5、8 和 16pin（1in＝25.4mm）多种。

（2）掉电保护。我们都知道微机使用的 RAM 一旦停电，其内部的信息将全部丢失，因而影响系统的正常工作。为此，在微机控制系统中，经常使用镍电池对 RAM 数据进行掉电保护。有不少 CMOS 型 RAM 芯片在设计时就已考虑并赋予它具有微功耗保护数据的功能，如 6116、6264、62256 等芯片，当它们的片选端为高电平时，即进入微功耗状态，这时只需 2V 的电源电压，5～40μA 的电流就可保持数据不变。

六、工程应用的抗干扰设计

为了保证系统在工业电磁环境中免受或减少内外电磁干扰，必须从设计阶段开始便采取三个方面的抑制措施：抑制干扰源；切断或衰减电磁干扰的传播途径；提高装置和系统的抗干扰能力。这三点就是抑制电磁干扰的基本原则。

DCS 控制系统的抗干扰是一个系统工程，要求制造单位设计生产出具有较强抗干扰能力的产品，且有赖于使用部门在工程设计、安装施工和运行维护中予以全面考虑，并结合具体情况进行综合设计，才能保证系统的电磁兼容性和运行可靠性。进行具体工程的抗干扰设计时，应主要注意以下两个方面。

（一）设备选型

在选择设备时，首先要选择有较高抗干扰能力的产品，其包括了电磁兼容性（EMC），尤其是抗外部干扰能力，如采用浮地技术、隔离性能好的 DCS 系统；其次还应了解生产厂给出的抗干扰指标，如共模拟制比、差模拟制比、耐压能力、允许在多大电场强度和多高频率的磁场强度环境中工作；另外是靠考查其在类似工作中的应用实绩。在选择国外进口产品时要注意：我国是采用 220V 高内阻电网制式，而欧美地区是 110V 低内阻电网。由于我国电网内阻大，零点电位漂移大，地电位变化大，工业企业现场的电磁干扰至少要比欧美地区高 4 倍以上，对系统抗干扰性能要求更高，在国外能正常工作的 DCS 产品在国内工业就不一定能可靠运行。这就要求在采用国外产品时，按我国的标准（GB/T 13926）合理选择。

（二）综合抗干扰设计

主要考虑来自系统外部的几种抗干扰抑制措施。主要内容包括：对 DCS 系统及外引线进行屏蔽以防空间辐射电磁干扰；对外引线进行隔离、滤波，特别是动力电缆，分层布置，以防通过外引线引入传导电磁干扰；正确设计接地点和接地装置，完善接地系统。另外还必须利用软件手段，进一步提高系统的安全可靠性。主要抗干扰措施包括以下几个方面。

1. 采用性能优良的电源

在 DCS 控制系统中，电源占有极重要的地位。电网干扰串入 DCS 控制系统主要通过

DCS 系统的供电电源（如 CPU 电源、I/O 电源等）、变送器供电电源和与 DCS 系统具有直接电气连接的仪表供电电源等耦合进入的。现在，对于 DCS 系统的供电电源，一般都采用隔离性能较好的电源，而变送器的供电电源和与 DCS 系统有直接电气连接的仪表的供电电源，并没受到足够的重视，虽然采取了一定的隔离措施，但普遍还不够。这主要是因为使用的隔离变压器分布参数大，抑制干扰能力差，经电源耦合会串入共模干扰、差模干扰。所以，对于变送器和共用信号仪表供电应选择分布电容小、抑制带大（如采用多次隔离和屏蔽及漏感技术）的配电器，以减少 DCS 系统的干扰。

此外，为保证电网馈点不中断，可采用在线式不间断供电电源（UPS）供电，提高供电的安全可靠性。并且 UPS 还具有较强的干扰隔离性能，是一种 DCS 控制系统的理想电源。

2. 电缆的敷设

敷设电缆主要是为了减少动力电缆辐射电磁干扰，尤其是变频装置馈电电缆。在某工程中，采用了铜带铠装屏蔽电力电缆，从而降低了动力线生产的电磁干扰，该工程投产后取得了满意的效果。不同类型的信号分别由不同电缆传输，信号电缆应按传输信号种类分层敷设，严禁用同一电缆的不同导线同时传送动力电源和信号，避免信号线与动力电缆靠近平行敷设，以减少电磁干扰。

3. 硬件滤波及软件抗干扰措施

信号在接入计算机前，应在信号线与地间并接电容，以减少共模干扰；在信号两极间加装滤波器则可减少差模干扰。由于电磁干扰的复杂性，要根本消除硬件干扰影响是不可能的，因此，在 DCS 控制系统的软件设计和组态时，还应在软件方面进行抗干扰处理，进一步提高系统的可靠性。常用的一些措施包括：数字滤波和工频整形采样，可有效消除周期性干扰；定时校正参考点电位，并采用动态零点，可有效防止电位漂移；采用信息冗余技术，设计相应的软件标志位；采用间接跳转、设置软件陷阱等，提高软件结构的可靠性。

4. 完善接地系统

接地的目的通常有两个，其一是为了安全，其二是为了抑制干扰。完善的接地系统是 DCS 控制系统抗电磁干扰的重要措施之一。

系统的接地方式有浮地方式、直接接地方式和电容接地三种。对 DCS 控制系统而言，它属高速低电平控制装置，应采用直接接地方式。由于信号电缆分布电容和输入装置滤波等的影响，装置之间的信号交换频率一般都低于 1MHz，所以 DCS 控制系统接地线采用一点接地和串联一点接地的方式。集中布置的 DCS 系统适于并联一点接地方式，各装置的柜体中心接地点以单独的接地线引向接地极。如果装置间距较大，应采用串联一点接地方式，用一根大截面铜母线（或绝缘电缆）连接各装置的柜体中心接地点，然后将接地母线直接连接接地极。接地线采用截面大于 22mm^2 的铜导线，总母线使用截面大于 60mm^2 的铜排。接地极的接地电阻小于 2Ω，接地极最好埋在距建筑物 $10\sim15\text{m}$ 远处，而且 DCS 系统接地点必须与强电设备接地点相距 10m 以上。信号源接地时，屏蔽层应在信号侧接地；不接地时，应在 DCS 侧接地；信号线中间有接头时，屏蔽层应牢固连接并进行绝缘处理，一定要避免多点接地；多个测点信号的屏蔽双绞线与多芯对绞总屏蔽电缆连接时，各屏蔽层应相互连接好，并经绝缘处理。另外，还应选择适当的接地处单点接地。

DCS 控制系统中的干扰是一个十分复杂的问题，因此在抗干扰设计中应综合考虑各方面的因素，合理有效地抑制抗干扰，对有些干扰情况还需作具体分析，采取对症下药的方法，才能够使 DCS 控制系统正常工作。

DCS 的接地系统，在抗干扰设计上是最简便、最经济，而且也是效果最显著的一种方式。接地如能和屏蔽正确地结合起来，则能更好地解决噪声问题。

因此，为了能保证 DCS 系统安全、可靠、稳定地运行，保证设备、人身的安全，针对不同类型计算机的不同要求，应设计出适当形式的接地系统。

计算站一般具有以下几种地：

计算机系统的直流地，电阻值不大于 1Ω。

交流工作地，电阻值不大于 4Ω。

安全保护地，电阻值不大于 4Ω。

防静电接地，电阻值不大于 4Ω。

防雷保护地，电阻值不大于 10Ω。

所谓接地，即把电路中的某一点或某一金属壳体用导线与大地连在一起，是以接地电流易于流动为目标，因此接地电阻越低，接地电流越容易流动。另外，DCS 系统的接地，还希望尽量减少成为噪声原因的电位变动，所以接地电阻也是越低越好。在处理 DCS 接地时，应注意以下两点：信号电路和电源电路，高压电路和低压电路不应使用共地回路；灵敏电路的接地，应各自隔离或屏蔽，以防止地回流和静电感应而产生干扰。

下面就几种地线作用和实施办法叙述如下。

（1）交流工作地。在计算机系统中，还有大量使用 380V/220V 交流电源的电气设备，如计算机的外部设备、变压器、空调设备机柜上的风机和维修设备等，按国家规定要进行工作接地，即把中性点接地，也称二次接地。其作用在于确保人身安全和设备的安全。

在计算机系统中，交流设备很多，但交流设备的二次接地问题常常不为人们所重视，为此常常给人身和设备造成一些不必要的伤害。具体措施为把计算机外部的中性点用绝缘导线串联起来接到配电柜的中线上，然后用接地母线将其接地。其他交流设备，如空调机、引风机、稳频稳压设备等中性点各自独立按电气规范的规定接地。

（2）安全保护地。把机房内所有设备外壳以及电动机、空调机等设备的壳体与地之间作良好的接地，称为安全保护地。当绝缘被击穿时，由于机壳与地之间杂散阻抗的数值很大，使得机壳上的电压基本上等于交流电源的电压（220V），此时若人体触及机壳，且人体对地的绝缘不好，将有相当大的电流通过人体进入大地，这是十分危险的。而如果将机壳接地，情况就完全不同了。当绝缘被击穿时，接地短路电流沿着接地线和人体两条通路进入大地，由于接地电阻，远远小于人体电阻，所以数值很大的电流会通过接地电阻流入大地，从而保护了人身安全。具体实施措施包括：计算机房内的安全保护地是将所有机柜的机壳用数根绝缘导线串联起来，再用接地母线（多股编织线）与大地相连；计算机房的其他设备，如空调等，则另接。

（3）计算机系统的直流地（又称逻辑地）。为了使计算机正常工作，机器的所有电子线路必须工作在一个稳定的基础电位上，就是零电位参考点。在设计直流地时要注意消除各电路电流流经一个公共地线阻抗时所产生的噪声电压。应采用直流地接大地的方法，就是将电子计算机中的数字电路等电位与大地相连接，阻值则按照具体要求而定。在采用直流地接大地的系统中，也应同时具有良好的安全保护地系统。而且，直流地与机壳安全保护地在很多计算机系统中都是分开的，即在机房内是彼此绝缘的。这样既为高频干扰提供了对地释放的低阻通路，同时也为机壳电（静电）提供了泄放的低阻通路。直流地的接法和选择可分为以下两点：

1）串联接地，即多点接地。所谓串联接地，就是将计算机系统中各个设备的直流地线以串联的方式接在作为直流地线的铜皮上。应该注意的是，此时所用的直接导线是多股编织或铜带，应与机壳绝缘。

2）并联接地，即单点接地。将计算机系统中各设备的直流地线用多股屏蔽软线接到铜块地线上，铜块下垫绝缘物质。

（4）防雷保护地。雷电是大气中的一种自然放电现象。雷击的放电速度很快，雷电电流的变化也很剧烈。雷云开始放电时雷电电流急剧增大，在闪电时，电流可达 $200\sim300\text{kA}$。雷电的破坏作用基本上可以分为三类。第一类是雷电的直击作用，即雷电直接击在建筑物或设备上，造成破坏。第二类是雷电的二次作用，通常称为感应雷，即雷电电流产生的磁效应和静电效应所产生的作用。该类破坏表现在：雷电电流产生的电磁场随着雷电电流一起在剧烈地变化；另一方面，由于静电荷感应都会在金属物件上或电气线路上感应出很高的电压（可达数十万伏），因此该类作用可严重危及设备和人员的安全。第三类是雷电电流沿电气线路和管道线路把高电压传到建筑物内部，形成所谓电位引入，这当然是十分危险的。

防雷装置一般说来可分为三个基本部分：①接闪器。接闪器也叫受雷装置，是接收雷电电流的金属导体，也即通常所说的避雷针、避雷带或避雷网。②引下线。引下线是连接避雷针（网）与接地装置的导体，一般敷设在房顶和墙壁上，它的作用是把雷电流由受雷装置引到接地装置。③接地装置。也就是接地地桩。

要注意的是，为了设备和人身的安全，防雷保护地与直流地和安全保护地之间应间隔15m 以上。

（5）几种接地系统的相互关系。将直流地、安全保护地、交流工作地和防雷保护地分别组成各自独立的系统，并分别接在不同的地桩上。该方案的最大优点在于可防止其他设备干扰计算机的稳定运行，但施工复杂、造价昂贵，难以在实际中应用。目前采用的方案是，将直流地、防雷地各自单独接地，安全保护地与交流工作地共用一个地桩。即机房内的所有交流用电设备的中线接在一起后，与配电柜的中线端相接；再把各设备的机壳（架）用绝缘导线连在一起，也接在配电柜的中线端子上，然后再用母线将电路引至机房外，接在接地地桩上。

第五节　单元机组自动控制系统的总体结构

一、分散控制系统的基本结构及各部分功能简介

分散控制系统是由以微处理器为核心的基本控制单元、数据采集站、高速数据通道、上位监控和管理计算机以及 CRT 操作站等组成的。系统的基本结构如图1-3 所示。

1. 基本控制单元

基本控制单元也称为过程控制站，是直接控制生产过程的硬件和软件的有机结合体，是分散控制系统的基础，它可以实现闭环模拟量控制和顺序控制，完成常规模拟仪表所能完成的一切控制功能。基本控制单元有很多个，每个单元只控制某一局部的生产过程，一个基本控制单元故障不会影响整个生产过程。

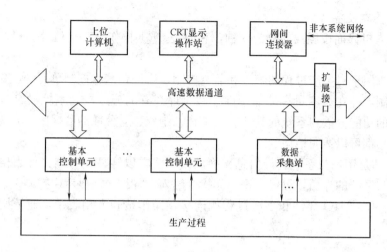

图 1-3 一般分散控制系统的基本结构

基本控制单元包括供电电源、DPU 控制器、控制总线、I/O 卡件、输出继电器。

由 I/O 板通过端子板直接与生产过程相连，读取传感器传递过来的信号。I/O 板有几种不同的类型，每一种 I/O 板都有相应的端子板，I/O 板一般有以下几种：

（1）模拟量输入。使用 4～20mA 的标准信号板和用以读取热电偶的毫伏信号板，4～16 个通道不等。

（2）模拟量输出。通常都是 4～20mA 的标准信号，它的通道比较少，只有 4～8 个。

（3）开关量输入。16～32 个通道。

（4）开关量输出。开关量输入和输出分不同电压等级的板，如直流 24、125V；交流 220 或 115V 等；8～16 个通道不等。

（5）脉冲量输入。用于采集速率的信号，4～8 通道不等。

（6）快速中断输入。

（7）HART 协议输入板。

（8）现场总线 I/O 板。

每一块 I/O 板都接在 I/O 总线上。为了信号的安全和完整，信号在进入 I/O 板以前要进行整修，如上下限的检查、温度补偿、滤波等，这些工作可以在端子板完成，也可以分开完成，完成信号整修的板可称为信号调理板。I/O 总线和控制器相连。

控制器是 DCS 的核心部件，它相当于一台 PC 机，有的 DCS 的控制器本身就是 PC 机。它主要有 CPU、RAM、E^2PROM 和 ROM、RAM 等芯片，还有两个接口，一个向下接收 I/O 总线来的信号，另一个接口是向上把信号送到网络上与人机界面相连。ROM 用来存储操作系统及各种运算功能的控制算法，RAM 用来存储 CPU 的运算结果和 I/O 信号。常用站功能块不仅把模拟量和开关量结合起来，还与人联系起来。功能块越多，用户编写应用程序（即组态）越方便。组态按照工艺要求，把功能块连接起来形成控制方案。因为组态要随工艺改变而改变，而 E^2PROM 可以擦写，所以把组态存在 E^2PROM 中。不同用户有不同组态，组态时，用户从功能块库中选择所要的功能块，填上参数，把功能块连接起来，形成控制方案存到 E^2PROM 中。这时控制器在组态方式，投入运行后就成为运行方式。

控制器中安装有操作系统，功能块组态软件和通信软件。

2. 人—机接口设备

DCS系统人机界面按照功能分为3种，它们是CRT操作站、上位计算机、动态数据服务器。

上位计算机用于对生产过程的管理和监督控制，协调各基本控制单元的工作，实现生产过程最优化控制，并在大容量存储器中建立数据库。有的分散控制系统没有设置上位计算机，而是把它的功能分散到系统的其他一些工作站中，建立分散的数据库，并为整个系统公用，各个工作站都可以透明地访问它。

CRT操作站是用户与系统进行信息交换的设备，它以屏幕窗口或文件表格的形式提供人与过程、人与系统的界面，可以实现操作指令输入、各种画面显示、控制系统组态、系统仿真等功能。控制器I/O部件和生产过程相连接，操作站和人相联系，通信网络把这两部分连成系统。

3. 高速数据通道

高速数据通道是信息交换的媒介，它将分散在不同物理位置上执行不同任务的各基本控制单元、数据采集站、上位计算机、CRT操作站连接起来，形成一个信息共享的控制和管理系统。

4. 数据采集站

数据采集站主要用来采集各种生产现场数据，以满足系统监测、控制以及生产管理与决策计算的需要。现在大部分的分散控制系统没有专门的数据采集站，而由基本控制单元来完成数据采集和生产过程控制的双重任务。

5. 网间连接器

网间连接器是分散控制系统与其他标准的网络系统进行通信联系的接口，可使得系统的通信性能具有时代要求的开放性。

二、典型分散控制系统

现阶段我国电力工业推荐了8种典型的分散控制系统产品，分别是贝利公司的INFI-90系统、西屋公司的WDPF-Ⅱ系统、日立公司的HIACS-3000系统、西门子公司的Teleperm-ME系统、Leeds&Northrup公司的MAX-1000系统、Hartman&Braun公司的Contronic-E系统、ABB公司的Procontrol-P系统、福克斯波公司的I/A Series系统。美国西屋电气公司过程控制部于1982年10月推出了它的分散控制系统——WDPF系统，其升级产品为WDPF-Ⅱ系统，系统结构如图1-4所示，这是西屋公司在20世纪90年代推出的WEStation工作站所形成的系统结构形式。

WDPF-Ⅱ系统的Westnet Ⅱ数据总线配置为冗余的，该方法可极大地改善系统计位错误率。冗余数据总线的使用对于系统来说是透明的，即使是在一条数据总线出现故障时，也不会引起系统性能的损失。快捷和一致的数据通信对于数据采集和控制功能来说是十分重要的，必须连续更新以允许操作人员在任何时候均可监视过程，变更调谐参数，并进行手动控制。该类型的通信是由Westnet Ⅱ数据总线进行处理的，该总线以2Mbit/s的频率来发送数据。Westnet Ⅱ数据总线通信提供了全系统报警功能的基础，包括有报警功能的站（如操作员站）接收在数据总线上处于报警状态的点。基于点值中的一种变化或基于一种操作员动作变化（如报警的确认）的报警状态中的任何变化，可以立即显示并在站上进行处理。挂在Westnet Ⅱ数据总线上的站是在数据总线上互相通信的单独处理单元。在Westnet Ⅱ数据总

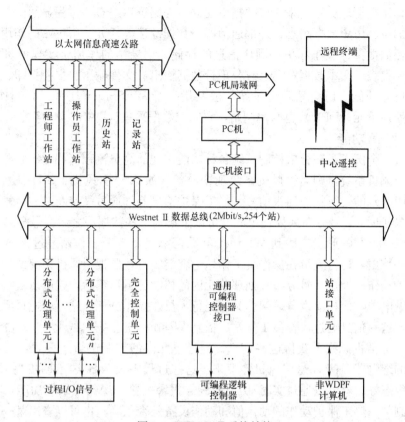

图 1-4　WDPF-Ⅱ系统结构

线上发送的系统数据元素被称作点，系统可以标识 16000 个点，通过使用扩展 SID 点，可以再扩展 16000 个点。WDPF-Ⅱ系统通过包括在每个站中的数据总线和数据总线控制器（DHC）卡上的组合来完成数据库管理功能，其数据总线网络可由同轴电缆、光纤电缆或两者混合建立。在一个可通达 254 个站的线性网络中，大多都使用同轴电缆，而对于要求高等级抗扰性的站，可采用电气隔离等措施。每个站中的 DHC 负责提示信息处理，并作数据总线协议和仲裁，如时间同步、故障检测、性能监视以及自测试。当一个站加电时，自测试即启动，DHC 则保证通信逻辑正常执行并且使站对于数据总线有效，然后对从数据总线上收到的所有数据进行检查并对有关站的信息进行筛选。每个站包括 DHC 和站功能处理程序之间共享的存储器，该共享存储器作为数据总线和功能处理器之间的接口运行。DHC 将来自数据总线的信息存储到共享存储器中的表中，并且将来自这些表的值传送到数据总线上。功能处理器通过从共享存储器表中获得其所需的接收数据来执行其特定的站任务，并且将其原始数据存储到这些表中，供在数据总线上发送。

　　WDPF-Ⅱ系统站包括 WEStation 工作站和分布式处理单元（DPU）两种。WEStation工作站一般配备有 4 种类型，即工程师工作站、操作员工作站、历史站、记录站，有的还配备有数据链接站、PC 接口站。操作员工作站一般有 5 台，它主要是运行人员用来通过过程图监视生产现场的实时参数，通过操作画面启停或开关设备，通过曲线显示或报警一览等查阅某一时段生产过程的参数、状态、操作记录。操作员工作站还可以完成系统诊断及状态报告、算法参数调整、系统时间更新、保密级别设置等功能。工程师工作站具备操作员工作站的所有功能，系统管理员用它来完成数据库建立、控制逻辑组态、过程显示图形建立、文件设计及软件加载、历史数据组态、外部通信网络数据链接等任务。历史站的作用是存储和检索历史信息，如报警、操作和事件顺序信息的存储。记录站的作用是实现值班报表、日报表、事件顺序报表、文本数据/历史数据/现行数据输出、文件输出、报警打印、操作记录输出、屏幕拷贝等功能。历史站和记录站一般共用一个 WEStation 工作站，叫作历史/记录站。分布式处理单元（DPU）也叫控制站，它完成数据采集（DAS）、顺序控制（SCS）、模拟量控制（MCS）功能。

下面通过一个例子了解分散控制系统各种功能实现的简单流程。假如 2 号分布式处理单元控制的是引风机系统，则当引风机系统现场设备（如 A 号引风机、B 号引风机、两台引风机出入口门等）的运行状态回报信号、热工保护信号等，通过硬接线进入 2 号分布式处理单元的 I/O 端子时，2 号分布式处理单元就可以采集到这些数据。之后 2 号分布式处理单元将这些数据以"点"的形式广播到 Westnet Ⅱ 数据总线，各个工作站通过 Westnet Ⅱ 数据总线获得这些数据，运行人员在操作员工作站上就能实时地监视引风机系统的运行状态。如某一热工保护动作，经过 2 号分布式处理单元内的控制逻辑运算后，就可以直接输出信号去动作相应的继电器，使相应设备跳闸。又如运行人员在操作员工作站上，通过操作画面去停 A 号引风机，这一信息通过操作员工作站广播到 Westnet Ⅱ 数据总线上，2 号分布式处理单元从 Westnet Ⅱ 数据总线上获得这些信息，经过单元内的控制逻辑运算后，就可输出信号去动作相应的继电器，使 A 号引风机停下来。这些过程中表示各类信息的"点"如果已经在历史站上组态好，就可以通过实时/历史曲线、报警一览、操作记录等功能，在工作站上查出某一时刻某一热工保护动作的动作值和动作设备是否正确；也可以查出某一时刻在某一工作站上对某一设备进行了什么样的操作，该操作是否及时，是否正确。

运行人员通过鼠标、键盘、CRT 与分散控制系统建立联系，并且对分散控制系统和热力生产过程进行监视、控制和管理。

第六节　WDPF-Ⅱ分散控制系统

WDPF 分散控制系统是美国西屋电气公司过程控制部于 1982 年 10 月推出的分散控制系统，90 年代初它的升级产品为 WDPF-Ⅱ系统，它是我国电力工业推荐的 8 种典型的分散控制系统选用产品之一。这一节主要介绍其硬件的组成和维护。

一、WDPF-Ⅱ系统的硬件组成

在第五节中已经介绍了 WDPF-Ⅱ系统的结构形式，从中了解到其硬件主要分为西屋工作站（WEStation）、分布式处理单元（DPU）、WDPF-Ⅱ系统总线和 Q 系列过程输入/输出单元（I/O 卡件）四大部分。下面分别进行介绍。

1. 西屋工作站

西屋工作站（WEStation）硬件配置为：带风扇的机柜、AC 输入的配电盘、SUN-SPARC5 主机、WEStation DT（用于主机与数据高速公路接口）、以太网接口、SUN 显示器、SUN 键盘、SUN 鼠标。另外，工程师站一般还配备报警打印机和屏幕拷贝打印机，历史/记录站配备第二硬盘（与第一硬盘同样采用 SCSI 接口）、可擦写光驱、磁带机。数据链接站配备向外界发送数据的网络接口，用户可以根据自身特殊要求进行硬件配置。

西屋工作站（WEStation）的硬件连接比较简单，不同设备的接口基本不同，一般不会发生连接错误，但是安装要符合要求。例如电源的安全性（冗余）、接地系统接口的牢固性等，这些因素会影响工作站的启动或运行。国电太原第一热电厂在使用 WDPF-Ⅱ系统过程中，有一台工作站的以太网接口连接不牢固，影响到工作站之间的信息传输，在这台工作站上不能进行调用历史趋势、查看历史报警、打印报表等工作，所以在安装时应引起重视。

2. 分布式处理单元

分布式处理单元（DPU）的硬件配置为 MDX 卡（主机卡）、MHC 卡（数据高速公路接口卡）、MPS 卡（电源卡），这些卡件都是冗余配置的。

DPU 有 5 种运行方式：组态方式、下载方式、控制方式（在线）、后备方式（在线）和故障方式。将 DPU 置于在线方式前，应检查 MDX 卡跳线。JS1、JS2、JS4、JS5、JS6、JS8、JS9、JS10 跳线的跨接线置于 1～2 位置；JS11、JS14 跳线的跨接线置于 2～3 位置；JS3、JS7、JS12、JS13 跳线用于 GND 测试，取消其跨接线。

MHC 卡通过 T 形适配器与数据高速公路连接。运行过程中要断开 MHC 卡与数据高速公路的连接，必须是将 MHC 卡和 T 形适配器断开，而不能将 T 形适配器的两侧断开。将 T 形适配器的两侧断开相当于将 Westnet Ⅱ数据总线断开，会中断所有站之间的通信。

3. WDPF-Ⅱ系统总线

WDPF-Ⅱ系统中采用了两种总线：Westnet Ⅱ数据总线（数据高速公路）和信息总线（以太网）。Westnet Ⅱ数据总线用于过程控制数值的定期广播以及根据需要传输站之间的信息；信息总线用于工作站之间的日常通信。

（1）Westnet Ⅱ数据总线（数据高速公路）的硬件配备由数据总线控制卡和同轴电缆组成。在机柜内使用 RG-59/U 同轴电缆，机柜外使用 RG-11 半刚性同轴电缆。Westnet Ⅱ数据总线是冗余配置的。

（2）信息总线（以太网）硬件为 WEStation 标准以太网控制器。

（3）Westnet Ⅱ数据总线的布线要求比较高，布线不合理会导致系统性能降低。一般情况下数据总线比信息总线要求更为严格，所以数据总线和信息总线要平行布线，且采用相同的通道，这样就能同时满足两种总线的要求。在 WDPF-Ⅱ系统总线布置时要遵从以下原则：

1）两条冗余的数据总线必须按照相同的顺序从站到站布置。

2）两条数据总线的同轴电缆长度差不能超过 1.9km，这是为了防止信息时滞过大。任何两个站之间的最大允许时滞为 $10\mu s$，时滞计算公式为时滞＝（总同轴电缆长度差/总同轴电缆长度）$\times 5\mu s/km$，该时滞计算值绝不能大于或等于 $10\mu s$。

3）数据总线布线时必须考虑所选电缆类型的物理限制，如最小半径。数据总线电缆不能通过 90°引线盒进行布线，半刚性同轴电缆必须有热膨胀服务回路。

4）为便于日后进行维护工作，数据总线的每一段应进行标注，并警示工作人员注意信号电缆。对冗余数据总线电缆，一条可以标注为 DH_0，另一条可以标注为 DH_1。

4. Q 系列过程输入/输出单元（I/O）

WDPF-Ⅱ中采用 Q 系列 I/O 卡件，常用的卡件有：QLI 卡(回路接口卡)、QAO 卡(模拟量输出卡)、QAW 卡(模拟量输入卡)、QAV 卡(热电偶输入卡)、QCI 卡(开关量输入卡)、QBO 卡(开关量输出卡)、QSE 卡(时间顺序记录卡)、QPA 卡(脉冲累加卡)、QRT 卡(热电阻输入卡)。所有 Q 系列 I/O 卡件的每一个通道都是独立的，同一张卡件上的一个通道故障不会影响其他通道。

(1) 回路接口卡(QLI卡)。QLI卡用于模拟量控制(MCS)中对调节设备的控制。它的输入/输出能力包括三个模拟量输入、一个模拟量输出、两个数字量输入和两个数字量输出。QLI卡一般使用的型号是G03,输入范围为0~20mA,输出范围为4~20mA。端子接线分配为:1A和1B为数字量输入第0通道,2A和2B为数字量输入第1通道;6A(+,指接正端)、4A(-,指接负端)和5A(屏,指接屏蔽线)为模拟量输入第2通道,9A(+)、7A(-)和8A(屏)为模拟量输入第1通道,12A(+)、10A(-)和11A(屏)为模拟量输入第0通道;16A和16B为数字量输出第0通道,17A和17B为数字量输出第1通道;15A(+)、13A(-)和14A(屏)为模拟量输出通道。QLI卡的缺点是13A(-)端接地时会损坏卡件,在工作中应多加注意。

(2) 开关量输入卡(QCI卡)。QCI卡用于采集数字量输入。它配有16个数字量接触式输入通道和一个48V DC的接触式电源电压,一般使用的型号是G02。它的输入要求为数字式滤波延误2.6~6.0ms。输入信号抑制方面,输入信号持续时间小于2.6ms通常被抑制,输入信号持续时间大于6.0ms通常被发送。它的触点式电压参数为:开路电压最小为42V DC,额定为48V DC,最大为56V DC;闭合触点电流最小为6mA,额定为14mA,最大为22mA。端子接线分配为:2A-2B为数字量输入第0通道,3A-3B为数字量输入第1通道,4A-4B为数字量输入第2通道,依此类推直到第15通道。

(3) 开关量输出卡(QBO卡)。QBO卡用于顺序控制(SCS)中对就地设备的控制和光字牌报警输出。一般使用的型号是G01~G05,不同型号提供不同带负载能力。最常用的型号是G01,它的输出能力为"关闭"电压最大20V DC,"打开"电压最大为5V DC。该卡有16个开关量输出通道,由QBO专用预制电缆连接至继电器柜。如果作为光字牌报警输出要配备输出端子,端子接线分配为:2A和2B为数字量输出第0通道,3A和3B为数字量输出第1通道,4A和4B为数字量输出第2通道,依此类推直到第15通道。

(4) 模拟量输出卡(QAO卡)。QAO卡用于模拟量控制(MCS)中对精度等级要求不高的调节设备的控制,或者不同系统间少量模拟量信号的传输。一般用的型号是G01,它提供4个0~20.475mA的电流输出通道,每个通道均为由正极、负极及屏蔽线连接组成的三极输出。由QAO提供24V DC供电电压,它的输出负载为0~1kΩ。端子接线分配为:4A(+)、2A(-)和3A(屏)为模拟量输出第0通道,8A(+)、6A(-)和7A(屏)为模拟量输出第1通道,12A(+)、10A(-)和11A(屏)为模拟量输出第2通道,16A(+)、14A(-)和15A(屏)为模拟量输出第4通道。

(5) 模拟量输入卡(QAW卡)。QAW卡用于采集模拟量输入。它配有6个模拟量输入通道,一般使用的型号是G03和G04。G03提供6路0~10V DC的模拟量输入通道;G04提供6路0~20mA的模拟量输入通道。两种信号的端子接线分配是一致的,端子接线分配为:3A(+)、1A(-)和2A(屏)为模拟量输入第0通道,6A(+)、4A(-)和5A(屏)为模拟量输入第1通道,9A(+)、7A(-)和8A(屏)为模拟量输入第2通道,12A(+)、10A(-)和11A(屏)为模拟量输入第3通道,15A(+)、13A(-)和14A(屏)为模拟量输入第4通道,18A(+)、16A(-)和17A(屏)为模拟量输入第5通道。

(6) 热电偶输入卡(QAV卡)。QAV卡用于采集热电偶模拟量输入,一般使用的型号是G02,G02提供6路-12.5~+50mV DC的热电偶模拟量输入通道。端子接线分配为:

03A（＋）、01A（－）和2A（屏）为热电偶模拟量输入第0通道，06A（＋）、04A（－）和5A（屏）为热电偶模拟量输入第1通道，09A（＋）、07A（－）和8A（屏）为热电偶模拟量输入第2通道，12A（＋）、10A（－）和11A（屏）为热电偶模拟量输入第3通道，15A（＋）、13A（－）和14A（屏）为热电偶模拟量输入第4通道，18A（＋）、16A（－）和17A（屏）为热电偶模拟量输入第5通道。

（7）事件顺序记录卡（QSE卡）。QSE卡用于采集重要的数字量输入，由于它的扫描精度是0.125ms，所以能够精确地监测和记录事件发生的顺序，供SOE事故追忆使用。一般使用的型号是G01，它通过数字滤波拒绝低于最小预定时间间隔的信号抖动。端子接线分配为：2A和2B为数字量输入第0通道，3A和3B为数字量输入第1通道，4A和4B为数字量输入第2通道，依此类推直到第15通道。

（8）脉冲累加器卡（QPA卡）。QPA卡用于键相、转速等信号的测量。它的工作原理是将就地测量系统测得的脉冲输入信号进行计数，从而计算出转速。由于QPA卡需要使用系统控制的文本算法对计数器在每个扫描周期内复位一次，有时在使用中会有复位不及时的缺陷，造成测量信号不准确，所以用QPA卡采集的信号一般不作为控制信号使用。QPA卡一般使用的型号是G01，它提供2路脉冲输入通道，标称电压是＋13.0V DC。端子接线分配为：7A－6A为脉冲输入第1通道，9A－8A为脉冲输入第0通道。

（9）热电阻输入卡（QRT卡）。QRT卡用于采集热电阻模拟量的输入，一般使用的型号是G03和G04，G03配用Pt100型热电阻，G04配用Cu50型热电阻。它提供4路热电阻模拟量输入通道，每个通道均为由正极、负极、回线极和屏蔽线连接组成的四极输入。两种信号的端子接线分配是一致的，端子接线分配为：3A（＋）－1A（－）－2A（屏）－4A（回）为热电阻模拟量输入第0通道，9A（＋）－7A（－）－8A（屏）－6A（回）为热电阻模拟量输入第1通道，12A（＋）－10A（－）－11A（屏）－13A（回）为热电阻模拟量输入第2通道，18A（＋）－16A（－）－17A（屏）－15A（回）为热电阻模拟量输入第3通道。

二、WDPF-Ⅱ系统的硬件维护

这里重点介绍WDPF-Ⅱ系统对运行环境的要求，以及系统的备品管理、设备检查、电源系统、接地系统、系统自诊断、系统检修、大小修项目等几个方面。

1. WDPF-Ⅱ系统对运行环境的要求

WDPF-Ⅱ分散控制系统对环境具有较强的适应性，它不像科学计算所用的计算机那样要求工作环境完善，但是它要求所处的物理环境等也要具备一定条件，并且所处环境条件还对系统硬件的保养起到非常重要的作用。我们对这方面的知识应有所了解并在工作中加以注意。

（1）控制室及电子间的空气质量。控制室及电子设备间内机柜滤网应定期清洗和更换；机柜内电缆孔洞应封堵；空气流通不仅要考虑补充新鲜空气，而且要维持控制室及电子设备间处于微正压（25.4～50.8Pa），减少粉尘进入；工作人员进入电子设备间内应着装干净；每年对控制室及电子设备间环境空气质量进行一次测试。

（2）控制室及电子设备间的温度和湿度。电子设备间的环境温度宜保持在18～20℃，不超过25℃，温度变化率应小于或等于5℃/h。相对湿度宜保持在45％～70％，在任何情况下，不允许结露，冬季相对湿度不能维持在此范围内时，最低值应以不产生静电为宜；当空调设备发生故障时，应严密监视室温不超过系统允许值。

（3）电磁干扰。机组运行时，在电子设备室内不宜使用会产生电磁干扰的设备（如移动电话、对讲机等）。遇特殊情况需要使用时，应按规定进行（机柜门关闭，距机柜 2m 以外使用）；机组运行时，严禁在电子设备间使用电焊机、冲击钻等强电磁干扰设备。

（4）装修材料。控制室和电子设备室内的装修材料除按设计规范选用外，还应考虑防静电、防滑、吸光的要求。

（5）WDPF-Ⅱ分散控制系统远程设备环境。WDPF-Ⅱ分散控制系统现场布置的远程设备所处环境的空气质量、温度、湿度应满足制造厂的要求。对于要安装的特定站和外围设备来说，温度、湿度、振动及磨损或腐蚀物质必须控制在一定的水平内，所有的设备应进行遮盖，避免雨、湿气、灰尘以及阳光直射。

（6）WDPF-Ⅱ分散控制系统配置的基本要求。WDPF-Ⅱ分散控制系统自身的系统配置是 WDPF-Ⅱ系统可靠运行的关键，它应能满足机组任何工况下的监控要求（包括紧急故障处理），CPU 负荷率应控制在设计指标之内并留有适当裕度。所有控制站（分布式处理单元）的 CPU 负荷率在恶劣工况下不超过 60%，所有工作站（软件服务器、工程师站、操作员站、历史站、记录站、数据链接站等）的 CPU 负荷率在恶劣工况下不超过 40%，并应留有适当裕度。CPU 负荷率应定期检查统计，如超过设计指标应迅速采取措施进行处理。控制站及工作站脱网、离线、死机，在其他操作员站监视器上应设有醒目的报警功能，或在控制室内设有独立于 WDPF-Ⅱ系统之外的声光报警。主要控制器采用冗余配置，重要 I/O 点应考虑采用非同一板件的冗余配置。分配控制回路和 I/O 信号时，应使一个控制器或一块 I/O 板件损坏时对机组安全运行的影响尽可能小。I/O 板件及其电源故障时，应使 I/O 处于对系统安全的状态，不出现误动。冗余 I/O 板件及冗余信号应进行定期检查和试验，确保处于热备用状态。WDPF-Ⅱ主系统及与主系统连接的所有相关系统（包括专用装置）的通信负荷率设计必须控制在合理的范围（保证在高负荷运行时不出现"瓶颈"现象）之内，其接口设备（卡件）应稳定可靠。数据总线应有冗余设置，通信负荷率在繁忙工况下不得超过 30%，对于以太网则不得超过 20%。定期检查测试通信负荷率，若超过设计指标，应采取好措施，优化组态，降低通信量。

2. WDPF-Ⅱ系统备品管理

对 WDPF-Ⅱ系统备品进行恰当存放、定期检查，并在使用前检查和正确设置跳线，能够延长硬件备品寿命，并在更换备品时不造成硬件损坏。

（1）卡件存放要求。各种卡件必须用防静电袋包装后存放或根据制造厂的要求存放；卡件存储室的温度、湿度应满足制造厂的要求；存取时应采取防静电措施，禁止任何时候用手触摸电路板；卡件存取时应登记，办理进出库手续。

（2）定期检查。热工车间应有对各种卡件进行检查和试验的试验装置，试验装置应具备对各种卡件、电缆、端子板及电源进行可靠性、功能性、稳定性检查的功能。WDPF-Ⅱ系统维护人员应每半年对保存的各种常用备件进行检查，检查内容如下。

1）表面清洁、印刷板插件无油渍，轻微敲击后无异常。

2）软件装卸试验正常。

3）通信口、手动操作站工作正常。

4）各种模拟量、开关量卡件的输入输出通道工作正常。

5）装入测试软件，正常工作不少于 48h。

6）冗余卡件的切换试验正常。

7）检查后应填写检查记录，并贴上合格标志。

（3）使用前检查。投入使用前，应该对卡件地址和其他跳线进行正确设定，并经监护人确认后，方可插入正确的槽位，并填写记录卡。

3. WDPF-Ⅱ系统运行设备的检查

WDPF-Ⅱ分散控制系统的控制柜、控制室、工程师站及其设备就是 WDPF-Ⅱ系统的身体，每周至少一次的巡回检查对保护 WDPF-Ⅱ系统硬件可起到重要作用。

（1）WDPF-Ⅱ分散控制系统控制柜。分散控制系统控制柜检查内容如下：控制柜的环境温度和湿度；滤网的清洁及完好程度；柜内温度应符合厂家要求，带有冷却风扇的控制柜，风扇应正常工作，对运行中有异常的风扇，应立即更换或采取必要的措施；电源及所有卡件的工作状态；事件顺序记录（SOE）应工作正常，打印纸充足，时钟与 WDPF-Ⅱ系统同步。

（2）控制室、工程师站及其设备。控制室、工程师站及其设备检查内容如下：了解热工自动化设备运行状况；打印机工作正常，打印纸充足；记录仪工作正常，记录纸充足；操作按钮、指示灯泡、报警光字牌、显示仪表工作正常；操作员站、工程师站人机接口设备、模件、电源、风扇工作正常，滤网清洁；利用操作员站或工程师站，检查卡件工作状态、通信有无报警以及重要的热工信号状态；巡检时发现的缺陷，应及时登记并处理。

（3）机组检修前的检查工作。机组检修前应通过操作员站、工程师站对下列设备状态进行检查、分析和判断，包括：WDPF-Ⅱ系统卡件、电源、风扇、I/O 通道、通信网络、操作员站和工程师站等；模拟量控制的主要趋势记录和整定参数；核实退出的保护及定值。另外，机组检修前，应利用停机的机会，有针对性地对存在缺陷的系统或设备进行试验。

4. WDPF-Ⅱ系统的电源系统

可靠的电源系统是 WDPF-Ⅱ系统安全稳定运行的基础。WDPF-Ⅱ系统在运行时供电中断，会造成数据丢失和程序破坏，甚至主机硬件损坏，所以对其电源系统的质量和可靠性提出了严格要求。WDPF-Ⅱ系统维护人员应该认真检查电源系统是否完全符合要求，如果不符合要求应及时整改。国电太原第一热电厂在使用 WDPF-Ⅱ系统过程中，发现电源切换时间不符合要求，工作站在电源切换时重新启动，在为工作站配备了专门的 UPS 电源后，问题得到解决。

（1）WDPF-Ⅱ系统电源接线总的指导原则如下。

1）对于每个站集群现场来说，应安装一个单独的断路器盘，为每个站的电源线配备一个专用的断路器；如果采用两条独立的电源线——主辅电源线，每条电源线应有专门的断路器。这些断路器必须有 ON/OFF 开关，且每站必须有一个专用开关。断路器和开关应靠近站并设在操作人员易于接近的地方，并应有明显的标注。

2）用户提供的交流馈线上的中性点必须接地，交流馈线上的中性点不得在西屋的设备上接地。

3）从电源到 WDPF-Ⅱ系统站的电源接线应为不小于 12AWG（美国制电线标准数的电缆），并满足相关的国家安全性电气规范。

4）确保供给外围设备的电源来自与站相同的电源；否则可能出现接地问题，因而形成可能产生噪声的接地回路，影响系统性能。

（2）不间断电源（UPS）。

1）WDPF-Ⅱ系统正常运行时，应由 UPS 供电。对于未设冗余 UPS 备用电源的情况，当 UPS 故障时允许短时直接取自保安电源作为备用电源。每路进线应分别接在不同供电的母线段上。

2）UPS 二次侧不经批准不得随意接入新的负载。最大负荷情况下，UPS 容量应有 20%～30%的余量。

3）UPS 电源应能保证连续供电 30min，确保安全停机停炉的需要。

4）UPS 供电主要技术指标包括：电压波动小于 10%额定电压；频率范围为 50Hz±0.5Hz；波形失真小于 5%；备用电源投时间小于 5ms；电压稳定度在稳态时在±2%以内，动态时在±10%以内，频率稳定度在稳态时在±1%以内，动态时在±10%以内。

UPS 应有过电流、过电压、输入浪涌保护功能，并有故障切换报警显示。

（3）电源隔离及电源分配。

1）正常运行时，WDPF-Ⅱ分散控制系统电源应由 UPS 提供，不能直接由厂用电提供。

2）输出侧不允许接地时，应采用隔离变压器进行隔离，以便隔离变压器二次侧接地。

3）每次检修时，均要检查 UPS 输出侧电源分配盘、电源开关和熔断器等。

4）供电线径取决于系统负载，地线线径应与供电线径相同。

5）备用电源的切换时间应小于 5ms，保证控制站及工作站在电源切换时不重新启动。系统电源故障应在控制室内设有独立于 WDPF-Ⅱ系统之外的声光报警。

6）采用直流方式供电的重要 I/O 板件，其直流电源采用冗余配置。

5. WDPF-Ⅱ系统的接地系统

WDPF-Ⅱ系统对接地系统要求非常严格，良好的接地系统不但可以消除噪声，使系统获得最佳性能，还能保护 WDPF-Ⅱ系统的硬件不被损坏。WDPF-Ⅱ系统维护人员不能寄希望于在机组安装时已布置了完善的接地系统，而应该对照维护要求认真检查，不断完善接地系统，以保护系统硬件和人员安全，并获得最佳系统性能。

（1）WDPF-Ⅱ系统的接地系统的要求。WDPF-Ⅱ系统有各种类型的接地，按其目的可分为两类：保护性（安全性）接地和抑制干扰（噪声）接地。保护接地是将所有不带电金属件（例如外罩、通道、出口盒等）与地之间形成良好的导电连接，以保护人员和设备的安全。假如没有保护性接地，金属部件在事故时就可能带电，会导致人员触电和设备损坏。保护接地还可以防止静电积聚。抑制干扰（噪声）接地也叫工作接地，作用是最大限度地减少噪声，以便获得最佳系统性能，并保证测量和控制的精度。WDPF-Ⅱ系统的接地系统要求如下：

1）WDPF-Ⅱ系统单独设置接地网时，专用接地网周围不允许有大型电力设备的接地极；WDPF-Ⅱ系统不设置专用接地网而利用全厂公用接地网时，它的接地极也应远离大型电力设备的接地极。

2）单点接地。应保证 WDPF-Ⅱ系统满足"一点接地"的要求，整个接地系统最终只有一点接到接地地网上，并满足接地电阻的要求。在理想的情况下 WDPF-Ⅱ系统所有的接地应连接到一个单接地点上，但实际应用中一般必须设有许多接地点，而只在各个站及站集群中采用单点方法接地。

3）WDPF-Ⅱ系统建议的站集群接地方法。一个站集群指 15m 半径内连接的所有站。为了接地，这个限制参考了从集群中心接地点到每个站的最大电缆长度，即一个集群内的每个站必须在集群接地点起 15m 的电缆长度以内，所选择的每个站集群位置必须包括一个适当的接地点或接地网。为了保证系统的正常运行，应为所有的站集群规划接地接线，并遵守以下规定。

a. 不通过非 WDPF-Ⅱ 系统接地。

b. 不接地至高压设备所使用的接地。

c. 不通过任何 WDPF-Ⅱ 系统元件接非 WDPF-Ⅱ 系统设备（除了标准外围设备）。

d. 不接地到结构件上，如工字梁柱。

e. 不超过集群接地点和集群内每个站之间 15m。

4) WDPF-Ⅱ 系统建议的站接地方法。WDPF-Ⅱ 系统内部单点接地已经在制造厂预装，用户需要以下类型的接地。

a. 机柜接地（CG）。该接地接线在所有的 WDPF-Ⅱ 系统站配置中都有（控制站和工作站），用作站的主要保护性接地。CG 将与安装在柜框架上的铜总线或安装在工作站框架上的销栓进行连接。

b. 电源接地（PG）。该接地接线用在分布式处理单元（DPU）中，包括 Q 系列 I/O 卡件。PG 的接地接线形式是铜总线。

5) WDPF-Ⅱ 系统中 I/O 信号屏蔽线要求单端接地。如果信号端不接地，屏蔽线应直接接在机柜地线上；如果信号端接地，屏蔽线应在信号端接地。模拟量信号（模拟量的输入、输出信号，特别是低电平的模拟量输入信号如热电偶、热电阻信号等）最好采用屏蔽双绞电缆连接，且在机柜内有良好的单端接地。

6) 数据总线接地的要求。同轴电缆数据总线的接地对于 WDPF-Ⅱ 系统的正确运行是极其重要的，特别是在较长数据总线接地时（对于分布范围大的系统）必须予以极大的注意。同轴电缆数据总线接地应遵守以下原则。

a. 以绝缘 No. 4AWG 及以上的电缆，对数据总线每 536m 进行接地。

b. 在所有房间进出口点，所有建筑物进出口点进行接地。

c. 为了获得 WDPF-Ⅱ 系统的最佳性能，敷设数据总线的导管每 30m 进行一次接地。

d. 所有数据总线接地应接至电厂的地面或接地网，数据总线接地（包括任何直接与数据总线连接的站的接地）必须在实地的一欧姆内及彼此的一欧姆内（这称为"一欧姆原则"）。

7) 信息总线接地要求。信息总线接地要求相对于数据总线接地的要求较低，在实际应用中，可以按照数据总线接地的要求对信息总线接地。

8) DPU 接地。对于配置 Q 系列 I/O 卡件的分布式处理单元（DPU），PG 以及 CG 必须连接。另外，必须进行 Q 系列卡件的隔离模拟接地连接。对于 DPU 的站集群，所有 DPU 的 PG 接地必须以放射方式进行连接，集群中所有其他站的 PG 与该站的 PG 连接。接地站的 PG 最后连接到 CG，因而连接到集群接地，而且 PG 必须是放射状的，CG 可以串联也可以是其他方式。

9) WDPF-Ⅱ 系统工作站外围设备的接地。工作站上配备有外围设备（如打印机），其外围设备接地必须连接到该工作站进行接地。

10) WDPF-Ⅱ 系统与电力系统共用一个接地网时，控制系统接地线与电气接地网只允许有一个连接点，且接地电阻应小于0.5Ω。

11）重点处理好两种接地，保护地（CG）和屏蔽地（AG）。保护地接至电厂电气专业接地网，接地电阻小于2Ω。屏蔽地当电厂电气专业接地网接地电阻小于或等于0.5Ω时，直接接至电厂电气专业接地网；当电厂电气专业接地网接地电阻较大时，应独立设置接地系统，接地电阻小于或等于2Ω。屏蔽地接地点应远离电厂大电流设备，如给水泵、磨煤机等，距离在10m以上。

（2）WDPF-Ⅱ系统接地系统的检查与测试。对WDPF-Ⅱ系统的接地系统检查，应该在机组大修时进行，检查内容至少应包括以下项目。

1）DSC机柜外壳不允许与建筑物钢筋直接相连。机柜外壳、电源地、屏蔽地和逻辑地应分别接到机柜各地线上，并将各机柜相应地线连接后，再用两根钢芯电缆引至接地极。

2）地线与地极连接点应采用焊接方式，焊接点无断裂、虚焊、腐蚀；机柜间地线可采用螺栓固定方式，要求整片螺栓紧固，无锈蚀。

3）接地极无松动，接地电阻应符合要求。

4）从机柜到电气的整个接地系统接地电阻应符合接地电阻要求。

5）模拟量输入/输出信号屏蔽线应符合单端接地要求。

6. WDPF-Ⅱ系统的自诊断

WDPF-Ⅱ系统的危险分散特性允许将故障隔离至系统的某一特定部分，同时保持系统剩余部分的完整性。这种诊断与隔离的组合便于快速查找并修复故障。熟悉WDPF-Ⅱ系统自诊断测试对工作人员日常处理WDPF-Ⅱ系统各种软、硬件故障有很大帮助。WDPF-Ⅱ系统的这种诊断测试主要包括两种类型：系统级诊断和站级诊断。系统级诊断属于系统软件的一部分，用于检测临界错误（例如0被用于除数），或者对由数据总线通信处理器执行的各种运算进行双检测。站级诊断是每个WDPF-Ⅱ系统站功能不可分割的一部分，这些程序包含在功能处理器和数据总线通信处理器中，在站加电或复位之后、站运行时的后台模式中执行站级诊断。

（1）WDPF-Ⅱ系统状态图。WDPF-Ⅱ系统使用各种图表来反映电厂过程状态以及系统本身的运行状态，这些图表检测电厂以及系统本身的运行状况，并允许用户识别异常工况和确认报警。WDPF-Ⅱ系统状态图是为每个系统设计的用户图形，它显示了数据总线以及总线上所有站的配置，它通过显示每个站的彩色编码来提供状态信息，工作人员可以通过彩色编码直观地确定每个站和数据总线的运行情况。

对于所有挂在Westnet Ⅱ数据总线（数据高速公路）上的站，绿色表示该站处于主控（在线）运行模式；黄色表示该站处于后备（在线）运行模式；白色表示该站处于组态模式；深蓝表示该站处于下装模式；蓝色表示该站请求广播时间；洋红表示要求操作人员注意；红色表示该站处于报警状态；灰色表示该站不在数据总线上（掉线）。

对于Westnet Ⅱ数据总线，绿色表示Westnet Ⅱ数据总线通道0正常运行；黄色表示通道1正常运行；洋红表示独立通道的完整性监视错误（用于安装MHC卡的系统）；红色表示通道故障。

如果WDPF-Ⅱ系统状态图中出现洋红或红色，表示Westnet Ⅱ数据总线或挂在它上面的站有故障，故障细节可以通过西屋公司提供的列表来确认或分析并解决，但如果故障是连续输出的，则清除站报警功能不能清除该故障，而且在清除前应确认站报警。

（2）自诊断测试。自诊断测试是所有挂在 Westnet Ⅱ 数据总线（数据高速公路）上的站加电或复位时，在功能处理器和数据总线控制器（DHC）中进行的，并且在正常运行期间以后台模式运行，所有测试结果在数据总线上播送，以报告有关错误/故障显示图。在站上，错误和故障由发光二极管（LED）显示。

1）分布式处理单元（DPU）功能处理器诊断测试。DPU 功能处理器诊断测试是通过下列程序进行的：

a. 数据寄存器的中央处理单元（CPU）测试，以及微处理器的控制、逻辑和算术功能测试。

b. 辅助数学处理器的实数算术功能的算术处理单元（APU）自测试。

c. 功能处理器的单板随机存取存储器（RAM）的存储器测试。

d. 除了 DPU 系统测试之外，DPU 应用软件还包含了检测其他错误功能的程序，如卡件失效、两条总线通道的中断等。

e. DPU 功能处理器测试编码参考西屋用户手册 M0-0003 P53，根据手册提供方法处理相应的故障。

2）数据总线控制器（DHC）卡诊断测试。每个与 Westnet Ⅱ 数据总线连接的站都包含一个数据总线控制器（简称 DHC）卡，在分布式处理单元（DPU）中 DHC 卡装在 MHC 卡上，在工作站中 DHC 卡装在 WEStation DT 上。每个站的 DHC 都是冗余配置的，冗余的 DHC 在两条数据总线上发送其提示信息。当 DHC 接收数据时，它对接收自数据总线的第一个良好提示信息作出响应，如果在一个数据总线上出现故障，则系统通信不受影响。同样，当出现故障的数据总线恢复运行时，在系统通信中无扰动。从任何一条数据总线中收到的坏信息由建立在每个 DHC 中的故障检测逻辑处理器，将错误信息发送给其功能处理器，错误在此被确认并采取相应的措施。DHC 卡在进入在线方式之前，以及在线方式下的后台模式中执行综合自测试，诊断通过以下程序进行：

a. DHC 的数据寄存器，控制逻辑及算术功能的自测试。

b. DHC 数据总线的测试。

c. DHC 的单板提示信息缓冲器测试。

d. DHC 上所有数据缓冲器、地址及字节计数器的测试。

e. 通过高级数据链路控制器（HDLC）的提示信息回送测试。

f. 通过整台收发器的提示信息回送测试。

g. DHC 启动测试状态编码参考西屋用户手册 M0-0003 P70，根据手册提供的方法处理相应的故障。

如果在自测试期间检测出故障，DHC 应保持离线或进入离线状态，并继续执行该系列的自测试。错误指示显示为 DHC 卡的八个 LED 指示灯组合（十六进制），或显示为 DHC 卡上的两个十六进制编码，在每个 DHC 板上有效 LED 指示灯亮（非闪烁）表示启动测试正在进行。DHC 启动故障首先由操作人员因为站超时或进入离线状态的报警而观察到。由于站离线，应在该站作局部调查，以识别问题并进一步隔离故障，通过观察和解读 LED 指示灯显示出的错误编码，确认最有问题的 DHC 卡。

除了启动测试，数据总线控制器（DHC）卡还执行一系列在线测试以报告正常运行或错误，错误指示显示为 DHC 卡的八个 LED 指示灯组合（十六进制），或显示为 DHC 卡上的两个十六进制编码。DHC 卡上有效 LED 以每秒 5 次的频率闪烁表明 DHC 卡以正常方式执行其程序。如果在后台模式（在线）测试中检测失败，DHC 则公布状态 23H（在线方式信息检查失败），或停止或开始运行整系列的诊断启动测试。若 DHC 停止，则要求复位以重新启动，在后台模式（在线）下运行的测试结果不显示。

3）Westnet Ⅱ数据总线诊断测试。Westnet Ⅱ数据总线通信的在线故障检测和性能数据收集都是在每个站的基础上进行的。如果检测出故障，则该站在数据总线上变为无效，并且错误信息会传送到功能处理器，功能处理器尝试重新建立与数据总线通信，在连续三次重建通信失败后，功能处理器处于无效状态。如果检测出可能影响 Westnet Ⅱ数据总线的故障，则该故障起源的站在其状态广播中报告故障，如果故障严重，该站会自动从数据总线中禁止本站，并且将其与系统的其他部分隔离，直到修正和清除故障为止。

7. WDPF-Ⅱ分散控制系统设备检修

WDPF-Ⅱ分散控制系统设备检修质量不仅关系到系统硬件使用寿命，更是 WDPF-Ⅱ系统和电厂安全稳定运行的基础。WDPF-Ⅱ分散控制系统设备检修应制度化和标准化，以提高检修质量。

（1）WDPF-Ⅱ分散控制系统电源检修。WDPF-Ⅱ分散控制系统电源检修应在停电后进行。WDPF-Ⅱ系统是连续供电运行的，局部检修时要停止相应分散控制系统设备的电源。停电前要做好以下工作：软件备份；对组态文件进行比较，发现问题作好记录，以便核实；检查电源及卡件的状态；检查风扇运行状况。电源检修前对电源的开关设置及接线作好记录，检修后对电源进行通电试验，调试各种参数使其符合厂家要求。

（2）冷却风扇检修。WDPF-Ⅱ分散控制系统中配备有多种冷却风扇，使系统工作在适当的温度环境下，以保证系统硬件的寿命和系统运行的稳定性。冷却风扇是分散控制系统中的易损部件，应定期更换。更换时应注意几点：

1）风扇更换前应保证所换风扇的电压功率转速与原风扇一致。

2）风扇的电源接线必须牢固可靠。

3）必须保证风扇转动方向正确。

4）风扇更换后应作好记录，以便确定风扇的更换周期。

（3）卡件的吹扫。卡件的清扫工作必须停电后进行，并在清扫前记录下卡件插槽的位置和各种跳线设置、跨接器的位置，以便吹扫后进行核对。WDPF-Ⅱ系统维护人员在清扫卡件时必须带上防静电接地环，并尽可能不触及电路部分，防止静电损坏卡件。建议的吹扫工具：带滤网的减压阀一个、防静电空气枪一个、防静电接地环每人一个、防静电接地板一个、大功率吸尘器一个。吹扫方法：

1）仪表空气接入减压阀入口。

2）防静电空气枪接至减压阀出口，并将减压阀输出压力调到 0.5MPa。

3）防静电板接地。

4）维护人员带上防静电接地环。

5）开启吸尘器。

6）卡件放在防静电板上用空气枪吹扫卡件。

（4）卡件的清洗。卡件吹扫后，应对卡件的电路板插接器和吹扫后仍残留污物的部位进行清洗。清洗时 WDPF-Ⅱ系统维护人员必须带上防静电接地环。进行清洗时必须使用专用的清洗剂。

（5）控制柜清扫。

1）控制柜清扫必须在停电后进行。

2）清扫前应将卡件拔出。

3）清理防尘滤网和机柜。

4）清理卡件槽位及插座。

5）吹扫前用吸尘器吸尘。

6）吹扫后要对柜内的接线进行检查。

（6）卡件回装。

1）卡件回装时，工作人员必须戴防静电接地环。

2）回装前应仔细核对卡件编号、跳线设置。

3）插入卡件时应注意导槽位置，防止损坏卡件。

4）卡件回装后，保证插接到位，连接可靠。

（7）WEStation 工作站的检修。

1）停电前将应用软件备份。

2）停电后清理卡件及机箱。

3）检查冷却风扇，必要时更换。

4）送电后检查电源电压应符合制造厂家规定的要求。

5）检查人机接口设备，如键盘、鼠标等。

6）启动时对工作站进行诊断测试。

（8）WDPF-Ⅱ分散控制系统检修结束送电后的检查。

1）检查卡件电源电压，应符合生产厂家的要求，否则应进行调整或更换。

2）电源带负荷后，应对电源温升情况进行检查。

3）冗余卡件、冗余电源、冗余通信网络等进行切换试验是否正常。

4）检查卡件各状态指示灯是否正确。

5）检查卡件组态是否正确。

6）进行重要卡件通道校验。

7）检查控制站、工作站接口设备。

8. WDPF-Ⅱ系统大小修项目

WDPF-Ⅱ系统维护人员应利用机组大小修对系统进行认真彻底的维护和检修。下文将大小修应进行的常规项目进行列举，希望对大家能够有参考作用。

（1）WDPF-Ⅱ系统小修项目。WDPF-Ⅱ系统小修随机组小修进行，其小修应包括以下常规项目：

1）清理盘柜防尘滤网。

2）检查各种冷却风扇。

3）电源及卡件工作状态检查。

4）硬件设备功能试验。

5）消除运行中无法处理的缺陷。

6）部分就地设备检修。

7）机组主保护及连锁试验。

8）部分重要 I/O 通道校验。

（2）WDPF-Ⅱ系统大修项目。WDPF-Ⅱ系统大修随机组大修进行，其大修应包括以下常规项目：

1）对控制设备进行全面检查，作好记录。

2）备份所有 DPU 的组态。

3）备份系统软件。

4）核实卡件的标志和地址。

5）清扫控制电源及卡件。

6）清理机柜防尘滤网。

7）检查、紧固控制柜接线及固定螺栓。

8）检查接地系统。

9）对控制柜进行防尘、密封处理。

10）更换冷却风扇。

11）电源性能测试。

12）线路绝缘测试。

13）记录仪、打印机等外围设备检修。

14）恢复和完善各种标志。

15）硬件功能试验。

16）组态软件装载及检查。

17）测量通道校验。

18）现场设备检修。

19）保护连锁试验。

20）电缆、管路及其附件检查、更换。

三、WDPF-Ⅱ系统的软件组成

1. 基本术语

（1）文件。文件是文件组织中的基本单元并驻留在磁盘存储的卷上，而不是在主存储器中，文件由其路径名识别并可包括数据或可执行程序。

（2）目录。目录是用于以用户规定的逻辑分组存储一列文件和其他目录的名称的特殊化文件，该分组通常具有层次并提供了文件结构更规范的使用。

（3）路径名和路径表。文件名是经过命名文件或在执行将访问的目录的层次结构的"道路图"，该路径名告诉执行命令搜索哪个目录或在某些情况下哪个装置，以查找需要的文件和目录。要在命令输入中列出路径名称，在路径中以下降层次次序输入每个目录的名称，每个目录必须用斜扛（/）分开，文件名可为 1～45 个字符，包括文件名自身及可选的带扩展名的句点。

（4）文件扩展名。文件扩展名的典型模式为附于文件名末尾的 3 个字符扩展，它可以指示文件的类型，一些常用的扩展名如下所列。

.BAK：备用文件

.BUB：可下装的点目录文件

.CSD：提交文件

.CSRC：压缩处理源文件

.DIR：分配总数据库点目录

.GCC：图形源编码

.LIB：库文件

.LST：编辑程序清单文件

.OBJ：目标文件（机器语言）

.SRC：处理器源文件

（无）：子目录，可执行程序或定制正文文件

（5）逻辑名称。逻辑名称是表示输入/输出装置和根目录的标准符号。常用逻辑名称如下。

：CI：规定工程师键盘为输入装置

：CO：规定 CRT 为输出装置（缺省输出）

：F0：规定硬盘（缺省装置）

：F1：规定软盘

：LP：规定行式打印机

：T0：规定终端装置，是：CI 和：CO 装置的组合（带有提交命令）

：$：或 $：规定工程师控制台硬驱动的根目录（始终为缺省目录）

（6）卷的初始格式化。卷是由用户格式化以接受文件和目录的二次存储装置（例如软磁盘、硬磁盘或大容量存储器）。用户在一个新卷上输入任何文件或目录之前，卷必须通过 FORMAT 命令格式化。但仅高密软盘可以格式化为卷使用，在 WDPF-Ⅱ系统中使用的磁盘格式与 IBM PC 机上使用的格式不兼容。

（7）点。WDPF-Ⅱ系统中使用的数据内容均可称为点，包括现场 I/O、计算值以及内部的系统信息，每个点由一个点名和一个特有的系统 ID 标识组成。

（8）点记录。存储定义点属性整套信息的数据结构，它是 WDPF-Ⅱ系统中数据移动的主要载体，由多项记录域构成。

（9）系统点目录（SPD）。它是 WDPF-Ⅱ系统中过程点的数据库，为 Westnet Ⅱ数据总线上的点分配系统 ID。

2. WDPF-Ⅱ系统软件目录结构

要了解 WDPF-Ⅱ系统软件目录结构，必须正确理解工程师站和软件服务器的关系，它们之间有直接关系。软件服务器以输出文件系统的形式，提供储存已归档的应用程序软件、系统软件以及与之有关联的组态文件。而工程师站则安装软件服务器的这些文件系统，并在开发过程中为这些文件系统的修改提供工具和就地磁盘空间。对用户而言，好像这些文件系统都在就地工作站的磁盘上，而事实上它们是在远方软件服务器上。WDPF-Ⅱ系统软件目录结构如图 1-5 所示。

/wdpf：该目录包括工程师站和软件服务器的全部文件。在软件服务器上它作为磁盘的一个分区存在，在安装时命名为/wdpf。在工程师站上它是根目录下的子目录。

/wdpf/rel：该目录包括发行的系统软件，它是初始加载到所有站的原始文件，也是各站周期更新查询的根据。此目录里的数据有两种装载方式，一是从发行的磁带直接装载，二

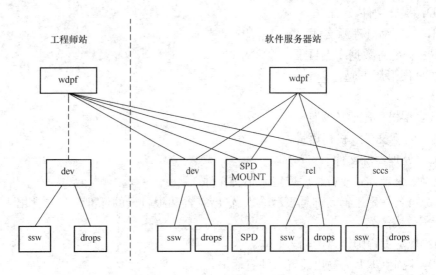

图 1-5　WDPF-Ⅱ系统软件目录结构

是对发行盘修改并确认在/wdpf/dev 目录中可运行后装载。为保证软件服务器中/wdpf/dev 目录的完整性，强烈建议只允许超级用户对/wdpf/dev 有写访问权（修改权）。

/wdpf/dev：该目录用于软件开发，对组态文件的所有修改必须在此目录中进行。如图 1-5 所示，它既可驻留在工程师站上，也可驻留在软件服务器上。不管驻留在何处，它只是供用户检验组态的修改而不影响发行的软件，它的完整性都是通过 sccs（源编码控制系统）来维持的。

/wdpf/sccs：该目录结构影射了/wdpf/dev 和/wdpf/rel 中的目录结构。为维持系统软件的完整性，可以从/wdpf/dev 或/wdpf/rel 目录中检出（checking out）sccs 文件，进行修改后检入（checking in）。

/wdpf/SPD-MOUNT：该目录包括系统点目录（SPD）和相关文件。

ssw（standard software）：就是 WDPF-Ⅱ系统中的标准软件，大多数可执行的软件包都在此目录中。

drops：该目录中包括需要根据不同站进行组态的文件，它包含三种类型的目录：dropall、droptype、dropnum。

dropall：该目录包括所有站都需使用的文件。例如存储工作站以太网地址的/etc/hosts 文件。

droptype：该目录包括仅用于特定类型站的文件，type 表明站的类型。例如 dropmmi（操作员站）、drophsr（历史站）、dropls（记录站）、dropss（软件服务器站）、dropds（工程师站）、dropdl（数据链接站）等文件。

dropnum：该目录包括提供站号的文件。num 表明站号，有效数字为 1～254。

四、WDPF-Ⅱ系统的软件维护

这里重点介绍 WDPF-Ⅱ系统中常用 UNIX 命令、格式化硬盘、系统备份、通过备份重装系统、刷新点目录、组态 DPU，以及 WDPF-Ⅱ系统故障的紧急处理措施。

1. 常用 UNIX 命令

由于 WDPF-Ⅱ系统是基于 UNIX 操作系统开发的，所以我们有必要了解 UNIX 是怎样实现其功能的。UNIX 通过三个分离但紧密相关的部分（即 Kernel、File _ System、Shell 三部分）来实现。Kernel 负责所有基本的操作系统功能，它在最底层，Kernel 管理计算机的内存和软件指令的内存分配，管理所有的指令、查阅文件和目录系统处理出错等。当计算机开机时，Kernel 即开始执行，无论运行什么软件，它都在一直运行。File _ System 负责管理文件，在 UNIX 中的任何东西，不管由文本编辑器产生的文件，还是把指令送到打印机的驱动程序，它们都包含在一个文件中由 File _ System 进行管理。Shell 称作行命令解释器，就是在这里键入 UNIX 命令，由 Shell 获取命令，把它翻译成 Kernel 理解的指令。执行一个程序，相当于告诉 Shell 由 Kernel 去执行一个程序。

在 WDPF-Ⅱ 系统软件的维护过程中会经常用到 UNIX 命令，在这里对一些常用命令作一简单介绍。UNIX 命令有许多，工作人员可在应用过程中多加积累。

（1）whoami。用于标识录入的用户。

（2）cd。用于进入到一个新目录。

（3）pwd。用于显示当前目录的完整路径名。

（4）ls。用于显示一个目录下的内容。如果不给出路径名则显示当前目录下的内容，带参数"－a"可显示隐含文件。

（5）permissions。用于显示文件和目录的权限。"r"表示可读，"w"表示可写，"x"表示可执行，"－"表示不允许。

（6）chmod。用于修改文件和目录的权限。

（7）chowm。用于修改文件和目录的所有权。

（8）more。用于显示文件内容。

（9）man。用于显示 UNIX 命令信息。可用此命令学习所有 UNIX 命令的使用方法。

（10）mkdir。用于创建一个目录。

（11）touch。用于创建一个空文件。

（12）rm。用于删除文件和目录。

（13）rmdir。用于删除空目录。

（14）cp。用于拷贝文件和目录。

（15）mv。用于修改文件名或将一个文件从某个目录下移到另一个目录下。

（16）lp。用于在指定的打印机上打印文件。

（17）alias。用一个短命令代替一个长命令。可用 unalias 命令解除 alias 命令。

（18）su。用于修改录入用户的身份，缺省用户为超级用户。

（19）rcp。用于通过以太网将文件从一个工作站拷贝到另一个工作站。

（20）rhosts。用于指定哪些工作站可以拷贝文件到工程师站。

（21）ping。用于测试以太网上的工作站是否响应。

（22）clear。用于清空屏幕。

（23）tar。用于安装文件。

（24）在 UNIX 中，如果多个命令一起写，中间用分号隔开。

2. 格式化硬盘

WDPF-Ⅱ 系统中历史站硬盘损坏现象比较常见，其他工作站也有可能遇到硬盘损坏，这些情况下需要更换新硬盘。新硬盘在西屋站引导时，如果没有将硬盘进行适当的格式化，将出现与下列相似的警告信息：Corrupt label-wrong magic number（破坏标号—错误幻数）。提示信息顺序可以根据以前磁盘的格式化和西屋站组态而变化，如果硬盘需要格式化，可以按照以下步骤完成。

（1）在"Install Solaris Software-Initial（安装 Solaris 软件—初始化）"窗口中选择 Exit。

（2）出现提示信息：Really exit install（y/n）（确实要退出安装）？在提示信息后，输入 y 或者 yes，然后键入命令"format"进行硬盘格式化。这里应注意，如果工作站是 HSR、HSR/Logger 或是独立 HSR/Logger，它们配置有多个硬盘，每一个盘都要求单独进行格式化。

（3）出现一个显示有站中存在硬盘的盘名称的表，此时可以按照提示输入需要格式化的硬盘编号。提示：Specify disk（enter its number 输入其编号），在提示信息后键入需要的编号（一般为 0）。

（4）如果硬盘没有标记，系统会提示是否需要给定盘符，输入 y，盘将自动被标记。

（5）然后格式化菜单将出现，如下所示：

FORMAT MENU：提示信息（省略），在提示信息后，键入"type"。

（6）此时提示信息给出可以应用的驱动类型列表，输入需要格式化的类型。

提示：Specify disktype（enter its number）。

如果有"Auto configure（自动组态）"可选项（一般指定为 0），选择可选项，直接跳到步骤（8）；反之，输入与最终选择项"other"相匹配的编号。

（7）下列的提示信息出现后，按以下方式回答：

Enter number of data cylinders（数据柱面）：见表 1-2

Enter number of alternate cylinders（交替柱面）：按回车键

Enter number of physical cylinders（物理柱面）：按回车键

Enter number of heads（标题编号）：见表 1-2

Enter physical number of heads ［default］：按回车键

Enter number of data sectors/Track（数据分段）：见表 1-2

Enter number of physical sectors/Track ［default］：按回车键

Enter rpm（转速）of drive：见表 1-2

Enter format Time ［default］：按回车键

Enter cylinder skew ［default］：按回车键

Enter Track skew.［default］：按回车键

Enter Track per zone ［default］：按回车键

Enter alternate Tracks ［default］：按回车键

Enter alternate sectors ［default］：按回车键

Enter cache control ［default］：按回车键

Enter prefetch thresh old ［default］：按回车键

Enter minimum prefetch ［default］：按回车键

Enter maximum prefetch ［default］：按回车键

Enter disktype name（盘类型名称）（remember quotes）：见表 1-2

表 1-2 硬 盘 相 关 系 数

盘类型名称	盘容量	数据柱面	交替柱面	物理柱面	标题编号	数据分段	转速 (r/min)	分区大小
QuantumPro Drive1225s	1.2Gbit	2442	2	2444	14	70	4500	1022.24Mbit
Fujitsu M2263SA	654Mbit	648	2	1650	15	53	3600	639Mbit
Fujitsu M2266SA	1.3Gbit	1642	2	1644	15	85	3600	1022.24Mbit

注 如果是表中没有标出的盘类型，选择"Auto configure"并接受缺省值。

（8）格式化提示信息出现。

FORMATMENU：提示信息（省略），在提示信息后，键入"defect"。

（9）缺陷提示信息出现。

DEFECTMENU：提示信息（省略），在提示信息后，键入"primary"或"grown"，会有类似下列信息出现：Extracting primary defect list... Extraction complete. Current defect list updataed，Total of xx defects（其中的 xx 代表由系统发现的缺陷数量）。

（10）在缺陷信息提示处，键入"q"；在格式化提示信息下，键入"partition"。这时出现的是分区提示信息。

PARTITIONMENU：提示信息（省略），在提示信息后，键入"print"显示当前表，格式化硬盘完成。

3. 备份系统

当系统出现磁盘系统软/硬件故障时，为了防止这种故障引起的数据丢失，在装入系统之后应定期对系统软件进行备份，备份系统就成为 WDPF-Ⅱ系统维护人员必须熟悉掌握的工作。操作系统装在硬盘上时，应每年备份一次。操作系统固化在 EPROM 上时，应详细记录模件与 EPROM 的编号和版本号。组态软件在大修前必须完整地备份一次，大修后进行核对并重新备份。

（1）备份 8.5 级版本软件系统。引导服务器通过以太网连接装入西屋工作站软件（一般不从磁带或 CDROM 装入），下列文件包用于备份系统：/etc/wdpf_config/backup_disk。也可以使用西屋软件版本从 CDROM 装入软件，上述文件包也可以用于备份系统。如果站是从 CDROM 安装的，键入以下命令，将用于备份的文件包拷贝至软件服务器：

"cp/export/wdpf/rel/ssw/load_kit/boot_sever/backup_disk

/etc/wdpf_config/backup_disk"

（2）备份软件服务器。

1）在 SHELL 下键入"su"，按回车键；键入正确的密码，按回车键；键入"cd/etc/wdpf_config/backup_disk"，按回车键。此时，磁带装置和所要备份的目录和文件大小（以 Mbit 为单位）将会出现，依次选取 8.5 软件版本、西屋站软件 ssw 和工程数据文件 data、Solaris 补丁程序、系统点目录（在 rel 中）、SCCS 目录。

2）确定所需的磁带数量，并根据用途标记磁带的内容和备份日期。

3）将磁带插入用于备份的磁带机（磁带机的缺省管理目录是/dev/rst4）。

4）确定盘的分区信息。如果目录/etc/wdpf＿config存在，可以进行如下的步骤：在SHELL下键入"su"，按回车键；键入正确的密码，按回车键；键入"cd/etc/wdpf＿config"，按回车键，键入"tarcvf/dev/rst4"，按回车键。

5）在重新装入软件服务器时，需要知道服务器的盘分区信息，在备份软件服务器时要记录此信息。在目录/etc/wdpf＿config中有一个名称为〈project♯〉.config的文件，该文件包括软件服务器的盘分区信息，可以将此文件打印出来作为参考。也可按照下列步骤获取：在SHELL下键入"su"，按回车键；键入正确的密码，按回车键；键入"format 盘号"，按回车键；键入"partition"选择分区菜单；键入"print"打印当前分区表；记录系统重新装入时使用的分区/标记/每一个分区的大小等信息。

（3）备份历史站。

1）检查已经存档至光盘的历史数据。从HSR Station/Control窗口选择"Restart"，这可能需要几分钟来进行。

2）将用于保存历史站内容的磁带插入磁带机中，备份下列文件：/usr/wdpf/hsr/archive/db 和/etc/TIMEZONE，vfstab，passwd，shandow，data。

3）按照如下步骤存储前述文件到磁带：键入"cd/etc/"，按回车键；键入"tarcvf/dev/rst4/usr/wdpf/hsr/archive/db/＊TIMEZONEvfstabpasswdshadow"，按回车键。

（4）备份数据链接文件。将以下目录中的数据链接程序（二进制文件）、组态文件和初始化文件拷贝到磁带中。二进制文件目录为/usr/wdpf/dl/bin；组态文件目录为/usr/wdpf/dl/config；初始化文件目录为/usr/wdpf/dl/init。具体步骤为：在SHELL中键入"cd/usr/wdpf/dl"，按回车键；键入"tarcvf/dev/rst4. /bin. /config. /init"，按回车键。

4. 通过备份重新安装系统

因为软件服务器恢复后，其他站的安装就会变得非常简单，所以以下主要介绍通过备份重新安装软件服务器。

（1）新安装软件服务器。

1）如果待用工作站还未安装操作系统，则先安装Solaris2.5.1操作系统（WDPF-Ⅱ系统使用Solaris2.5.1操作系统，它是UNIX操作系统的一个变种）。具体步骤为：将Solaris2.5.1操作系统盘装入CDROM驱动器中；用"STOP＋A"的组合键使工作站（一般软件服务器和工程师站共用一台工作站）进入OK方式；在OK方式下键入"bootcdrom"，按回车键；Solaris程序安装窗口出现，再按照提示定义系统和定义盘，定义结束后，在窗口中选择"reboot"开始安装，大约30min后安装结束，取出操作系统盘。

2）将盘按照备份时打印的分区信息准确分区。

3）将备份有软件服务器的磁带装入磁带驱动器。键入"su"，按回车键；键入正确的密码，按回车键；键入"cd/export/wdpf"按回车键；键入"tarxvf/dev/rst4"按回车键。

4）将备份有/etc/wdpf＿config的磁带放入磁带驱动器中。键入"mkdir/etc/wdpf＿config"，按回车键；键入"cd/export/wdpf"，按回车键；键入"tarxvf/dev/rst4"，按回车键。

5）按照以下步骤将S91-patch（Solaris补丁程序）复制到/etc/rc3.d中并重新引导软件

服务器。键入"cd/etc/wdpf_config"按回车键；键入"cpS91＊/etc/rc3.d"，按回车键；键入"reboot"按回车键。这样，软件服务器将重新引导并安装 Solaris 补丁程序和 WDPF-Ⅱ系统软件，将工作站组态成软件服务器。

6）在 WDPF 的 AdminTool 中执行以下步骤。选择"Install Configuration on Softsever"；在内容栏选择所有的选项，点击"Install"。结束后选择"Download Configuration to Drops"；在 drop 栏选择需要下载安装的站号，点击"Download"。这样，重新生成系统组态文件。

（2）重新安装其他工作站（前提为软件服务器已安装完毕）。

按照以下步骤安装其他工作站。

1）将 Solaris2.5 操作系统盘装入 CDROM 驱动器中。

2）在需要重新安装的站上键入"bootnet-install"，软件服务器被用作引导服务器，并且为其他工作站装入操作系统及补丁软件和 WDPF-Ⅱ系统软件。

3）使用备份磁带安装其他工作站特定的附加应用软件。用"tarxvf/dev/rst4"命令。

5. 利用工程师站菜单刷新系统点目录

（1）系统点目录（SPD）的基本概念。系统点目录（SPD）是 WDPF-Ⅱ系统中过程点的数据库。它的作用是为 Westnet Ⅱ数据总线上可传输的点记录、可调用的算法记录或站记录分配系统 ID；防止同名的点在 Westnet Ⅱ数据总线上出现；检查分配给每个点的广播频率，使接受和发送同一点的广播频率保持一致。

WDPF-Ⅱ系统中使用了两种类型的系统点目录（SPD）文件。一种是主 SPD，它驻留在软件服务器站上，可由用户访问和修改，整个 WDPF-Ⅱ系统中只有一个主 SPD。另一种是在线 SPD，它包含了当前全部有效点记录，不能被更改，WDPF-Ⅱ系统中每一个 WEStation 站中都有一个在线 SPD。

在增加或修改控制系统时，必然产生新的可传输的点记录和可调用的算法记录。为了使新增点、新算法及新过程图在 WEStation 站上正常运行，就必须对主 SPD 进行刷新，使每个 WEStation 站上都有正确的在线 SPD。刷新系统点目录是 WDPF-Ⅱ系统维护人员经常进行的操作，应该熟练掌握。

（2）利用工程师站菜单刷新系统点目录的步骤。

1）从工程师站顶级菜单选择"Sign out Point Directory（注册出点目录）"，在弹出窗口中输入正确的 SPD Path name（/wdpf/rel/data/dpu/data）和 SPD File name（spd.dir），选择"SystemSPD.DIR"和"sign-out"，点击"Apply"按钮。这一步是注册出主 SPD。

2）从工程师站顶级菜单选择"Drop Functions"，在弹出子菜单中选择"DPU"，在弹出子菜单中选择"DPU programming（MAC）"，在弹出子菜单中选择"Updata SPD"，在弹出窗口中输入正确的站号和数据总线号，点击"Apply"按钮。这一步是刷新注册出的主 SPD。

3）在步骤 1）弹出的窗口中选择"sign-in"，点击"Apply"按钮。这一步是注册回主 SPD，同时生成新的主 SPD。

4）从工程师站顶级菜单选择"Tools"，在弹出子菜单中选择"WEStation Configration Tools"，在弹出图标中双击"Admin tool"，在弹出窗口中选择"Download Configuration to Drops"功能，在过滤程序选择"Software"，在"drop"栏选择所要下载的 WEStation 工作

站号，点击"Download/Query"按钮。这一步是将新生成的主 SPD 下载到各个 WEStation 工作站，在 WEStation 工作站生成正确的在线 SPD。

5）重新启动被下载的 WEStation 工作站。启动结束后新的在线 SPD 开始工作。

6. 组态 DPU

WDPF-Ⅱ分散控制系统运行过程中，会出现分布式处理单元（DPU）掉线成为虚拟站（drop254）的情况。在 DPU 停电后，DPU 内锂电池故障或拆卸过锂电池，DPU 重新送电时也会出现这种情况。上述 DPU 状态等同于 WDPF-Ⅱ系统中，设置好跳线的空白 DPU 初次上电时的状态，这种情况下需要将 DPU 重新组态。所以 WDPF-Ⅱ系统维护人员应该熟练掌握 DPU 组态过程。假定 1 号 DPU 和 51 号 DPU 为冗余的配对站，其 TDM 共享站为 101，出现了 1 号 DPU 掉线为 drop254 的情况，可以按照以下步骤将虚拟 DPU 重新组态为 1 号 DPU：

（1）从工程师站顶级菜单选择"Drop Functions"，在弹出子菜单中选择"DPU"，在弹出子菜单中选择"DPU programming（MAC）"，在弹出子菜单中选择"Configuration DPU"，在弹出的副窗口中输入站号 254，点击"Enter"按钮。这一步表示进入 drop254 的组态窗口，接着进行的操作是针对 drop254 的，而不是任何其他 DPU。

（2）在主窗口中将站号从 254 改为 1，在副窗口中点击"Enter"按钮。在提示信息出现后，在副窗口中点击"Enter"按钮。这一步表示将 drop254 改为 1 号 DPU，接着进行的操作是针对 1 号 DPU 的，而不是任何其他 DPU。需注意的是，现在的 1 号 DPU 和刚才的 drop254 物理上是同一组卡件。

（3）在副窗口中点击"Config Mode（组态方式）"按钮。在提示信息出现后，在副窗口中点击"Reset MAC"按钮，这一步表示将 1 号 DPU 改为组态方式。点击"Reset MAC"按钮是因为之前 1 号 DPU 是在"Online Mode（在线方式）"，要将 1 号 DPU 改为组态方式，必须先将 1 号 DPU 复位。

（4）在主窗口中黄色可修改区域将配对站站号输入 51，将 TDM 共享站站号输入 101，在副窗口中点击"Enter"按钮。这一步表示将 1 号 DPU 组态为 51 号 DPU 的配对站，其 TDM 共享站是 101。

（5）在主窗口中确认 1 号 DPU 在"backup Mode（后备方式）"后，在副窗口中点击"Online Mode（在线方式）"按钮。在系统状态图中可以看到 1 号 DPU 和 51 号 DPU 变为红色（报警状态），这是因为 1 号 DPU 和 51 号 DPU 不匹配。这一步表示将 1 号 DPU 结束组态方式，进入在线方式。

（6）在副窗口中重复点击"Esc"按钮，直到将组态窗口退到 DPU programming（MAC）初始窗口。这一步表示对 1 号 DPU 的操作结束。

（7）在 DPU programming（MAC）初始窗口的副窗口中点击"Config DPU"按钮，进入组态 DPU 窗口。在组态 DPU 窗口的副窗口中输入站号 51，点击"Enter"按钮。这一步表示进入 51 号 DPU 的组态窗口，接着进行的操作是针对 51 号 DPU 的，而不是任何其他 DPU。

（8）在主窗口中确认 51 号 DPU 在"OnlineMode（在线方式）"，并且在"ControlMode（控制方式）"，在副窗口中点击"Partn"按钮，再在新出现的副窗口中点击"CopytoBack（拷贝到后备）"按钮。这一步表示将 51 号 DPU 的组态拷贝到 1 号 DPU 中，此过程大约需要 2～3min。

（9）待拷贝过程结束，在系统状态图中可以看到 1 号 DPU 变为蓝色（请求广播时间），在 WSTation 工作站上广播时间，组态 DPU 的过程结束。

7. WDPF-Ⅱ系统故障的紧急处理措施

分散控制系统（DCS）是现代大型发电机组的控制中枢，其可靠性对于保证机组安全、稳定的运行至关重要。DCS 系统自身的系统配置和抵御事故的能力是 DCS 系统可靠运行的关键。虽然 WDPF-Ⅱ分散控制系统相比较而言可靠性较高，但是也不能保证绝对完善。在出现故障时，WDPF-Ⅱ系统维护人员不能措手不及，应及时做好应对措施，把损失降到最低。下面提供一些 WDPF-Ⅱ系统故障的紧急处理措施，供大家参考。

（1）当全部工作站出现故障时（所有上位机"黑屏"或"死机"），若主要后备硬手动操作及监视仪表可用且暂时能够维持机组正常运行，则转用后备操作方式运行，同时排除故障并恢复操作员站运行方式，否则应立即停机、停炉。

（2）对于系统死机，应先对工程师站在键盘上进行"STOP＋A"操作。系统恢复的原则是先恢复工程师站，后恢复其他站。在两台以上工作站挂在 Westnet Ⅱ数据总线后，应注意不要广播时间，而在工程师站用"updata time"刷新时钟。如果"STOP＋A"操作无效，应从工程师站开始顺次进行断电—上电启动。

（3）当全部操作员站出现故障期间若发生给水泵、磨煤机、单台风机等主要辅机跳闸故障，按运行规程有关规定执行。

（4）当部分操作员站出现故障时，由可用操作员站继续承担机组监控任务（此时应停止重大操作），同时迅速排除故障。

1）对于单台工作站死机，应指导运行人员及时将有关参数画面转移显示，必要时可使用工程师站作为操作员站进行监控任务。然后在死机的工作站键盘上按"STOP＋A"键，在"OK"提示符后输入"boot-rv"命令，从底层启动计算机，如果无效，应进行断电—上电启动，但注意要间隔一段时间。

2）对于单台 DPU 掉线，应及时在"数据分析与维护"菜单中按"PUT IT ON-LINE"按钮，使之在线；如无效，则在工程师站中打开 MAC 程序进入"CONFIG DPU"功能将后备站置为"CONTROL"方式，然后就地复位掉线站，看其是否上网，否则断电重启。

3）如果 DPU 掉线为虚拟站（drop254），则按照重新组态 DPU 步骤恢复 DPU。

4）如故障无法排除，则根据故障显示停电更换 MHC 卡或 MDX 卡。如果更换的是 MDX 卡，则送电后 DPU 掉线为虚拟站（drop254），应按照重新组态 DPU 步骤恢复 DPU。

（5）当系统中的控制器或相应电源故障时，应采取以下对策。

1）辅机控制器或相应电源故障时，可切至后备手动方式运行并迅速处理系统故障，若条件不允许则将该辅机退出运行。

2）调节回路控制器或相应电源故障时，应将自动切至手动维持运行，同时迅速处理系统故障，并根据处理情况采取相应措施。

3）涉及机炉保护的控制器故障时应立即更换或修复控制器卡件；涉及机炉保护电源故障时则应采用强送措施，此时应做好防止控制器初始化的措施，若恢复失败则应紧急停机。

4）对于系统瞬时失电，应及时检查各 DPU、操作员站、工程师站是否发生重新启动现象，如有则从工程师站逐一恢复。

（6）对于 Westnet Ⅱ两条数据总线失效，一般应用后备硬手动操作将机组停下来，紧急检查两条 Westnet Ⅱ数据总线端口电阻是否为 75Ω。如果电阻无穷大，则说明 Westnet Ⅱ数据总线有断开处，应紧急查找中间断开处并处理。有一条 Westnet Ⅱ数据总线有效后，各 DPU 站自动上网；各工作站则必须打开"数据分析维护"图标中的"高速公路状态"菜单，点击"PUT IT ONLINE"按钮，使工作站上网，然后由工程师站"updata time"即可。如果一条 Westnet Ⅱ数据总线失效，各 DPU 均会出现报警信息，应及时查找失效 Westnet Ⅱ数据总线断开处。连接好后，应注意先恢复后备 DPU，激活各站的两条 Westnet Ⅱ数据总线，随后将后备站切至主控方式，再激活原各个控制站的两条 Westnet Ⅱ数据总线。

（7）WDPF-Ⅱ系统维护人员应加强对系统的监视检查，特别是发现 Westnet Ⅱ数据总线、DPU、电源等故障时，应及时通知运行人员并迅速采取措施。

（8）规范 WDPF-Ⅱ系统软件和应用软件的管理，软件的修改更新、升级必须履行审批授权及责任人制度。

第七节　EDPF-NT（2000）控制系统

一、概述

1. 系统的功能

（1）数据采集处理和生产过程的监视（DAS）。

（2）生产过程调节控制（MCS）。

（3）生产过程开关量控制或逻辑顺序控制（SCS）。

（4）炉膛燃烧安全监控系统（FSSS）。

（5）电气控制系统（ECS）。

（6）汽轮机旁路控制系统（BPS）。

（7）汽轮机数字式电液控制系统（DEH）。

（8）汽轮机紧急跳闸系统（ETS）。

（9）辅助车间集中控制。

2. 系统的主要特点

（1）该系统无通信管理器，实现物理、逻辑上的完全冗余，达到了多重化冗余，任何故障都将被限制在有限范围内，绝不会导致系统崩溃，真正实现了功能分散、危险分散。

（2）该系统面向厂区级、多广播域设计，在不增加网络负荷的情况下可灵活实现多域系统控制。为电厂公用系统和辅助车间集中监控提供了解决方案。

（3）以优秀的操作系统 Windows 2000 为平台开发的人机界面，运用 OLE 技术、Active X 技术以及多线程处理机制等，使人机界面更加丰富多彩、易学易用、操作流畅。

（4）便捷的全图形化组态，支持自定义算法。

（5）高性能历史站，性能优越，工作稳定。在收集 4 万点的历史数据时，仍然能够快速响应多用户的并发查询。通过"卷"管理功能，借助外部存储介质，可以轻松地保存几年的生产数据。

（6）具有完整的分层自诊断功能，可诊断网络、站、I/O 卡件直至 I/O 点。

（7）模块式 DPU 控制器体积小巧，运行可靠，维护简便。

（8）I/O 采用全分散型智能测控装置，功能和危险更分散。

（9）可实现脉冲式调节，去掉了精度低、故障高的伺放装置，具有更高的控制可靠性和控制精度。

（10）可直接采集和处理各种类型信号，包括电流、电压、各类型热电偶、各类型热电阻、频率及脉冲、电气 PT 和 CT 等信号。

（11）结构设计有所强化，所有 I/O 模块和电源模块采用全封闭结构，防尘、防静电、抗电磁干扰。

（12）所有 I/O 采用光电隔离技术实现与外部的电气隔离和各通道的电气隔离。

（13）模拟量输入模件容许信号类型混排，电压信号、热电偶信号、变送器信号可接入同一模件，模件还可为变送器提供电源，为设计和施工带来了方便。

（14）各级供电电源均采用冗余配置。

3. 系统的结构及基本构成

EDPF-NT 系统以网络通信为基础，以面向功能和对象而实现的"站"为基本单元，专门设计了分布式动态实时数据库，用于管理分布在各站的系统运行所需的全部数据。

系统网络可采用星型、环形或树形结构，实现物理、逻辑上的完全冗余，达到了多重化冗余；网络服务软件同网络硬件共同实现站与站之间的通信，并通过分布式实时数据库实现全局信息共享。

系统各站划分以功能相对自治为原则，不同的功能用不同的站来实现。EDPF-NT 系统由以下几种站组成：

（1）ENG 站（工程师站）。工程师站用于应用系统的组态、修改与维护。由组态软件生成的数据文件可直接通过网络下载到相应的站，实现用户的应用要求。工程师站为每个站准备它们所需的数据。

（2）OPR 站（操作站）。操作站是操作人员对应用对象进行控制操作的工具和手段。

（3）DPU 站（过程控制站）。过程控制站用于现场数据采集、处理、控制逻辑、设备控制。

（4）HSR 站（历史站）。历史站主要保存实时数据、报警信息和事件信息。历史站可以根据操作站的请求检索出必要的信息，经通信发送给操作站。

（5）GATEWAY 站（接口站）。为与其他计算机系统通信，提供一个支撑平台，可按符合标准的通信规约或用户特殊的约定与用户的其他计算机系统交换信息。

4. 人机界面

EDPF-NT 的人机界面采用 WindowsNT/2000 操作系统平台。

5. 系统硬件

（1）工业计算机。EDPF-NT 系统采用高档工业计算机作为控制器和其他工作站的主机。目前，系统采用 PCI 总线的 Pentium4 级工业计算机。

（2）控制柜。EDPF-NT 系统采用满足 IP52/56 标准的机柜。机柜配有 220V AC 冗余电源装置为柜内设备供电，还有为柜内 I/O 模件提供电源的直流 24/48V 冗余电源。机柜内配有冗余的控制器，机柜用隔板分成前后两个部分，前后可独立对称布置 I/O 模件，每一面可布置 2 列 I/O 模件。I/O 模件安装在预制的总线槽上，信号端子也已经预制在总线槽的一侧，机柜柜门上装有风扇用于柜内的散热。

（3）系统电源及配电系统。每套系统含有一套配电装置为每个机柜和其他用电设备供电，配电装置可接受两路电源，并可配置 UPS 电源。配电装置为每个机柜或用电设备提供两路电源，包含为每路用电设备提供熔断器和独立开关。

（4）I/O 专用电源。I/O 专用电源用于为 EDPF-NT 系统的专用 I/O 设备提供直流供电，该电源可接受两路独立的 220V AC 电源，提供两路独立的 24V DC 电源，具有电源故障指示和电源短路保护功能。

二、系统结构及特点

EDPF-NT 是典型的双总线型拓扑结构的 DCS 系统，所有的操作站、工程师站以及各个DPU 站都挂接在总线上。实际上，总线被交换机所替代，所以 EDPF-NT 系统在网络外观上是星型连接，但实际是总线型的拓扑结构。

三、系统硬件设备

1. 输入输出卡件

（1）EDPF-NT 的模块按功能分，包括以下部分。

1）模拟量输入卡（AI，包括热电阻测量模块 AIr）。

2）模拟量输出卡（AO）。

3）开关量输入卡（DI）。

4）开关量输出卡（DO）。

5）单回路控制卡（CT）。

6）频率脉冲量测量卡（FPI）。

7）测速 OPC 卡（SD）。

8）电液并存型电调伺服卡（VC1）。

9）纯电调伺服卡（VC2）。

10）DPM2000 数显表接口卡（DPM）。

11）电调与 DCS 接口卡（DCI）。

12）开关量输入/输出卡（DIO）。

13）电流输出型多回路控制卡（ACT4）。

14）可冗余的电流输出型控制卡（ACT）。

15）脉冲输出型多回路控制卡（CT4）。

16）PT/CT 电量测量模块（EM）。

17）电源输出（PWR）模块。

（2）EDPF-NT 系统的特点。

1）模块的电路板。包括开关电源、直流电源转换、I/O 板以及调理板等，都封装在铝壳中。既可以有效地屏蔽电磁干扰，又可以防护灰尘和外部环境的侵袭。

2）模块同测控网络实现了严格的电气隔离，有效地防止了各种模块之间、模块与网络之间的共地干扰。

3）模块通过底座与现场相接，并通过底座与主机通信和获得电源。模块的地址由设置在底座上的 DIP 开关来设定，地址范围是 00～127（00～07FH）。

（3）模块 I/O 特性一览。模块特性见表 1-3。

表 1-3   EDPF-NT 系统模块特性

序 号	类 型	备 注
1	DI	16 路 DI
2	DI32	32 路 DI
3	DO	16 路 DO
4	DIO	16 路 DI, 16 路 DO
5	AI	16 路 AI (0~20mA、0~10V、热偶)
6	AIr	16 路热电阻
7	AIt	16 路 AI, 第 16 路可输入 Cu50
8	FPI	可设置为 FI 或 PI
9	AO	8 路 AO (4~20mA)
10	CT4	4 回路脉冲输出型控制卡
11	ACT	可冗余的电流输出型控制卡
12	ACT4	4 回路电流输出型控制卡
13	SD2	测速卡, 具有超速保护功能
14	VC1	电液并存型 DEH 伺服卡
15	VC2	纯电调型 DEH 伺服卡
16	DPM	8 路 TTL—CMOS 的 DO 输出
17	DCI	可作为 DEH 与 DCS 专用接口卡
18	EM	电能测量, 8 路 100V AC, 8 路 5A AC
19	EM2	电能测量, 16 路 5A AC
20	COM	

（4）模块的底座。EDPF-NT 系统模块的底座与模块的出线端子合在一起，同时，模块电源（两路 24V DC）从底座接入，底座上还有通信总线，用于控制器与模块间通信。底座通过中部的两组插座与模块相连，实现电源和信号的传递，目前底座共有 5 种，见表 1-4。

表 1-4   模 块 底 座

名 称	说 明
32 路端子底座	用于 DI、AI、AO、DO、FPI、CT4、ACT、ACT4、SD、VC1、VC2、DCI、DPM、EM
64 路端子底座	用于 DI32、DIO、AIr、AIt
DIO 专用底座	DI 输入采用端子，DO 输出采用插座方式，通过预制电缆直接与继电器板相连接
CT4 专用底座	AI 输入采用端子，DO 输出采用插座方式，通过预制电缆直接与继电器板相连接
远程模块专用底座	通信接口采用端子方式，端子均为 64 路

模块的地址由设置在底座上的一组七位拨码开关来设置。7 位地址 A0~A6，分别对应开关的 1~7，拨码开关处于 ON 的位置，该位为 0，反之则为 1。

EDPF-NT 系统软件目前允许的模块地址为 01H—7FH（0000001B—1111111B），即十进制的 1~127。

机柜内前后各可安装 4 列模块，每列模块最多可放 6 个。

2. DPU 控制器

（1）技术特点。

1）体积小，性能高。在 DPU 模块内集成了主 CPU、I/O 通信控制器和双网卡，使得

DPU 控制器与 I/O 模块具有同样的大小。采用 PENTIUN 级低功耗 CPU，性能卓越，可满足各种工程需要。

2）多重冗余，安全可靠。采用双机、双网、双电源，大大提高了系统的可靠性。

3）模块式结构维护方便。采用模块化设计，由 DPU 单元和底板组成，DPU 模块带有标准欧式插座，主副站可独立插拔，安装、更换十分方便、安全。

4）可靠的直流冗余宽范围供电。接受两路宽范围 DC18～72V 电源输入，内部实现冗余切换，保证了电源的可靠性。

5）全隔离高抗干扰设计确保运行可靠。内部采用 DC、DC 与电源以及 I/O 通信网络进行隔离，硬件和软件都具有多重抗干扰和容错纠错能力。

6）安全可靠的数据存储。采用 CF 卡保存组态数据，确保数据的长期保存。

7）方便的 I/O 模块联结方式。模块底座除了提供端子式 I/O 出线外，还提供两个 DB25 I/O 标准接口，可直接与模块底座拼接，方便组屏安装。

（2）技术参数。

1）电源。电源电压为冗余宽范围 DC18～72V，额定电压为 24V/48V；功耗小于 10W；纹波不大于 5％。

2）配置。300MHz 奔腾级低功耗 CPU，64M RAM，大于或等于 32M Compact Flash 电子盘，2 个冗余以太网口，10M/100M 自适应、RJ45 双绞线接口。

3）I/O 通信网络。

可连接智能测控模块：小于或等于 32 台。

网络通信方式：双网，符合 HDLC 协议；半双工、外同步。

通信电缆：底座内印制板走线或四对双绞线（数据线、时钟线），或两对光纤。

电气接口：RS—485 协议。

通信波特率：2M、1M、500k、125kbit/s 4 速可选。

主副机切换时间：20、40、80、160ms 4 速可选。

网络隔离电压：500V。

4）其他接口。

串口 1：RS232 标准，DB9 针接口。

串口 2：RS232/422/485 标准，DB9 针接口或端子接线。

串口 3：RS232 标准，DB9 针接口，监控接口。

键盘接口：PS2 接口键盘。

显示器接口：DB15VGA 接口。

5）工作环境条件。

环境温度：0～+50℃（加风扇）或 0～30℃（不加风扇）。

相对湿度：5％～90％。

四、EDPF-NT 系统的供电与接地

1. 系统的供电

（1）电源品质。

电源电压：220×（1±10％）V AC。

电源频率：50Hz±0.5Hz。

波形畸变：小于或等于 5%（有效值）。

（2）冗余供电。出于安全和高可靠性的要求，EDPF-NT 系统要求外部提供两路 220V AC 供电。除电源品质要满足上述要求外，两路电源还必须是同相位的。其中第一路最好是从 UPS 供给。

每路电源只需接入火线和零线，地线不得引入与机柜地连接。

尽管系统内电源是冗余并带有切换的，但出于安全和可靠的要求，不允许长时间外部电源单路供电。

2. 系统的接地

（1）接地要求。为使 EDPF-NT 系统能够正常工作，系统需要可靠的接地。

接地极的位置应尽量做到与系统电气距离最短，但要远离高电压、大电流电气设备的接地点。一般来说，系统的接地极不允许与其他的电气设备共用。

接地系统的电阻不大于 5Ω。

EDPF-NT 系统机柜不要求与基础绝缘。

（2）接地布置。

1）DPU 机柜的（正面）右下角有 M8 的接地螺栓。其他需要引入接地线机柜的接地铜排螺栓为 M5。

2）理想的接地应当是从接地极呈辐射状分别向每个需要接地的设备引入接地线。

3）当一组机柜并排放置且数量不多时，多采用连接各个机柜的接地端，接入一根地线的连接方式。

4）同一系统的机柜分为若干组布置时，应由接地极分别向每组机柜引入接地线。

5）在各组机柜相距较远时，应考虑给各机柜配置自己的接地极。EDPF-NT 系统的操作员站和工程师站的接地，可采用本地地。

五、操作员站软件

1. 系统运行环境

（1）EDPF-NT 分散控制系统的操作员站软件运行环境（最低配置）如下：

1）32 位高档微型计算机（或工作站）。

2）内存配置为 64M。

3）显示分辨率为 1024×768，显示内存配置 2M。

4）硬盘配置为 1G。

5）鼠标（或轨迹球）。

6）键盘（可选）。

7）Windows 2000 Server（Service Pack 4）或 Windows NT 4.0（Service Pack 3）。

（2）EDPF-NT 分散控制系统的操作员站软件运行环境（建议配置）如下：

1）P4 1.8G 工控计算机。

2）内存配置为 256M。

3）19in（1in=25.4mm）LCD 最佳工作分辨率为 1280×1024。

4）硬盘配置为 40G 以上。

5）鼠标（或轨迹球）。

6）键盘（可选）。

7）Windows 2000 Server（Service Pack 4）或 Windows NT 4.0（Service Pack 6）。

2．基本操作

（1）EDPF-NT 分散控制系统操作员站可以通过鼠标（或轨迹球）完成所有运行操作。

（2）可以使用键盘完成辅助性操作功能（如系统装载有键盘，可以进行字符输入、任务切换等工作）。

（3）运行人员可以通过屏幕上的固定显示，了解当前时间、主要监视参数状态等内容。

（4）操作命令可以通过行命令方式下达到相应各站。

（5）系统状态图标区显示当前系统的通信状态、组状态、趋势状态和命令状态的活动情况。

3．系统显示功能

（1）概述。操作员站的显示按照功能分为 7 类，分别是：模拟图显示、标准趋势显示、报警显示、通用一览显示、测点记录显示、历史趋势显示和制表显示。各个功能分别对应系统任务调度的一个按钮，运行人员可以通过一次鼠标点击启动一个显示功能。

任何一个功能运行期间，在系统图标显示区域的左侧将以按钮方式显示该功能的名称。当有多个功能同时运行，或某一个功能被最小化显示后，可以通过鼠标点击相应按钮将该任务提前到显示的最前方以便于查看。

注意，对于当前不再需要观察的显示任务应予以关闭，以保证其他任务的顺畅工作。并且，如果各单一功能的启动次数超过系统规定的次数，该功能将不能被启动。具体规定见表 1-5。

表 1-5 　　　　　　　　　　　　　　各功能规定启动次数

功能名称	最多允许启动次数	功能名称	最多允许启动次数
模拟图显示	4 次	测点记录显示	1 次
标准趋势显示	4 次	历史趋势显示	1 次
报警显示	1 次	制表显示	1 次
通用一览显示	1 次		

（2）操作员站系统管理程序。操作员站系统管理程序（AppBar）提供给运行人员操作界面，是操作员站所有功能的入口。AppBar 被配置为 Windows NT 的自动运行程序，Windows NT 启动之后，AppBar 将自动启动，固定显示在 Windows 桌面的上方，并且不会被其他应用程序占用。

1）启动后台应用程序功能。在 AppBar 启动的同时，AppBar 将建立实时数据库（PntReadr），启动通信（NetAsk）、成组（GroupSvr）、行命令解释（DCSCmd）、趋势收集（TC）、报警监视（ptMonitor）等后台程序。

2）启动应用程序功能。AppBar 提供的命令按钮有模拟图、实时趋势、报警一览、一览、点记录、历史趋势、制表等。将鼠标指针移动到命令按钮上并保持静止 1s 时，鼠标指针下方会出现一个小提示窗口，窗口内文字显示该按钮的功能。在该命令按钮上单击可启动相应的应用程序。

3）系统时间显示功能。AppBar 提供显示当前系统时间的面板。如果将鼠标指针移动到时间面板上时，会出现一个小提示窗口，上面显示当前的日期。

4）报警显示功能。AppBar 具有始终显示当前最新报警的窗口，并且提供按钮查看包括计算点在内的当前报警状态。

5）重要参数显示功能。AppBar 显示预先指定的并可在工程师站修改的重要参数。颜色、单位等文字均可在工程师站指定。当鼠标指针移动到该参数的面板上时，会出现一个小提示窗口，上面显示该参数的中文点名。

4. 命令行处理程序

程序功能：对字符串命令行进行解释，转换成网络通信的数据格式，由通信程序下发到 DPU 站。

DCSCmd 程序主要作为后台程序运行，接受由模拟图等其他应用程序发出的字符串命令，每个字符串命令的结构一般由命令和点名组成。为了方便程序调试，DCSCmd 还带一个程序界面，工程师可以在工程师站直接键入字符串命令向 DPU 发命令。整个操作员站程序通过 DCSCmd 分为两层优先级：操作员级、工程师级。操作员级对应的功能仅限于对设备进行操作；工程师级对应的功能不仅包括对设备进行操作，还包括一些对点的强制扫描，对点的直接置数，打开、关闭报警检查等。DCSCmd 程序一启动，缺省模式即为操作员站模式，在任何一台操作员站上，都可以通过键盘输入密码而进入工程师站模式。DCSCmd 程序主要实现以下功能。

（1）程序自带行命令窗口，可以输入行命令。允许键盘输入的字符有："＋"、"－"、","、"、"、"/"、"A"～"Z"、"a"～"z"、"0"～"9"、"_"、" "（空格）。

（2）支持纯文本的剪切板粘贴功能（鼠标右键、Ctrl＋V、Shift＋Ins）。

（3）输入一行后，可以用 Backspace 删去单个字符，用 Esc 删去整行字符。连续按两次 Esc 键后，窗口最小化。

（4）可以改变显示字体。

（5）程序启动后，同时启动一个后台线程接受来自其他应用程序的命令。共享内存名为 EDPFCmd，共享内存互斥标志为 EDPFCmdToken，启动后台线程进行命令解释的命令事件为 EDPFCmdEvent。

（6）重要命令只能在工程师站模式下执行。

（7）切换为工程师站模式时要输入密码，允许用户输入密码，最长 12 位，包括字母和数字。预设操作员站登录为工程师站的口令为 edpfnt，退出工程师站模式只要在登录按钮上再次单击一下，使按钮的状态为抬起。

（8）当在操作员站模式下不能执行某些命令时，会出现对话框提示，显示 3s。这期间不影响线程响应来自应用程序的命令。

（9）行命令字符界面下，有类似 DosKey 功能，以前输入的命令被记录下来，最多有 32 条。通过方向键的"上"、"下"切换。

（10）主窗口最小化时，仅在桌面的任务条通知栏显示一个图标。在上面双击后，可以重新显示主窗口（配置为操作员站时，此功能失效，双击后无法显示主窗口）。

（11）保存操作记录。所有被执行的命令均有记录（保存在 LOG 目录下），保存时间为 48h。

（12）提供给其他外部应用程序调用本程序的接口程序为 CmdInterface. dll。

登录为工程师站模式时需要登录密码，如果密码正确，即可进入工程师模式，在工程师模式下，按钮的形状是按下的。退出工程师模式时，需要再次在按钮上按一下，使系统退回到操作员站模式。

5. 操作员站后台支撑软件

操作员站上运行的软件除了进行各种显示的界面程序以外，还有一些必需的后台支撑程序，用于完成通信支持、组文件支持、命令支持和趋势收集等各种支持工作。这些后台功能分别支持相应的程序运行，因此缺一不可。

后台支撑软件由系统启动时自动运行，无需人工干预。程序运行后，分别在系统图标显示区中显示一个图标。图标的表示方式有如下两种情况：

(1) 图标本身表示相应程序的运行情况。例如系统中若存在通信信息，则通信图标（沙漏状）将进行旋转翻滚；一旦通信停止，图标将停止在当前位置。

(2) 将鼠标移动到相应图标上时，系统会以一个浅黄色提示框进行当前程序运行的状态提示。如通信图标会出现"在线"或"离线"提示等。

各种状态显示见表1-6。

表1-6 状态显示

	功　　能	自　身　状　态	鼠标运行的状态显示	鼠标命中的状态
通信图标	站通信状态显示	系统通信数据发生时旋转，否则静止	在线，或离线	双击后显示通信状态窗口
组图标	组文件状态显示，以及组调用支持	静止		双击后显示组状态窗口
命令图标	命令调用支持	静止		双击后显示命令行解释器窗口
趋势图标	趋势数据收集支持	静止		

六、图形生成软件

1. 功能

GB应用程序是EDPF-NT分散控制系统进行图形设计的图形集成开发环境，可以制作EDPF-NT系统的3类图形文件，包括：

(1) 用户图形 (*.goc)。

(2) 窗口图 (*.gow)。

(3) 图符 (*.gos)。

GB的做图功能包括了12种基本图形制作功能。针对不同的图形文件对象，功能略有不同。GB的编辑功能在不同的图形制作环境下，亦有所不同。

2. GB的运行环境

运行环境应为Windows NT 4.0及以上环境，文件及路径见表1-7。

表1-7 GB运行的文件和路径

目　　录	存　放　文　件　说　明
D:\EDPFNT\BIN	执行文件：GB. EXE、GD. EXE
D:\EDPFNT\PNT	点目录文件：PNT. LST、PNT. DIR、PNT. CUT、PNT. KKS 成组文件：group. src
D:\EDPFNT\GRAPH	主画面、窗口图文件、图符文件：*. goc、*. gow、*. gos
D:\EDPF2000\LOG	操作员操作记录文件：Date＊＊.＊

七、控制算法组态软件

（一）Windows 版组态工具使用说明

1. 概述

EDPF-NT 分散控制系统数据库组态软件工作于系统工程师站上，用于进行系统的点记录编辑、DPU 站模块定义、DPU 站配置定义和系统点记录更新工作。软件自带通信功能，可以在无后台任务支持的情况下独立工作，从而实现在线式的系统组态编辑。该软件在操作上力图简单方便，使得使用者可以在简单的学习后即可从事各种复杂的系统组态工作，从而达到事半功倍的效果。V4.0 版在以前功能的基础上，又增加了各种实用的系统维护管理功能，完全脱离了 DOS 下的工作。

在初始状态下，使用者通过选取"工程"菜单项，并选择其下的功能选择，进入相应功能。可选择内容包括：测点在线编辑；站点在线定义；模块在线定义；系统点目录更新；数据库方式。完成对 \ EDPFNT \ DB \ 目录下 ECBuildr.csv 的上载工作，对于未建立数据库 ODBC 连接的工程项目，数据库功能不可用。

2. 软件功能

（1）点记录在线编辑功能。点记录在线编辑可以完成对系统测点的增加、修改、改名和删除工作。不同类型的点记录，由于各自包含不同的域定义，因而显示内容各不相同。其中可以进行编辑的内容会以白色编辑框（或组合框）的形式显示，仅供显示而不能编辑的内容以灰色表示。

通用的参数录入，可以通过键盘直接向编辑区域中输入字符或数字即可。带有系统预定义内容的参数，则既可以直接输入参数的类型代码，也可以在组合框的下拉列表中选择相应的选项来完成。

编辑操作完成，通过选择"确认"按钮，将数据发送到对应的系统站点中。"返回"操作将取消当前的所有编辑，直接返回初始编辑功能状态。

新增加的"改名"按钮可以根据每个站的 DID 号来修改该点的英文点名。

（2）站点在线定义功能。站点在线定义功能，用于完成对系统中 DPU 站一些操作和该站转换系数进行定义的操作。

使用时，首先输入进行定义操作的 DPU 站号，则随后的操作都对该站进行。

在功能定义中：

选择"主站→备站"按钮用于将主站数据库备份到副站。

选择"备站→主站"按钮用于将副站数据库备份到主站。

选择"切为主控"按钮用于将当前 DPU 切为主控（可选 1～255 号站）。

选择"切为备用"按钮用于将当前 DPU 切为备用（可选 1～255 号站）。

选择"数据写盘"按钮用于允许当前数据写盘（可选 1～255 号站）。

选择"数据禁写"按钮用于禁止当前数据写盘（可选 1～255 号站）。

选择"DPU 站复位"按钮用于复位当前 DPU 站（可选 1～255 号站）。

选择"上载 LLT"按钮用于查看当前站的所有 LLT 组态信息。

在处理周期定义中：通过"上载"按钮可以取得该站的处理周期，修改后可以通过"下载"按钮将其重新定义到对应的 DPU 站点中。处理周期的单位为 10ms，处理周期的正常范围为 5～6000（50ms～60s），缺省值为 100、200、500（即 1、2、5s），通常设定为 10、

100、500（即 100ms、1、5s）。如小于 50ms，则数据库规模需受一定限制。

在转换系数定义中，首先选择系数类型：线形、一元五次方程或平方根。然后输入需要修改的系数序号，通过"上载"按钮可以取得该序号的系数数值，修改后可以通过"下载"按钮将其重新定义到对应的 DPU 站点中。

（3）模块在线定义功能。模块在线定义功能，用于定义单个 DPU 站点的模块个数和类型。

使用时，首先输入进行定义的 DPU 站号。

选择"上载"按钮可以读取当前该 DPU 站点的模块定义。

画面上，为了对应实际的模块布置，将模块定义为 6×20 的排列形式。使用鼠标点击相应的模块位置可以调出模块类型定义列表，双击列表中的类型，即可完成对于这个模块的定义工作。

修改完毕，选择"下载"按钮，将组态内容下发到 DPU 站点当中。

（4）系统点目录更新功能。系统点目录更新功能，完成对于整个系统的点记录 SID 号的分配和点目录文件的生成工作。

使用时，首先在站号列表中输入需要进行点目录更新的 DPU 站的站号，站号之间用","隔开。

选择"更新系统站点的点记录"按钮，程序即可开始根据输入的站点编号逐一进行记录更新。同时，程序会在状态显示条中显示当前工作的进展描述。

如果其中有点没有源点匹配的话，会弹出提示的对话框，之后可在 \ EDPFNT \ BIN1 \ 目录下查看"接收点错误列表 . CSV"。

更新工作完成后，选择"生成点记录文件"按钮，程序会按照当前的更新结果生成新的点目录文件，并存放在程序运行的当前目录下。如果其中有重名点的话，会弹出提示的对话框，之后可在 \ EDPFNT \ BIN1 \ 目录下查看"重名点列表 . CSV"。

如果在进行更新时，选取了"点记录初始化"选项，则程序将会自动重新排列所有点记录的 SID 号。

选择"生成 IO 点列表"按钮用于生成 IO 点列表。

选择"生成 AC 点列表"按钮用于生成 AC 点列表。

选择"生成 AM 点列表"按钮用于生成 AM 点列表。

选择"生成 DC 点列表"按钮用于生成 DC 点列表。

选择"生成 DM 点列表"按钮用于生成 DM 点列表。

选择"生成 GP 点列表"按钮用于生成 GP 点列表。

选择"生成接收点列表"按钮用于生成接收点列表。

选择"生成系数列表"按钮用于生成系数列表。

选择"生成历史列表"按钮用于生成历史列表。

以上生成的各列表均存放于 \ EDPFNT \ BIN1 \ 目录下。

数据库方式：数据库方式用于数据库（测点和转换系数）的批量下装，以及生成 KKS 与 EDPF-NT 系统点名的对照表。整理数据库功能目前无效。

下装的数据库文件和转换系数文件必须事先存放在 EDPFNT 的 DB 子目录下，数据库文件名为 ECBuildr. csv，转换系数文件名为 ECBcoef. csv，文件格式必须严格按照要求，具体请参见系统数据库生成说明。

整个系统的数据库可存在一个 ECBuildr. csv 文件中，整个系统的转换系数也可存在一个 ECBcoef. csv 文件中，但下装时只能单站逐个下装，不能多站同时下装。

下装步骤如下（以下装数据库文件为例，下装转换系数同理）：

1）将需下装文件 ECBuildr. csv 拷贝到 EDPFNT 的 DB 子目录下。

2）启动 ECBW，在"工程"项中选择"数据库方式"，出现下装操作窗口。

3）在"目标站号"中填入需下装到的控制器站号。

4）按"下装点记录"按钮，开始下装，中间进度栏有进度显示。

5）进度栏显示充满后，说明下装完成。

按"整理 KKS 对照表"，系统将自动生成 KKS 与 EDPF-NT 系统点名的对照表 pnt. kks，此文件生成后自动存在 EDPFNT 的 BIN1 子目录下。要使用此文件，必须将其拷贝到 EDPFNT 的 PNT 子目录下。

使用"数据库生成功能"需注意以下事项：

下装的数据库文件和转换系数文件必须事先存放在 EDPFNT 的 DB 子目录下，数据库文件名必须为 ECBuildr. csv，转换系数文件名必须为 ECBcoef. csv。

必须在 Windows NT 控制面板的"Data Sources（ODBC）"中已设置好相关项。具体为：在"Data Sources（ODBC）"的"System DSN"页增加驱动"Microsoft Text Driver（＊. txt；＊. csv）"，名称为"EDPFEcbuilderCSV"。目前此项 EDPF-NT 系统在安装时已设置好。

在下装时，相关的 ECBuildr. csv 或 ECBcoef. csv 文件必须处于关闭状态。

下装时，对控制器中原有数据库采用的是覆盖和增加方式，即对原来已有的测点采用覆盖方式（对不可更改域无效），新加测点则增加到控制器数据库中。

KKS 点名在 EDPFNT 系统中使用注意事项：

1）在工程师站组态实现过程中，新系统较原有系统多了一个名为"pnt. kks"的文本文件，存放在工程师站系统目录下（＼ EDPFNT ＼ PNT ＼），该文件作为系统运行时的 KKS 和 PN 对照字典使用，必须复制到所有操作员站。系统显示中若使用 KKS 名称，需使用"KKS"关键字调用，其他定义与原有调用方式一致。

2）KKS 点名生成有两种方法。

a. 用 ECBW 的数据库方式的"整理 KKS 对照表"。此方法要求 ＼ EDPFNT ＼ DB ＼ 目录下的 ECBuildr. csv 含有 KKS 列，即第一列为"KKS 码"，第二列为"点名"。

此外在生成后还需手工检查本机的"pnt ＼ pnt. kks"，确保每一行仅有一个点名的对照转换。

然后将本机 pnt ＼ pnt. kks 和 pnt. ＊文件一并下载到其他各站。

b. 手工添加或改写"pnt. kks"文件，需按以下要求。

● 该文件的形式为：PN 点名＜KKS 点名。

● 一个点占用一行。

● 当"pnt. kks"被改动过后，需注销一次系统才会更新。

3）目前尚不支持部分。系统控制组态部分不能支持 KKS 编码，包括 Loop 编辑、Ladder 编辑和 Text 算法编辑。

4）KKS点名应该大于8个字符。如果某点名小于8个字符，系统默认该点名为原来的内部点名，即当作PN点名使用。

5）必须通过SYSTEMB程序设定KKS支持选项，才能实现对KKS的正确调用。

（二）系统数据库生成

1. 关于测点的分配原则

（1）分配到控制器原则。目前IO分配到控制器主要有两种方法：按功能分（如MCS、SCS、FSSS、ECS）和按工艺系统分。不论按哪种方法分，开始整理测点时，将测点按工艺子系统进行分类是很有必要的，如果测点已按工艺子系统划分出来，再往下分配到控制器就不难了。测点分配到控制器要注意考虑系统的安全性、控制器负荷的均衡性、子系统的相对完整性，尽量减少控制器间需要通过网络传递的测点数量，重要的控制器之间的联络测点采用硬接线方式连接。

（2）控制器内测点分配到卡件原则。主要遵从危险分散、功能分散、保证通道裕度、便于现场接线的原则，具体如下：

1）卡件为8点的，一般最多占用7点，备用1点；卡件为16点的，一般最多占用14点，备用2点；对于DIO卡件，DI、DO部分一般最多占用14点，各备用2点；对于DI32卡件，一般最多占用28点，备用4点。

2）参与调节和保护的同一信号有多个测点的应分到不同的卡件上。

3）对于相互备用的设备（包括交流、直流润滑油泵及氢气侧和空气侧交流、直流密封油泵），在同一控制器的，输入状态点和输出指令应分放在不同的DIO卡件上，最好能安排在不同列。

4）同一设备的DIO测点尽量分配在同一卡件上，至少保证设备的启停指令（开关指令）和启停反馈（开关反馈）在同一DIO卡件上。

5）同一设备的同一类型测点（开关量输入、输出，模拟量输入、输出）尽量分配在同一列。

6）模拟量控制回路执行机构的指令和位置反馈布置在同一ACT4卡件上，一般通道5～8放位置反馈点，通道9～12放指令输出点，且一一对应。

7）DIO卡件对应的中间继电器板既有交流继电器又有直流继电器时，最好将直流继电器集中放在前面。

8）4～20mA信号和热电偶信号尽量不要分配在同一AI卡件上。需要分在同一AI卡件上时，同类信号应集中布置，不要混排。

9）NT系统SOE测点只能采用DI16卡件，不要将SOE测点安排在DI32卡件上。

2. 模拟量控制（LOOP）图形组态

用户在工程师站使用LOOP图形编辑程序在屏幕上用算法功能块对模拟量控制系统组态，填好算法参数；翻译程序将其转换成内部代码，借助通信任务将其下载至控制站DPU；控制站的执行程序根据这些代码调用相应算法并借助跟踪信号处理程序，完成期望的控制功能。因此，用户需先了解有关屏幕分配、跟踪规则的概念和一些系统设计的建议。

（1）LOOP的概念及其屏幕分配。我们把在一个屏幕上所能画下的控制系统图称作一个LOOP，一个实际的控制系统可能由几个或几十个LOOP通过点（变量）连接而成。方法是：用户将上一个LOOP的输出作为下一个LOOP的输入，就可以将这两个LOOP有机连接起来。

每个 LOOP 有一个唯一的 LOOP 号，其范围是 1～99。

本语言规定：在一个 LOOP 内至多可以定义 5 个 LOOP 输入、5 个 LOOP 输出和 8 个标准算法、26 个监视算法。其位置由 LOOP 框架规定。屏幕上方 5 条横线处可定义 5 个 LOOP 输入（输入类型、输入名）；屏幕下方 5 条横线处可定义 5 个 LOOP 输出（输出类型、输出名）；中间 8 个小点处可定义 8 个标准算法，其位置编号从 1～8；每个 LOOP 输入处及每个标准算法输出处可定义 2 个监视算法（共 26 个），其位置编号从 A～Z。

屏幕正下方是菜单区，右方是算法参数显示区，左上方是 LOOP 名称显示处。左上方靠右处的参数"站号"、"LOOP"、"类型"、"周期"分别表示 LOOP 所在站号、LOOP 号、LOOP 类型及处理周期。

（2）LOOP 变量缺省命名规则。LOOP 的 5 个输入端，5 个输出端上定义的变量，如果是外部变量（即输入、输出计算机的量），其建立和命名必须由用户在工程师站用组态程序 DPUEDIT 完成。

各控制算法都有一个输出，如果用户没有将算法输出连接到 LOOP 输出端上，则算法输出由本语言自动建立并按缺省命名规则命名。

除了输出，本语言中各算法所需的内部变量，如设定值、偏差、跟踪信号等都由语言自动建立并按缺省命名规则命名。

各变量缺省名由 8 个字符组成，其意义如下：

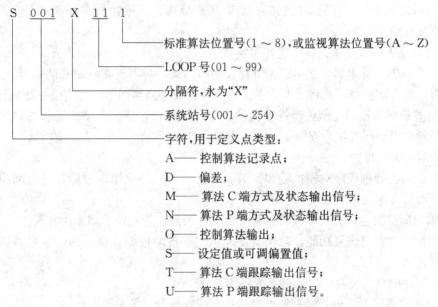

标准算法位置号(1～8)，或监视算法位置号(A～Z)

LOOP 号(01～99)

分隔符，永为"X"

系统站号(001～254)

字符，用于定义点类型：

A——控制算法记录点；

D——偏差；

M——算法 C 端方式及状态输出信号；

N——算法 P 端方式及状态输出信号；

O——控制算法输出；

S——设定值或可调偏置值；

T——算法 C 端跟踪输出信号；

U——算法 P 端跟踪输出信号。

（3）跟踪信号传递规则及意义。为确保无扰切换，抑制积分饱和以及实现超驰控制等，都需要进行跟踪。LOOP 内部的跟踪关系由控制语言自动建立，只有 LOOP 之间的跟踪需要用户定义，本语言跟踪信号传递遵循下列规则：

1）跟踪沿各标准算法的 C 通道进行，即每个下级标准算法的跟踪信号传递给其输出作为该下级算法 C 输入端的上级算法。

2）对标准算法 TRANSFER、HISELECT 及 LOSELECT，跟踪信号同时还沿 P 通道传递，即跟踪信号同时传递给其输出作为 TRANSFER、HISELECT、LOSELECT 的 P 输入端的上级。

3）如某一个上级算法的输出作为两个下级算法的 C 输入，该上级算法仅跟踪位置号较小的下级算法，即上级算法只接受两个下级算法中位置号较小的那个发出的跟踪信号。

4）LOOP 间的跟踪必须由用户定义，否则将不进行跟踪。需要一提的是，只有 TRANSFER、HISELECT、LOSELECT 才可以定义沿 P 通道的跟踪。

跟踪信号共有 4 种，其意义如下：

1）FT——强制跟踪。这是因为硬手操器在手动操作方式而产生的跟踪。

2）T——跟踪。系统内部为保证无扰动切换而进行的跟踪。

3）HT 或 LT——高值跟踪或低值跟踪。这是低值选择器或高值选择器较大或较小的输入未被选中而进行的跟踪。

4）RI 或 LI——升禁止或降禁止。下级算法输出达其上限或下限，为抑制饱和，相应各上级算法输出只许降或升。

（4）算法说明。算法主要功能包括以下几个方面。

1）可以实现单回路或串级常规 PID 调节，变参数 PID 调节及其他一些特殊 PID 调节，如比例部分偏差平方式 PID、积分部分偏差平方式 PID、积分分离式 PID、具有偏差死区的 PID、微分前置式 PID 和后置滤波（阻尼）式 PID。

2）可以实现选择控制和超驰控制。

3）与外部硬手操器有完善的切换配合，可保证内部软手操器与外部硬手操器在各种切换组合下无扰动。

4）具有完善的报警及保护功能，可实现：

a. 对变送器、热电偶、热电组的开路及短路检查。对不正确或超限的信号（如被调量、阀位反馈）能自动报警，并将内部软手操器与外部硬手操器同时切为连锁手动操作方式。

b. 计算机调节输出与阀位反馈差值检查。一旦超限，就会自动报警，并将内部软手操器与外部硬手操器同时切为连锁手动操作方式。这对于输出为开关量型的硬手操器可实现对磁放大器故障时的保位。

c. 数据输出处理程序对模拟输出、开关输出自检。一旦出现故障，可自动报警并将内部软手操器切为连锁手操方式。

d. 输出通道失电，会自动报警并将外部硬手操器切为连锁手动操作方式。

e. 控制站具有自恢复功能，自恢复期间，能够自动报警并将外部硬手操器切为连锁手动操作方式。

f. 监视站的点与控制站的点可互为备用。

5）对热电偶、差压流量等非线性信号进行线性化处理及补偿。

6）对波动较大的信号进行数字滤波。

7）配备有调节参数整定辅助工具。

图形式过程控制语言控制算法分为监视算法和标准算法两类，其中监视算法 5 个，标准算法 22 个。所有标准算法至多有 3 个显式输入端，即过程输入端 P、串级输入端 C 和监视端 S。但可以有很多个隐式输入端。

设计建议：

（1）由于软手操器是作为计算机系统与硬手操器的接口而设计的，因此，本语言要求所有系统终级控制输出必须连至软手操器上。

（2）在软手操器内，有一个报警开关型变量 ALARM OUT，这个变量一定要定义，因为系统的大部分保护功能是通过该变量完成的，通常应作为硬手操器连锁手动操作信号。如果用户还有一些特殊保护设计，可与 ALARM OUT 进行"或"运算后作为硬手操器连锁手动操作信号。

3. 开关量控制（LADDER）图形组态方法

LADDER 图用于完成逻辑控制，可以与 LOOP 配合形成完善的控制系统，也可以以 LADDER 为基础，形成控制步序的逻辑，进而组成顺序控制系统。

（1）LADDER 的基本概念及算法说明。一幅 LADDER 图有 7 行 8 列元件，每行右侧有一个线圈。各元件之间可以横竖任意连线。

对 LADDER 图完全可以按继电器的逻辑图理解：左侧为电源火线，元件可以是触点、线圈及特殊函数。触点分常开触点或常闭触点，连线即电连接线。分析元件左侧（输入端）通电情况及元件本身的状态，即可得到元件右侧（输出端）的状态。

对应于 DPU 站内的数据库，触点即是读开关量的状态，常开触点是取开关量的实际状态（0 是断开，1 是接通），常闭触点是取开关量的实际状态的非（1 是断开，0 是接通）。一行各元件之间按"与"的逻辑运算，不同行之间经竖线连接后，各行之间即可按"或"的逻辑运算。

带电状态只能向右或上下传送，不能向左传送。线圈的带电状况即是其开关量的 0（不带电）或 1（带电）状态。线圈的状态要写入数据库中。

（2）用户设计 LADDER 算法应遵守的规则。

1）对于每一幅 LADDER，用户必须赋予它唯一的图号，图号范围为 1～999，可以不连续。

2）一个 LADDER 算法最多可排列 7×7 个触点，1×7 个线圈。

3）每个 LADDER 算法必须至少有 1 个线圈，线圈的位置必须在最右列，即第 8 列，否则系统将拒绝接受。

4）导通路线应始终从左至右而不能从右至左。

（3）LADDER 图形组态运行环境。LADDER 编辑是在工程师站在线进行的，在运行 LADDER 编辑程序前需确认以下 4 点：

1）DPU 站处于运行状态，LADDER 算法将下载到此 DPU 站当前目录下的数据文件中。

2）在 ENG 站的 \ ENG 目录下有 ladedit. exe 文件。

3）在 ENG 站的当前目录下有 chinese. 16 文件。

4）编辑 LADDER 所使用的点必须已经生成。

4. 填表算法（TEXT）生成方法

TEXT_EDIT 用于向 DPU 增加一个新的 TEXT 算法，或者修改、删除一个在 DPU 中已经定义过的 TEXT 算法。TEXT_EDIT 采用填表的方式，可以很方便地定义和修改 TEXT 算法，其实质上是一个宏或说是一个包。

八、控制组态调试工具使用说明（LLTTuner）

LLTTuner 的功能是查看 DCS 系统中 Loop、Text 或 Ladder 的组态，也可修改 Loop 中

算法的参数，强制 Ladder 中的开关量的状态。如果需要修改参数或强制状态则必须进入工程师站模式，具体过程如下：

（1）双击桌面右下角，任务条右边的"行命令解释器"图标（黄色八角星），使"行命令解释器"程序窗口显示出来。

（2）在"行命令解释器"窗口中单击"切换模式"按钮，输入密码"edpfnt"（可修改），按"确认"按钮。此时可以通过 LLTTuner 修改参数或强制 Ladder 中的开关量状态。

（3）在使用 LLTTuner 完成修改参数或强制状态后，再在"行命令解释器"窗口中单击"切换模式"按钮，使该按钮弹起，这样就退出工程师站模式。

需注意的是，为保证系统安全，不让其他人在使用时因误操作而导致事故，使用人务必将"切换模式"按钮弹起，使系统退出工程师站模式。

鼠标单击桌面左下角"开始"按钮，在弹出的菜单中单击"程序"。

鼠标单击"LLTTuner"，程序随即打开一窗口，单击"上载 LLT"按钮（左上第一个按钮），即弹出一对话框。

在此对话框内输入欲调出的 LOOP、TEXT 或 LADDER 的 DPU 站号及 LOOP 或 LADDER 号，单击"确定"按钮即可调出所需要的 LOOP、TEXT 或 LADDER。

鼠标单击 LOOP 图中的算法块，即可在右边窗口内查看该算法的参数，也可以修改该算法的参数，每一个输入区右边都有一个对应的确认按钮，按"确认"按钮，该参数即下载进 DPU 站。修改后，鼠标在 LOOP 图的空白处单击一下，再重新单击该算法块，即可在右边窗口内看到修改后的参数。

鼠标单击 LADDER 图中的线圈及常开、常闭点，即可以在右窗口内强制该开关量点"置 1"、"置 0"或清除强制。

系统可同时调出多幅 LOOP、TEXT 和 LADDER，并可在不同的 LOOP、TEXT 和 LADDER 之间来切换显示。

查测点在逻辑组态中被使用的地方，步骤为：工具→查找测点使用→输入站号和点名，即可查出使用算法号列表。

需注意的是：由于 LLTTuner 的操作方便快捷，使用时，特别是在强制开关量时，务必要小心谨慎，以免出现事故。

使用 LLTTuner 改变控制算法组态数据并验证无误后，必须保存数据至 DPU 站硬盘或电子盘，否则当 DPU 站复位后，整定数据就会丢失。保存数据的方法是应用"ECBW"站点在线定义——数据写盘按钮，然后确认即可。数据保存完毕，请进行 DPU 站的主、副站备份，从而保证主、副站的一致性。

九、运行维护

1. 运行

各个操作站、工程师站和历史站之间的操作系统为 Microsoft 的 WINDOWS NT（4.0）SEVER（SP4 补丁包）以及 DOS 系统，历史站还需要安装 SQL7.0 系统（安装时请参考 EDPF-NT 系统安装手册）。DPU 站的操作系统为 INTEL 的实时操作系统 iRMX，操作站之间的通信协议为 TCP/IP，操作站和 DPU 站之间的通信协议为 NETBEUI。

（1）以下是推荐的系统配置。

1）操作员站，站号：90～99。

2）工程师站，站号：110。

3）历史站，站号：100。

（2）操作员和工程师站的文件系统一般为：

1）C 盘为 DOS 和 WINDOWS NT。

2）D 盘为 EDPF-NT 系统支持软件。

3）E 盘为其他的文件。

历史站的文件系统一般只做一个 C 盘，里面不装 DOS，只装 WINDOWS NT4.0、SQL 7.0 和 EDPF-NT 系统文件，工程上发现历史站最好不要用硬盘克隆的方法安装。

（3）每个站的名字常见的配置如下。

1）操作员站：OPR××，其中××为站号。

2）工程师站：ENG110。

3）历史站：HSR100。应特别注意历史站名字不要改动，否则有可能会使历史站瘫痪，并且需重新安装 SQL7.0。

（4）每个站的网卡的地址常见的配置为 200.0.0.x，其中 x 为站号。如工程师站一块网卡地址为 200.0.0.110，每个站有两个网卡，另外一个网卡地址就为 200.0.0.（x+128），则工程师站的另外一块网卡地址为 200.0.0.238。所有站的组号一般为 EDPF-2000，或者 EDPF-NT。

另外 DOS 下的网卡驱动程序在 DOS 下安装，后面章节会作具体介绍。

（5）一般一个站的设置有以下几个地方。

1）编辑 C:\AUTOEXEC.BAT，最后一行的站号要改。

2）更改站的名字，共享目录的名字。

3）更改站的两个网卡的地址。

4）在 EDPF-NT 程序 systemb.exe 里面设置站号。

（6）一般设置以下几个用户。

1）Administrator，系统自建，系统管理员账号，建议出厂前密码为 edpf2000。

2）eng110，工程师站的登录账号，建议出厂前密码为 eng110。

3）hsr100，历史站设置，其他站可不设置，密码必须是 hsr100。

4）opr，每个站都设，建议出厂前密码为 opr。

2. 维护建议

随着电厂实际应用的要求，DCS 系统已从一个较为独立的控制岛，发展成为一个同外系统接口越来越多的控制系统，因此对 DCS 系统的网络维护也变得越来越重要。根据我们总结近期各电厂 EDPF-NT 系统的使用情况，关于 EDPF-NT 系统的网络维护方面特提出如下维护建议：

（1）在机组运行时，原则上不再进行软件、硬件的改动。

（2）日常维护过程中，在不需要修改 DPU 组态的情况下，应以 opr 级别登录工程师站，工程师站所有的共享目录只能是只读模式。

（3）对 DCS 系统所有的修改，无论是组态软件、系统软件还是文件属性等，都应在工程师站（记录本）有详细的文字记录。

（4）应定期（建议两个月一次）让所有的操作员站重新启动一次，以消除计算机长期运行的累计误差。

(5) 参照国外 DCS 系统的维护要求，应利用停机时间逐个复位 EDPF-NT 系统的 DPU 和 OPR 站。

(6) OPR 主机放置的地方，应定期检查工作环境和通风状况，避免通风散热不良导致的硬件故障或硬件加速老化，一般每一个季度应该给操作员站和 DPU 站进行一次吹灰（DPU 站最好不要拿下来）。

(7) 对于 DCS 系统和其他系统（比如 MIS、SIS 等）的接口，建议在其他系统侧的网关站上，加装病毒防火墙，并及时更新病毒库。同时及时更新操作系统的补丁，从而提高系统的安全性，如果在 EDPF-NT 上安装第三方的软件，请向国电智深技术支持部咨询，以获得更为安全的方案。

(8) 系统设计上必须充分考虑安全原则，涉及机组安全停机和失电情况下的安全连锁功能以及汽轮机、给水泵汽轮机机油系统的连锁功能，除在控制器逻辑内实现外，还应在硬通道中设计实现。

(9) 定期检查系统风扇是否工作正常，风道有无阻塞，以确保系统能长期可靠地运行。

(10) 每次改动组态后都要进行把主站拷贝到副站的工作。

(11) 历史站站名 HSR100（或 hsr100）不能改动，即使改动后改回来也会使历史站不记录历史。

(12) 养成定期备份 EDPF-NT 系统的习惯。每次更新点目录后应该把工程师站的 ED-PF-NT 安装目录下的 BIN1\＊.ul 和 PNT.＊拷贝到各个操作员站的相应目录中，否则工程师站的损坏可能会导致系统无法更新点目录。

(13) DCS 电子间要保证在合适的温度、湿度、灰尘度。

3. EDPF-NT 系统常见问题

(1) 操作站 WINDOWS NT 无法正常启动。系统无法启动的原因是多种多样的，一般来说，除非是系统告知某某文件无法加载，否则先不要修改软件方面，请先查找硬件是否有问题，一般此类问题是由硬件故障引起的。可能是计算机的各个插槽出现松动，或是灰尘太大导致的故障。

(2) 操作站系统死机或者不稳定。若偶尔出现一两次重启后正常，属于正常的现象，若出现比较频繁，多数是硬件故障引起的，请检查以下方面：机箱内灰尘吹灰、机箱风扇通风是否正常；CPU 散热风扇是否正常；主板及其他板卡是否插实；主板靠近 CPU 的电容是否有鼓包冒泡现象等。

(3) I/O 卡件离线或故障。检查组态设置是否正确（ECBW 里类型以及底座跳线），卡件是否烧毁（可以拆开检查）。如果有备件，可以换快备件观察一下。

(4) 操作员站测点显示偶尔变蓝。是操作员站显示的问题，不是测点真的离线，目前处理方法正在研究。

(5) 所有的 DPU 站有一半的网卡变蓝或通信故障。多数是其中一个网的 HUB 故障引起的，重新启动故障 HUB 一次，如果问题依旧，更换新的 HUB。

(6) 操作员站自动退出后自动登录。这是由于意外事件导致 EDPF-NT 系统支持软件不响应而引起的，偶尔出现属于正常情况，必要时可以修改 STARTUP.INI 文件。

(7) 什么时候需要更新点目录。生成新的测点，更改点的中文描述，生成 TEXT 算法或者 LOOP 算法时需要更新，一般来说删除测点时不用更新点目录。更新时最好把相应的组态都做完，然后一起更新点目录。尽量避免不要频繁地更新点目录，

需注意的是，生成点做完逻辑后，即使不更新点目录，算法及逻辑也会在 DPU 站里运行。

（8）更新点目录要做的准备。

1）检查工程师站两个网卡的通信状态是否正常，必须保证双网通信正常（坚决不要在单网下组态和更新点目录）。

2）备份各个站的组态文件（TESTFILE）以及BIN1 \ 下的所有 ∗. UL 及 PNT. ∗ 文件。

3）要更新的 DPU 站必须在主站运行（不在主站请切回主站）。

4）将系统注销用户，重新登录。但不要启动 EDPF-NT 系统，用 ECBW. EXE 更新点目录（不要选择初始化点目录），然后拷贝 BIN1 \ PNT. ∗ 文件到 PNT \ 里后，启动工程师站 EDPF-NT 系统，观察一切正常后将点目录文件下载到其他站的 PNT \ 下边。

5）其他操作员站需要注销后重新登录。

6）主副站同步。

（9）什么时候要初始化点目录。

1）在系统第一次更新点目录时需要初始化所有站的点目录。

2）建议在系统出厂验收时初始化所有站点的点目录。

3）建议在现场调试后期进入 SAT 之前，应联系厂家做一次点目录的初始化。

（10）初始化点目录要做的准备。

1）检查工程师站两个网卡的通信状态是否正常，必须保证双网通信正常（坚决不要在单网下组态和更新点目录）。

2）备份各个站的组态文件（TESTFILE）以及BIN1 \ 下的所有 ∗. UL 及 PNT. ∗ 文件。

3）要更新的 DPU 站必须在主站运行（不在主站请切回主站）。建议关闭所有的副站，以避免在初始化的时候切换到副站运行而造成初始化的失败。

4）将系统注销用户，重新登录。但不要启动 EDPF-NT 系统，用 ECBW. EXE 更新点目录（选择初始化点目录），然后拷贝 BIN1 \ PNT. ∗ 文件到 PNT \ 里后，重新启动所有的 DPU 主站（先不要启动副站）。启动工程师站 EDPF-NT 系统，观察一切正常后将点目录文件下载到其他站的 PNT \ 下边。

5）其他操作员站需要注销后重新登录。

6）启动副站，主副站同步。建议逐个启动副站进行主副站的同步工作，以免由于某种原因切换到副站而引起错误的数据显示和指令输出。

（11）系统各计算机时钟有偏差。

1）若有 GPS，查 GPS 时钟是否正常工作（注意在有 GPS 时，DPU 站不能设置时间监视站）；然后检查有 GPS 的那个操作员站，看当前登录的用户（一般都是 opr 用户）的权限里是否有更改系统时间的权限（在管理员账户下，开始→程序→管理工具→域用户管理器→规则→用户权限，选择更改系统时间，之后授权给相应的用户）；更改其他操作员站直到显示时间都正常。

2）若没有 GPS，检查 DPU 里是否有时间监视站，设置时间监视站主副站的设置，并且系统中只能有一个站是时间监视站，建议放在带 SOE 多的那个站点里。设置好 DPU 站时

间监视站后若仍然不能改变偏差的情况，需察看各个操作员站当前登录的用户（一般都是 opr 用户）的权限里是否有更改系统时间的权限（在管理员账户下，开始→程序→管理工具→域用户管理器→规则→用户权限，选择更改系统时间，然后授权给相应的用户），然后更改其他操作员站直到显示时间都正常。

3）更改 DPU 时间监视站的时钟可以用 SysClock.exe 程序设置，有时候需要连续点击广播时间设定按钮直到更改为止。

4）如 DPU 时间监视站的时间设置不对，甚至有时设了两个 DPU 站（1、2号）都是时间监视站，将导致在运行员站上显示的时间和当时时间严重不符合。

（12）组态修改时注意事项。

1）在 LOOP 图中，如果一个算法有硬点输出，则当删除整个 LOOP 或者是某个对应的算法时，有可能把该硬点也删掉。建议先在 LOOP 中删除（不是在 ECBW.EXE 里删除）输出的硬点，然后再删除算法（LOOP 组态时最好不要删除整个 LOOP，最好逐个删除算法）。

2）如果一个测点在算法被应用，或者被其他的站点做接收点应用，一定要先删除算法，后删除点，否则可能引起异常。

3）用 ECBW.EXE 修改 AL 型测点（模拟量输出点）的某些参数时，测点的输出会回零，注意做好相关措施。

4）修改开关量的 LADDER 时，注意做好安全措施（如强制测点等）。

（13）SOE 点总是调不出报警历史。应注意，开关量的报警级别和模拟量是不同的，模拟量 0XAB 中，0X 表示十六进制，A 表示高限报警优先级，B 表示底线报警优先级（选择范围0～3），0 不报警，数字越大报警级别越高。而开关量的报警优先级也是 0XAB 的形式，只是 A 无实际的意义。B 为 0 时不报警，在 APPBAR 和报警一览的历史里都没有。一般，将开关量报警设置为 0X0B，B 为 0～3，0 不报警，限值检查值为 1。

（14）历史站注意事项。

1）历史站的站名不能更改，缺省设置都是 hsr100。即使改成别的名字后再改回 hsr100 也不可以。

2）为了减轻历史站的负荷，可以启动 3 个服务程序来完成历史的收集功能。这 3 个服务程序在 STARTUP.INI 里设置，具体如下：

EXE_NAME_01 = PNTREADR.exe

EXE_NAME_02 = NETTRANS31_crc.exe（或其他的 NETTRANS 版本的程序名）

EXE_NAME_03 = hsr.exe

3）在更新点目录且将点目录拷贝到 C:\USERDB\之后，执行完命令退出时保存选择 no to all。

（15）oprread.ini 配置注意事项。操作员记录读取 OPRREAD.EXE 程序时，首先在启动时需读取配置文件 oprread.ini，所以正确备置 oprread.ini 是记录读取的关键。下面是 oprread.ini 的内容：

1）此文件用于记录系统启动时的应用程序名称及其系统属性。

2）DropNumbers 项用于填写系统中各个操作员站的站号，用逗号分隔。

3）DropNames 项用于填写系统中各个操作员站的站名，用逗号分隔。

4）UserNames 项用于填写系统中各个操作员站的登录用户名称，用逗号分隔。

5）Passwords 项用于填写系统中各个操作员站的登录用户的口令，用逗号分隔。

6）TextPath 项用于填写系统中各个操作员站的操作记录文件位置，用逗号分隔。

举例如下：

［Setting］

DropNumbers=110，91

DropNames=eng110，opr91

UserNames=eng110，opr

Passwords=eng110，opr

TextPath=eng110 _ D ＼ EDPF2000 ＼ log，opr91 _ D ＼ EDPF2000 ＼ log

应注意，符号逗号和等于号用英文输入法半角输入，一般，出错的原因多数都是 Text-Path 里的配置不对。这里各个操作员站的操作记录文件位置指的是网络上的共享路径下的名字，例如在 OPR91 操作员站，本地的目录是 D：＼EDPF2000＼LOG，但是在网络上可能 OPR91 的 D 盘共享目录名为 OPR _ 92 _ D，所以在这里必须填入 OPR _ 92 _ D ＼ EDPF2000 ＼ LOG，而不是 D：＼EDPF2000＼LOG。查看共享目录名的方法是用工程师站的网上邻居查看。

各个操作站（包括工程师站）必须正确配置操作记录配置文件，否则操作记录无法读取。

（16）有时网上邻居看不见联网的计算机。过 15min 以后再试，或直接在开始→运行里输入：ping 200.0.0. x（x 代表实际的 IP 地址值），如果不能连通，则试一下 ping 200.0.0. (x+128)。一般来说肯定有一个 IP 地址是通的，可以直接在开始→运行里输入\\200.0.0. x（ping 通的那个 IP 地址），登录想要登录的计算机。

（17）组态上载时发现一些异常的字符，如花脸字符等。检查组态用的工作站是否是双网且工作正常，并退出这种花脸的组态画面且不要下载到 DPU 站里。

（18）测点显示颜色不正常（显示品质坏或者是超限等）。先退出扫描，人工强制一个合适的数值后再启动扫描，一般可解决此问题。

（19）修改参数时不能保存到 DPU 中，下次 DPU 重新启动后参数改变成原来的数值。这是因为改动只是改动到了 DPU 站的内存中，而不是改到硬盘中。应该用 ECBW. EXE 调整该 DPU 站的任意的一个测点，修改该测点，确认一下即可。

（20）如何避免每次拷贝点目录都需要口令。可做一个批处理文件，放在 c：＼下，并在桌面建一个快捷方式。文件内容如下（以 opr91 为例）：

net ＊ use ＊ \\opr91 ＊ "opr" ＊ /user："opr"

其中 ＊ 代表空格，opr91 是机器名，opr 是用户密码，user："opr" 指的是用户账号。

可以做多个类似的文件，如：

net use\\opr91 "opr"/user："opr"

net use\\opr92 "opr"/user："opr"

net use\\opr93"opr"/user："opr

net use\\eng110"eng110"/user："eng110"

net use\\hsr100"hsr100"/user："hsr100"

（21）如何避免每次上载 TESTFILE 文件都输入长的指令。同样可做一个批处理文件，放在 c：\eng 下，以后在 DOS 下的任何目录下就都可以上载组态文件，而且直接输入批处理的文件名了。例如取名字为 TF. BAT，内容如下：

```
filemod testfile tfile1.％1 1 /u
filemod testfile tfile2.％1 2 /u
filemod testfile tfile3.％1 3 /u
filemod testfile tfile4.％1 4 /u
filemod testfile tfile5.％1 5 /u
filemod testfile tfile20.％1 20 /u
```

C：\MD TFILEBAC(建立一个备份专用的目录）

C：\CD TFILEBAC

C：\TFILEBAC＞MD 050620(建立一个备份日期的目录）

C：\TFILEBAC\050620＞TF 620(将 620 取代批处理文件的％1 后执行上载的命令）

同样的下载的命令也可以使用此方法。

（22）如何避免逐个给各操作员站传点目录。可使用 SetDownload. exe 程序，将其放在 BIN 下，相应的配置文件为 SystemSet. INI。内容如下（没有此程序的见邮件的附件）：

```
［COMPUTER］
Columns = 2
ROW _ 0＝OPR91,\\Opr91\Opr91_D\Edpf2000
ROW _ 1＝OPR92,\\Opr92\Opr92_D\Edpf2000
ROW _ 2＝OPR93,\\Opr93\Opr93_D\Edpf2000
ROW _ 3＝HSR100,\\Hsr100\hsr100_D\Edpf2000
ROW _ 4＝HSR100,\\HSR100\hsr100_C\Userdb
ROWS=4
```

（23）不明原因的文件读写错误、记录丢失等问题。经查，此类问题多是由于某些工作文件的属性变为只读型，改后即可。

此现象多出现在从备份 CD 上拷贝 EDPFNT 目录时，一般需检查并更改 \ ini、\ log、\ bin1 等目录下的所有文件，必须将其改为不是只读型的。

单元机组协调控制系统 | 第二章

第一节　主蒸汽温度控制系统

现代大型锅炉的过热器是在高温、高压条件下工作的，尽管过热器的材料采用耐高温、耐高压的合金钢，但正常运行时其温度已达到或接近钢的允许极限值，强度方面的安全系数也很小，必须严格地将过热器温度控制在给定范围内，其温度偏差不得超过±5℃。由此可见，蒸汽温度过高会使过热器和汽轮机高压缸承受过高的热应力而损坏；蒸汽温度过低又会降低机组的热效率，影响经济运行。因此，锅炉蒸汽温度控制的好坏，直接影响到电力生产的安全经济运行。

一、过热器的动态特性

影响过热器出口蒸汽温度变化的原因很多，如蒸汽流量变化、燃烧工况变化、锅炉给水温度变化、进入过热器的蒸汽焓值变化、流经过热器的烟气温度及流速变化、锅炉受热与结垢等。但归纳起来，扰动主要有以下三种：蒸汽量扰动、烟气量扰动和减温水扰动。

1. 锅炉蒸汽量扰动

当锅炉负荷变化时，整个过热器管道各点的温度几乎同时变化，过热器出口蒸汽温度的阶跃响应如图 2-1 所示，其特点是有滞后性、惯性和自平衡能力。

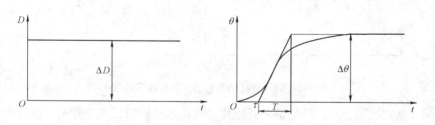

图 2-1　蒸汽量扰动

由图 2-1 所示的阶跃响应曲线可由式（2-1）的传递函数来描述，即

$$\frac{\theta(S)}{D(S)} = \frac{K}{1+TS}e^{-\tau S} \tag{2-1}$$

式中　θ——蒸汽温度；

D——蒸汽量；

K——对象的放大倍数；

T——对象的时间常数，它反映了对象的惯性大小；

τ——负荷扰动后对象的滞后时间。

对图 2-1 所示的动态特性也可由式（2-2）的传递函数表示，即

$$\frac{\theta(S)}{D(S)} = \frac{K}{(1+TS)^2} \qquad (2-2)$$

当锅炉负荷增加时，对流式过热器和辐射式过热器的出口蒸汽温度随负荷变化的方向是相反的。负荷增加时，通过对流过热器的烟气量增加，烟温也随负荷增加而升高，这两个因素都促使过热蒸汽温度升高。但是，由于负荷增加时锅炉的炉膛温度增加较少，辐射的传热量比负荷增加引起的吸热量增加要少，因此辐射过热器出口蒸汽温度随负荷增加而降低。对流和辐射或两种过热器的综合作用，对减小过热器出口蒸汽温度的偏差是有利的，其静态特性如图 2-2 所示。通常，锅炉过热器的对流方式比辐射方式吸热量多，所以总的蒸汽温度将随负荷的升高而增加。

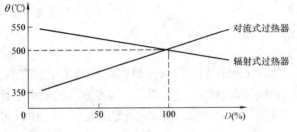

图 2-2　对流和辐射式过热器静态特性

2. 烟气量扰动下过热器的动态特性

烟气的流量、流速、温度等变化，影响着过热蒸汽温度的变化，现场是通过改变烟气参数来采集蒸汽温度的动态响应的。例如改变喷燃器角度或改变烟气温度来求取蒸汽温度的响应曲线；或改变烟气挡板的开度以改变烟气流量，来求取蒸汽温度的响应曲线。

实验表明：烟气温度和烟气流量对过热器的扰动、蒸汽温度对象的动态特性均有迟延、惯性和自平衡率，它们的响应曲线如图 2-3 所示。

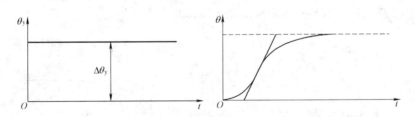

图 2-3　烟气量扰动下的蒸汽温度反应曲线

由于烟气侧的扰动是沿过热器整个长度使烟气传热量同时发生变化的，所以蒸汽温度反应较快，即其时间常数 T 和滞后时间 τ 均较其他扰动较小。

3. 过热器入口蒸汽温度变化（喷水量变化）时的蒸汽温度动态特性

改变过热器入口蒸汽温度可以有效地调节出口蒸汽温度，这是应用较广的一种蒸汽温度调节方式。改变入口蒸汽温度的方法有直接喷水、自凝式喷水和采用面式减温器等。

直接喷水减温的工作原理如图 2-4 所示，减温水由调节阀喷入减温器以改变Ⅱ级过热器的入口蒸汽温度。

运行实践表明：过热器出口蒸汽温度的动态特性与减温器的位置有关，减温器离过热器出口处越远，或过热管道越长，过热器出口蒸汽温度变化的滞后也就越大，其动态特性如图 2-5 所示。采用减温器作为过热蒸汽温度的调节手段时，要求有足够的调节余量，一般在减温器停运、锅炉出力最大时蒸汽温度要高于给定值约 30～40℃。

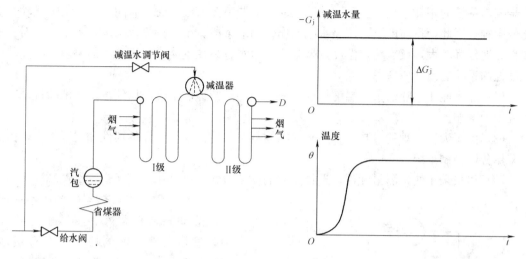

图 2-4　喷水减温示意图　　　　图 2-5　减温水扰动下蒸汽温度动态特性

当采用喷水减温来调节过热蒸汽温度时，一般把过热器分成两个区域，如图 2-6 所示，对象方框图如图 2-7 所示。减温器前称导前区，减温器后称惰性区，分别用传递函数 W_1（S）、W_2（S）表示两个区的动态特性。

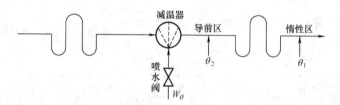

图 2-6　喷水减温对象方框图

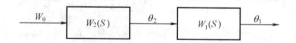

图 2-7　减温水扰动下蒸汽温度动态特性

整个被控对象的传递函数为

$$W(S) = \frac{\alpha_1(S)}{W_\theta(S)} = W_1(S)W_2(S) \qquad (2-3)$$

其中：

$$W_1(S) = \frac{\theta_1(S)}{W_\theta(S)} = \frac{K_1}{(1+TS)^n} \qquad (2-4)$$

$$W_2(S) = \frac{\theta_2(S)}{W_\theta(S)} = \frac{K_2}{(1+T_2S)^{n_2}} \qquad (2-5)$$

式（2-3）～式（2-5）表明：蒸汽温度对减温水扰动的响应也表现出较大的惯性，通常阶数达到了 3 阶以上。

二、蒸汽温度控制的基本方案

由前文可知，影响蒸汽温度的因素很多，例如烟气、负荷等，选择改变烟气量或烟气温度作为调节蒸汽温度的手段，蒸汽温度的响应特性较好，但实现起来比较麻烦，并会造成与燃烧控制系统的相互干扰。实际上采用摆动火嘴调节蒸汽温度时，时间一长，火嘴摆动也会比较困难。因此，目前广泛采用喷水减温作为调节手段。要维持蒸汽温度，由于受控对象的惯性和迟延都较大，仅靠蒸汽温度偏差来改变喷水量往往不能满足生产上的要求，因此蒸汽温度控制系统的设计应考虑：

（1）加入能比过热器蒸汽温度提前反映扰动的前馈控制信号，以便尽快地消除扰动对蒸汽温度的影响。

（2）由于大型锅炉的过热器管路长，结构复杂，使得受控对象的惯性和迟延加大，因此应采用分段控制系统。

（3）尽量采用快速测量元件，选择正确的安装方式，以减小控制通道的惯性和滞后。

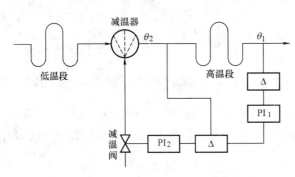

图 2-8　串级控制系统结构图

由于各种锅炉过热器的构造不一样，它们的动态特性和静态特性也有差异，因而过热蒸汽温度的控制方案有很多，归纳起来包括：串级蒸汽温度控制、采用导前微分的双冲量控制、相位补偿汽站控制和分段蒸汽温度控制。

1. 串级蒸汽温度控制

串级蒸汽温度控制方案如图 2-8 所示。

控制原理的方框图如图 2-9 所示。

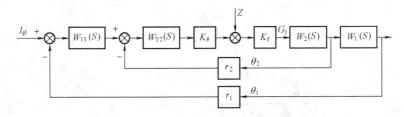

图 2-9　串级控制系统原理方框图

$W_{T1}(S)$—主调节器；$W_{T2}(S)$—副调节器；$W_1(S)$—惰性区传递函数；$W_2(S)$—导前区传递函数；r_1—主参数变送系数；r_2—副参数变送系数；θ_1—主参数（被调量）（过热器出口温度）；θ_2—副参数（减温器出口温度）；I_{gl}—给定值；Z—扰动；K_g—执行机构系数；K_f—阀门系数

从图 2-9 中可以看出，主、副调节器以串联方式工作，由副调节器构成的控制回路为副回路（也叫内回路），由主调节器构成的控制回路为主回路（也叫外回路）。

图 2-9 中，主调节器按过热器出口温度 θ_1 与其给定值的偏差来工作，其输出作为副调节器的设定值，即过热器入口蒸汽温度 θ_2 的给定值。这样，只要导前蒸汽温度 θ_2 发生变化，副调节器 $W_{T2}(S)$ 就去改变减温水量，初步维持后级过热器入口蒸汽温度 θ_2 在一定范围内。只要 θ_1 达到给定值，主调节器输出就不断变化，而使副调节器输出喷水量指令 G_1 变化，直到 θ_1 与其给定值相等为止。

可见，由副调节器组成的副回路起着粗调的作用，以快速消除内扰动为主要任务。主调节器构成的主回路，其任务是维持过热器出口蒸汽温度在给定值，因此需选用按比例积分作用的调节器，从而消除偏差。

串级控制回路与单回路比较有以下特点：

（1）串级控制回路对于进入副回路的干扰有很强的克服能力。

（2）串级控制回路可以减小副回路的时间常数，提高系统的工作频率。

（3）串级控制回路具有一定的自适应能力。

2. 具有导前微分的双回路控制

比较被控对象在烟气侧扰动、蒸汽流量扰动以及减温水扰动下的对象动态特性可知，减温水量扰动下的响应要慢得多。在这种情况下，若发生燃烧工况变化或锅炉负荷变化，则控制过程是不会令人满意的。为了改善控制质量，引入导前微分信号 $\dfrac{\mathrm{d}\theta_2}{\mathrm{d}t}$ 组成双回路控制方案，可收到较好的效果。

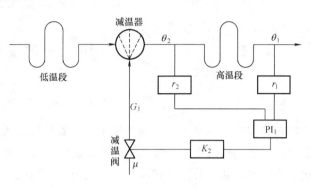

图 2-10　导前微分双回路控制系统结构图

采用导前微分的双回路系统如图 2-10 所示。

对应图 2-10 的控制系统原理方框图如图 2-11 所示。

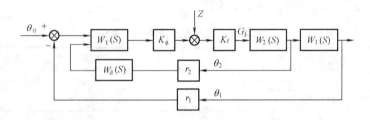

图 2-11　导前微分双回路控制系统原理方框图

W_T (S) —调节器；W_d (S) —微分器

由于导前蒸汽温度 θ_2 比出口蒸汽温度 θ_1 对减温水量扰动的响应要快得多，如果 θ_1、θ_2 同时直接引入调节器，则在调节器为比例积分作用时，控制过程结束后只能维持 $\theta_1 + \theta_2 = \theta_0$。所以只有通过微分处理，在静态时由于 $\mathrm{d}\theta_2/\mathrm{d}t=0$，才能保证 $\theta_1=\theta_2$。

微分信号 $\mathrm{d}\theta_2/\mathrm{d}t$ 的超前调节作用，改善了受控对象的动态特性，可有效地减少减温水扰动下的蒸汽温度动态偏差。但是它对于烟气侧的超前调节作用不明显，为此可引入负荷前馈信号提前反映烟气侧扰动。

归纳起来，导前蒸汽温度双回路控制系统有如下特点：

（1）引入导前微分信号，缩短了延迟时间，有效地改善了调节对象的动态特性。

（2）引入导前微分信号，能减小动态偏差，改善调节品质。

（3）具有很强的克服内扰的能力。

三、太原第一热电厂六期主蒸汽温度控制系统

太原第一热电厂六期两台 300MW 机组的主蒸汽温度设有一、二、三级喷水减温控制，其测点及系统流程如图 2-12 所示。

从图 2-12 中可以看出，从低温过热器出来的蒸汽经一级减温器进入两侧的大屏过热器，

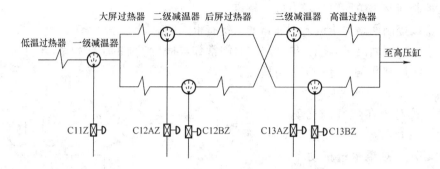

图 2-12　三级喷水减温流程图

大屏过热器出口温度由一级喷水控制；接着蒸汽进入二级减温器减温后再进入后屏过热器，后屏过热器出口温度由二级喷水控制；之后蒸汽依次经三级减温后再进入高温过热器，最后进入汽轮机做功，总的过热器出口温度由三级减温控制。

（一）一级喷水减温控制系统

1. 控制任务

一级喷水减温控制系统的任务是保证二级喷水前温度 C11T1 和 C11T2 按规定的升温曲线变化，与校正后的主蒸汽流量有一一对应的关系，如表 2-1 所示。此对应关系由函数发生器 A006X032 确定，可由运行人员手动校正。

表 2-1　　　　　　　　　二级喷水前温度与负荷的对应关系

校正后的主汽流量（%）	二级喷水前温度（℃）
0	420
21.7	440
36.24	470
100	470

2. 系统工作原理

（1）输入信号。

1）C11T1。二级喷水前温度或大屏过热器出口温度，即主调节器的被调量。

2）C11T3。一级喷水后温度或大屏过热器入口温度，即副调节器的被调量。

3）汽包压力平均值。

4）燃烧器仰角命令。

5）总空气量。

6）校正后的主蒸汽流量。

（2）系统工作原理。从图 2-13 可以看出该系统是一个带有前馈的串级控制系统，被调量为二级喷水前的平均温度，给定值为与校正后的主蒸汽流量成正比的经函数发生器 $f(x)$ 转换后的值，此值可由运行人员手动校正；为了提高系统的控制品质，引入了 C11T3 快速信号进入副调节器，提高了系统的抗内扰能力；汽包压力平均值经过函数发生器 A006X021 的饱和曲线给出了 C11T3 的最低温度，有效地防止了蒸汽湿度太大造成的不良后果；燃烧器仰角命令前馈信号的引入，有效地抑制了由于燃烧器仰角的变化所造成的大屏过热器出口温度动态偏差太大的问题，可以看出，燃烧器仰角命令是以实际微分的形式加入到系统中的，因此它只在动态时起作用，静态时无效；主蒸汽流量与总空气流量的偏差信号也以实际微分的形式进入系统而起到动态补偿的作用。

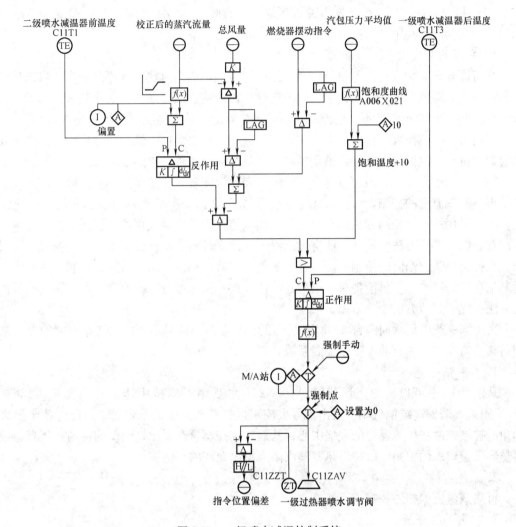

图 2-13　一级喷水减温控制系统

（二）二级喷水减温控制系统

1. 控制任务

二级喷水减温控制系统的主要任务是维持后屏过热器左、右侧出口温度与校正后的主蒸汽流量有对应关系，此对应关系由函数发生器确定。

2. 系统工作原理

此系统工作原理与一级喷水减温控制系统大致相同，不再详述。

（三）三级喷水减温控制系统

1. 控制任务

三级喷水减温控制系统的主要任务是保证过热蒸汽温度与校正后的主蒸汽流量有对应关

系，此对应关系由函数发生器确定。

2. 系统工作原理

此系统工作原理与一、二级喷水减温控制系统大致相同，不再详述。

另外，当 MFT 动作或汽轮机跳闸时，无论当时哪一级过热器喷水减温调整门（如 C11Z）的指令为任何值，都会发出关闭其相应电磁阀（C11Z）的命令，而且此命令的解除信号是过热器喷水总电动门的开指令信号。

（四）再热蒸汽温度控制系统

众所周知，大型火力发电机组广泛采用中间再热，因为再热循环可降低汽轮机末端叶片的蒸汽温度，降低汽耗，提高机组的热经济性。再热蒸汽温度随负荷变化较大，当机组负荷降低 30％时，再热过程如不加以控制，锅炉再热器出口蒸汽温度将降低 28～35℃。

影响再热蒸汽温度变化的因素很多，受热面积、给水温度、燃料和过量空气系数的变化都会影响再热蒸汽温度。此外，由于再热器都是纯对流布置，再热器入口工质状况取决于汽轮机高压缸的排汽工况，因而再热蒸汽温度的变化幅度较过热蒸汽温度要大得多。

再热蒸汽温度的控制，一般以烟气控制为主，这比采用喷水减温控制有较高的热经济性。实际采用的烟气控制方法还有变化烟气挡板位置、采用烟气再循环、摆动燃烧器角度和多层布置燃烧器等方法。另外，还有采用汽—汽热交换器和蒸汽旁通等方法。据有关资料介绍，几种再热蒸汽温度的控制方法各有优缺点，但就可靠性、滞后时间、控制再热蒸汽温度对其他参数的影响、钢材消耗量、运行经济性等技术指标进行比较而言，改变烟气挡板位置的方法稍优于其他方法。

太原第一热电厂六期两台 300MW 机组的再热蒸汽温度采用摆动燃烧器角度的方法来控制再热蒸汽温度，并有辅助喷水控制系统。

1. 控制任务

从图 2-14 中可以看出，调节器 A006X262 主要用于维持中压缸排汽温度 C16T6 在 350℃附近，若偏高或偏低则会发出信号去校正再热蒸汽温度的给定值；通过对各个燃烧器仰角的控制来改变炉膛燃烧的火焰中心，从而达到控制再热器出口温度的目的；还有通过对再热器微量喷水的控制，以防再热器蒸汽温度超出允许的范围。

2. 系统结构

再热蒸汽流程如图 2-15 所示。

3. 控制系统分析

（1）燃烧器仰角控制。该系统是一个单回路控制系统，调节器为 A006X271，被调量为再热器出口温度 C16T1、C16T2、C16T3。给定值为校正后的蒸汽流量经函数发生器 $f(x)$ 转换后的值，并经过运行人员的手动修正和中压缸排蒸汽温度的校正。其中，中压缸排蒸汽温度的校正必须是在上、下层燃烧器仰角和左、右侧微量喷水同时处于自动状态的情况下，通过调节器 A006X262 起作用的。调节器 A006X271 的输出经 XMASTER 算法分别控制上、下层各燃烧器角度，以此来控制再热蒸汽温度。信号 $\left(\dfrac{B}{51}\right)$ 为风量与校正后的蒸汽流量的偏差，此信号以实际微分的形式作为前馈进入系统提前调节。当 MFT 动作时，燃烧器仰角会自动复位到 50％。

（2）微量喷水。这是一个串级控制系统。主调节器的被调量为再热器出口温度 C16T1、

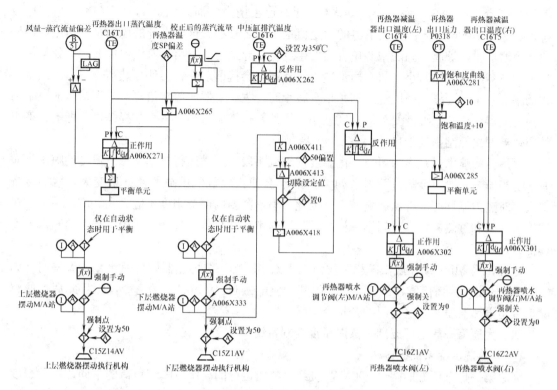

图 2-14 再热蒸汽温度控制系统

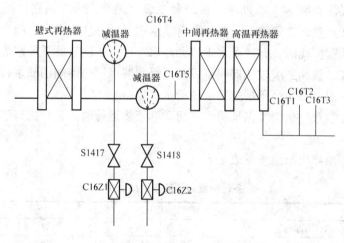

图 2-15 再热蒸汽温度流程

C16T2、C16T3；给定值为校正后的蒸汽流量经函数发生器 $f(x)$ 转换后的值，并经过运行人员的手动修正、中压缸排汽温度的校正、燃烧器仰角指令的校正。副调节器的被调量分别为左、右侧减温器出口温度 C16T4 和 C16T5；给定值为主调节器的出口，还要经过大选算法 A006X285。函数发生器 A006X281 对应再热器出口压力 P0318 的饱和温度曲线，可防止因蒸汽湿度太大造成的不良后果。算法 A006X302 和 A006X301 的输出是控制喷水量的，从而保证再热器不超温。

从图 2-15 可以看出，对于主调节器的给定值，当 A006X265 的输出不变时，如果燃烧器仰角指令 A006X333 增大，A006X411 同时也会增大，而减法器 A006X413 则相反地减小，加法器 A006X418 即主调节器的给定值也会随之减小。这样设计的原因是：当燃烧器仰角指令增加时，炉膛火焰的中心位置会发生变化，导致再热器出口蒸汽温度升高。如果提前将主调节器的给定值减小，那么微量喷水调整阀就会提前动作，会使再热器出口蒸汽温度变化的幅度减小。同样，当燃烧器仰角指令减小时，主调节器的给定值也会增大，目的也是为了使再热器出口蒸汽温度变化的幅度减小。当然，这样做必须有一个前提条件，即上、下组的燃烧器仰角控制都处于自动状态。

再热器的喷水只是作为再热蒸汽温度的细调手段，正常运行时细调蒸汽温度的喷水量应有一适当值，一般不会超过 5t/h。过多的喷水会使汽轮机低压缸的通气量变大，增加冷凝损失，对热力循环的经济性影响较大，因此，喷水减温的调节幅度不能太大。应该明确再热器喷水减温和过热器喷水减温不一样，再热器喷水减温只是一种降温措施，当再热蒸汽温度偏低时，应停止喷水。

另外，当 MFT 动作或汽轮机跳闸时，无论当时哪一级再热器微量喷水减温调整门（如 C16Z1）的指令为任何值，都会发出关闭其相应电磁阀（C16Z1）的命令，而且此命令的解除信号是再热器喷水总电动门的开指令信号。

四、太原第一热电厂五期主蒸汽温度控制系统

（一）蒸汽温度系统概述

太原第一热电厂五期两台 300MW 机组是滑压运行的。所以随着负荷的不同，蒸汽温度也要改变。其主要调节的方法都是喷水减温。

整个喷水减温流程如图 2-16 所示。一级和二级过热蒸汽分为两路。而三级和四级过热蒸汽分为四路。在过热器之间的每一路都装有喷水减温器，且一级和二级过热蒸汽之间的喷水减温器是由双喷嘴实现的。此减温水来自循环水泵出口，调节此循环水流量可控制二级过热器出口温度。在二级和三级过热器间，以及三级和四级过热器间的喷水减温器是由单喷嘴实现的，它们的减温水来自高压加热器后的给水管道。

主蒸汽温度控制系统是为了保证机组在启动和正常运行时，锅炉出口蒸汽温度在一定的范围之内。

各过热器和再热器出口温度见表 2-2。

表 2-2 各过热器和再热器出口温度

锅炉负荷（%）	100	95	90	68
一级过热器出口温度（℃）	386	384	384	370
二级过热器入口温度（℃）	385	382	382	358
二级过热器出口温度（℃）	425	424	425	416
三级过热器入口温度（℃）	405	404	405	380
三级过热器出口温度（℃）	490	492	492	492
四级过热器入口温度（℃）	470	472	472	470
四级过热器出口温度（℃）	540	540	540	540
一级再热器入口温度（℃）	328	322	321	324
一级再热器出口温度（℃）	484	482	482	484
二级再热器入口温度（℃）	464	460	462	464
二级再热器出口温度（℃）	540	540	540	540

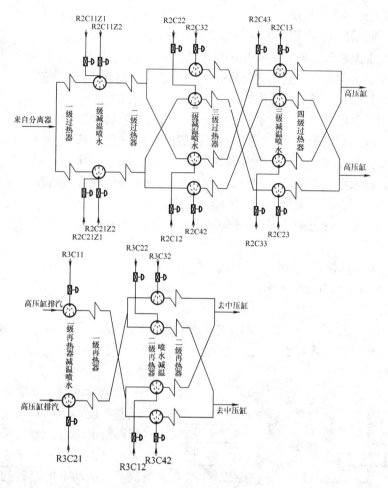

图 2-16　喷水减温流程图

要实现上述任务，需由以下几部分完成：

（1）锅炉出口蒸汽温度设定值形成回路。

（2）二级过热器后的蒸汽温度控制。

（3）三级过热器后的蒸汽温度控制。

（4）锅炉出口蒸汽温度控制。

（5）一级再热器后的蒸汽温度控制。

（6）再热器出口蒸汽温度设定值形成回路。

（7）二级再热器出口蒸汽温度控制。

（二）一级喷水减温控制系统

1. 控制任务

一级喷水减温控制系统由两个相互独立的控制系统组成，这两个控制系统的设计是一样的，任务是保证二级过热器出口温度在一定范围内，即保持在 424℃。

2. 系统工作原理

（1）输入信号。

1）四级过热器出口温度。

2）三级过热器入口温度。

3）二级过热器出口温度，即调节器的被调量。

（2）系统工作原理。此系统采用单回路调节，一级减温温度设定值有手动设定和自动设定两种。自动设定值根据过热蒸汽管路的流程而定。1号管路一级减温自动设定值以1号管和3号管三级过热器入口蒸汽温度的均值为基础，同时加上2号三级减温设定值与1号管四级过热器出口蒸汽温度之差、1号三级减温设定值与3号管四级过热器出口蒸汽温度之差，并加入一偏置，以保证手动/自动设定的无扰切换。2号管路一级减温自动设定值以2号管和4号管三级过热器入口蒸汽温度的均值为基础，同时加上3号三级减温设定值与4号管四级过热器出口蒸汽温度之差、4号三级减温设定值与2号管四级过热器出口蒸汽温度之差，并加入一偏置，以保证手动/自动设定的无扰切换。

当1号（2号）管上两个减温门全部手动时，其调节器输出跟踪两个减温门指令的均值。

当MFT发生动作时，减温水门全关。

（三）二级喷水减温控制系统

1. 控制任务

二级喷水减温控制系统由四个相互独立的控制系统组成，这四个控制系统的设计是一样的，任务是保证三级过热器出口温度在一定范围内，即保持在 492℃，使之适应锅炉出口蒸汽温度的工作条件。

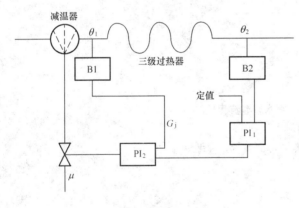

图 2-17　串级调节系统

2. 基本扰动下的迟延

基本扰动即减温水量的变化，不但可以随给水压力、蒸汽压力的变化而发生，而且也是一种调节手段。因此，要解决基本扰动下的迟延问题，采用串级调节系统具有明显的效果，如图 2-17 所示。

图中需要调节的是三级过热器后的温度 θ_2，由于它的延迟较大，故在两级喷水减温后引入一个导前信号 θ_1。显然在基本扰动下，θ_1 的延迟小得多，θ_1 和 θ_2 分别经 B1 和 B2 后进入调节器 PI_1（主调节器）和 PI_2（副调节器），PI_1 的输出作为副调节器 PI_2 的输出去控制减温水调节阀门以改变喷水量。当减温水量发生扰动时，由于 t_1 反应很快，延迟很小，所以 PI_2 的输出马上变化，并很快改变减温水量，起到超前调节的作用。

但是对于外部扰动，串级调节系统在减小动态偏差方面并没有很明显的作用。这是因为，在外部扰动下，θ_2 延迟很小，这样 θ_1 信号就起不到超前调节的作用。

所以，要改变外部扰动下的调节质量，只有在设备上尽量设法减少基本扰动下的延迟时间，所以锅炉本身的二级、三级、四级过热器和一级、二级再热器，每一级都有自己的喷水减温调节。

3. 系统工作原理

二级减温控制采用串级调节，温度设定值有手动和自动两种。根据管路的布置，1 号二级减温温度自动设定值以 1 号管四级过热器入口蒸汽温度为基础，利用 1 号管四级过热器出口蒸汽温度设定值与实际值的偏差进行修正，并加入一偏置，以保证手动/自动设定的无扰切换。2 号～4 号二级减温温度自动设定值同理。

当发生 MFT 动作时，所有二级减温门全关。

（四）主蒸汽温度的设定值系统

1. 控制任务

该控制系统是为了机组启动和正常运行时，形成一个锅炉出口主蒸汽温度的设定值，并且该设定值的设定要充分考虑机组可允许的蒸汽温度的变化率。

2. 系统工作原理

（1）温度目标值的形成。

1）将四条管路四级过热器的出口蒸汽温度进行低选，低选的结果加上 10℃ 的偏置。此信号是为了防止设定值与实际值之间蒸汽温度差太大，限制设定值的增长。

2）将高压缸壁温与 500℃ 高选后，加上 50℃ 的偏置，以保证足够的蒸汽过热度，规定蒸汽温度的最大值。

3）人工设定一高限值。

将以上计算结果 1）、2）、3）进行低选，得到四级过热器出口温度目标值。

（2）温度目标值速率的形成。

1）四条管路四级过热器的出口蒸汽温度的高选值通过函数折算成四级过热器出口温度的变化速率，它是根据蒸汽温度的允许增长速率和锅炉的实际蒸汽温度而设定的。

2）通过人工设定给出蒸汽温度允许的最大增长率。

将以上计算结果 1）、2）进行低选，得到四级过热器出口温度目标值的速率，并对速率进行高限限制。四级过热器出口温度目标值经过温度变化速率的限制后得到四级过热器出口温度的设定值。当四条管路上的三级减温装置设定值均为手动时，四级过热器出口温度的设定值跟踪四条管路上的三级减温装置手动设定值中的最低值。

考虑到手动设定值和自动设定值的无扰切换，在每个三级减温门设定值回路中设计有一偏置。

（五）三级喷水减温控制系统

1. 控制任务

三级喷水减温控制系统是由四个相互独立的控制系统组成的，这四个控制系统的设计是一样的，任务是保证四级过热器出口温度在一定范围内。

2. 系统工作原理

太原第一热电厂五期主蒸汽温度控制系统是一个全程过程，它的信号值是不断变化的，它的设定值来自主蒸汽温度设定值系统。三级过热减温正常控制采用串级调节。但由于在启动阶段，减温器后蒸汽温度常常低于饱和蒸汽的温度，考虑到过热度的要求，所以当四级入口蒸汽温度过热度过低时，该减温门切换为单回路控制，直接控制四级出口蒸汽温度。

根据 1～4 号二级减温门开度以及 1～4 号三级减温门开度折算出总门的开度目标值。

当发生 MFT 动作时，二、三级减温水总门全关。

（六）再热蒸汽温度控制系统

1. 概述

再热蒸汽温度的控制手段很多，太原第一热电厂五期两台 300MW 机组的再热蒸汽温度采用喷水减温控制。

太原第一热电厂五期两台 300MW 机组的再热部分由两级再热器组成，分别安装在锅炉主管道中。再热器的一级喷水减温器安装在再热器的入口处，而二级再热器安装在三级过热器的顶部。

两级完全不同的一级喷水减温控制系统分别装在锅炉两侧，其目的是当燃用的煤种发生变化时，阻止蒸汽温度发生较大的变化。

再热蒸汽出口温度的控制是靠安装在一级过热器后的喷水减温器来实现的。它由四个独立的完全相同的系统组成，减温水来自于给水泵并通过喷水阀实现喷水减温。

2. 控制系统分析

（1）再热器入口蒸汽温度控制系统。该系统的任务是当燃用的煤种发生变化时，阻止蒸汽温度发生较大的变化。

该系统是一个单回路控制系统，被调量为一级再热器入口温度，给定值为运行人员的手动给定。当 MFT 动作时，减温水门全关。

（2）再热蒸汽温度的设定值系统。该控制系统是为了机组启动和正常运行时，形成一个锅炉出口再热蒸汽温度的设定值，并且该设定值的设定要充分考虑机组可允许的蒸汽温度的变化率和所需的温度。

1）温度目标值的形成。

① 将四条管路二级再热器出口蒸汽温度进行低选，低选的结果加上 10℃ 的偏置。此信号是为了防止设定值与实际值之间蒸汽温度差太大，限制设定值的增长速率。

② 将中压缸蒸汽温度与 300℃ 高选后，加上 50℃ 的偏置，此输出信号决定了中压缸所能接受的蒸汽温度最大值。在汽轮机冷态启动中，当汽轮机中压缸温度低于主信号时，此时汽轮机中压缸温度信号将被限制，这就意味着此时送入汽轮机中压缸的再热蒸汽温度设定值为 350℃，并且一直保持这个信号温度，直到中压缸温度达到 300℃ 为止。

③ 人工设定—高限值。

将以上计算结果①、②、③进行低选，得到二级再热器出口温度目标值。

2）温度目标值速率的形成。

① 四条管路二级再热器出口蒸汽温度的高选值通过函数折算成二级再热器出口温度变化速率，它是根据蒸汽温度的允许增长速率和锅炉的实际蒸汽温度而设定的。

② 通过人工设定给出蒸汽温度允许的最大增长率。

将以上计算结果①、②进行低选，得到二级再热器出口温度目标值的速率，并对速率进行高限限制。

二级再热器出口温度目标值经过温度变化速率的限制后得到二级再热器出口温度的设定值。当四条管路上的二级再热器减温装置设定值均为手动时，二级再热器出口温度的设定值跟踪四条管路上的二级再热器减温装置手动设定值中的最低值。

考虑到手动设定值和自动设定值的无扰切换，在每个二级再热器减温门设定值回路中设计有一偏置。

3）再热器出口蒸汽温度控制系统。

再热器出口蒸汽温度控制系统是由四个相互独立的控制系统组成的，这四个控制系统的设计是一样的，任务是保证二级再热器出口温度在一定范围内。

太原第一热电厂五期再热器出口蒸汽温度控制系统是一个全程过程，它的信号值是不断变化的，它的设定值来自再热蒸汽温度设定值系统。再热器出口蒸汽温度控制系统正常控制采用串级调节。当发生 MFT 动作时，所有二级再热器减温门全关。

第二节　给水全程控制系统

一、概述

汽包锅炉给水自动控制系统的任务是维持汽包水位在一定的范围内变化。汽包水位是锅炉运行中的一个重要的监控参数，它间接地表示了锅炉负荷和给水的平衡关系。维持汽包水位是保持汽轮机和锅炉安全运行的重要条件，锅炉汽包水位过高，会影响汽包内汽水分离装置的正常工作，造成出口蒸汽中水分过多，结果使过热器受热面结垢而导致过热器烧坏，同时还会使过热蒸汽温度产生急剧变化，直接影响机组运行的经济性和安全性；汽包水位过低，则可能使锅炉水循环工况受到破坏，造成水冷壁因供水不足而烧坏。

随着锅炉参数的提高和容量的扩大，对给水控制提出了更高的要求，其主要原因有：锅炉容量的增大，显著地提高了锅炉蒸发受热面的热负荷，使锅炉负荷变化对水位的影响加剧；而提高了锅炉的工作压力，使给水调节阀和给水管道系统响应复杂，调节阀的流量特性更不容易满足控制系统的要求。

由此可见，随着锅炉朝大容量、高参数方向发展，给水系统采用自动控制是十分必要的，它可以大大减轻运行人员的劳动强度，保证锅炉的安全运行。对于大容量、高参数锅炉，其给水控制系统将是非常复杂而完善的，锅炉给水实行全程自动控制也是十分必要的。

所谓给水全程控制是指锅炉从启动到正常运行，再到停炉冷却的全过程都实现自动调节，这一过程大致可分为以下几个阶段：

(1) 锅炉点火升温升压阶段。

(2) 机组开始带负荷阶段。

(3) 由低负荷到高负荷运行阶段。

(4) 由高负荷到低负荷运行阶段。

(5) 停炉冷却降温降压阶段。

给水全程自动控制系统的任务是：在上述过程中，控制锅炉的进水量，以保证汽包水位在允许范围内。显然，常规的三冲量给水控制系统是不能完成上述任务的，即必须设计更加复杂的给水控制系统来保持汽包水位，这比常规控制要复杂得多，因此，对给水全程自动控制系统提出以下要求：

(1) 实现给水全程控制可以采用改变调节门开度，即改变给水管路阻力的方法来改变给水量，也可以采用改变给水泵转速即改变给水压力的方法来改变给水量。前一种方法节流损失大，给水泵的消耗功率多，不经济，故在一般单元机组的大型锅炉中都采用后一种方法。在给水全程控制系统中不仅要满足给水量调节的要求，同时还要保证给水泵工作在安全工作区内。这往往需要有两套控制系统来完成，即所谓两段调节。

(2) 由于机组在高、低负荷下呈现不同的对象特性，要求控制系统能适应这样的特性。

即随着负荷的增长和下降，系统要从单冲量过渡到三冲量系统，或从三冲量过渡到单冲量系统，由此产生了系统的切换问题，并且必须有两套系统相互无扰切换的控制线路。

（3）由于全程控制系统的工作范围较宽，对各个信号的准确测量就提出了更严格的要求。例如，在高低负荷不同的工况下，给水流量的数值相差很大，必须采用不同的孔板进行测量，这样就产生了给水流量测量装置的切换问题；再如，在锅炉启停过程中，蒸汽压力变化很大，汽包水位不仅与平衡容器式水位计测得的差压有关，同时还是主蒸汽压力的函数，因此需要设计用主蒸汽压力对水位差压进行校正的线路。同样，主蒸汽温度和压力在全过程中变化也很大，需要对主蒸汽流量进行校正。

（4）在多种调节机构的复杂切换过程中，给水全程控制系统必须保证无干扰。高低负荷需用不同的调节阀门，必须解决切换问题。调节阀门的切换伴随着有关截止阀的切换，而截止阀切换过程需要一定的时间，导致了水位保持的困难。在低负荷时采用改变阀门的开度来保持泵的出口压力，高负荷时用改变调速泵的转速保持水位，这又产生了阀门与调速泵之间的过渡切换问题。点火后，在升温升压过程中，由于锅炉没有输出蒸汽量，给水量及其变化量都很小，此时单冲量调节系统也不十分理想，就需要用开启阀门的方法（双位调节方式）进行水位调节。在这些切换中，系统都必须有相应的安全可靠的系统，保证给水泵工作在安全工作区内。

（5）在给水实行全程自动控制的情况下，对主设备也提出了更高要求。例如，低负荷时往往采用调节阀控制给水量，这就要求阀门有较好的调节性能，即需要耐压性较好的小流量调节阀；其次，为改善系统的调节特性，要求变速泵有较好的调速范围。

二、测量信号的自动校正

锅炉从启动到正常运行或是从正常运行到停炉的过程中，蒸汽参数和负荷在很大的范围内变化，这就使水位、给水流量和蒸汽流量测量信号的准确性受到影响。为了实现全程自动控制，要求这些测量信号能够自动地进行压力、温度校正。

测量信号自动校正的基本方法是：先推导出被测参数随温度、压力变化的数学模型，然后利用各种元件构成运算电路进行运算，便可实现自动校正。按参数变化范围和要求的校正精度的不同，可建立不同的数学模型，因而可设计出不同的自动校正方案。

1. 水位信号的压力校正

由于汽包中饱和水和饱和蒸汽的密度随压力变化，所以影响水位测量的准确性。通常可以采用以下两种压力校正的方法。

（1）采用电气校正回路进行压力校正。就是在水位差压变送器后引入校正回路，图 2-18 所示为单容平衡容器的测量系统。

$$p_1 = \nu_G h + \nu_s (H - h)$$

$$p_2 = \nu_a H$$

$$\Delta p = p_2 - p_1 = \nu_a H - \nu_G h - \nu_s H + \nu_s h$$

$$= (\nu_a - \nu_s) H - (\nu_G - \nu_s) h$$

$$h = \frac{(\nu_a - \nu_s) H - \Delta p}{\nu_G - \nu_s} \tag{2-6}$$

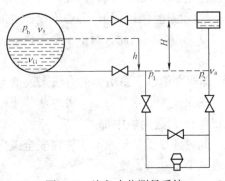

图 2-18　汽包水位测量系统

式中　p_b——汽包压力；

　　　H——汽水连通管之间的垂直距离，即最大变化范围；

　　　h——汽包水位高度；

　p_1，p_2——加在差压变送器两侧的压力；

　　　ν_s——饱和蒸汽的密度；

　　　ν_G——饱和水的密度；

　　　ν_a——汽包外平衡容器内凝结水的密度。

当 H 一定时，水位 h 是差压和汽、水密度的函数。密度 ν_a 与环境温度有关，一般可取 50℃时水的密度。在锅炉启动过程中，水温略有增加，但由于同时压力也升高，两种因素对 ν_a 的影响基本上可抵消，即可近似地认为 ν_a 是恒值。而饱和水和饱和蒸汽的密度 ν_G 和 ν_s 均为汽包压力 p_b 的函数，即

$$\nu_a - \nu_s = f_a(p_b)$$
$$\nu_G - \nu_s = f_b(p_b)$$

所以式（2-6）可以改写为

$$h = \frac{f_a(p_b) - \Delta p}{f_b(p_b)} \tag{2-7}$$

按照式（2-7），可以设计出水位压力自动校正线路，如图 2-19 所示。

图 2-19 中函数组件 $f_1(x)$ 和 $f_2(x)$ 分别模拟式(2-7)中的 $f_a(p_b)$ 和 $f_b(p_b)$。计算和试验表明，密度与汽包压力之间的函数曲线如图 2-20 所示。

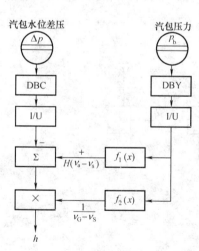

图 2-19　水位压力自动校正线路之一

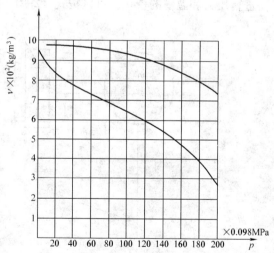

图 2-20　密度与汽包压力的关系曲线

从图中 2-20 曲线可以看出，$\nu_a - \nu_s$ 与 p_b 的关系在较大范围内可近似地认为是线性关系，即

$$(\nu_a - \nu_s) = k_1' - k_2' p_b$$
$$H(\nu_a - \nu_s) = H(k_1' - k_2' p_b)$$
$$H(\nu_a - \nu_s) = k_1 - k_2 p_b$$

则式（2-6）可改写为

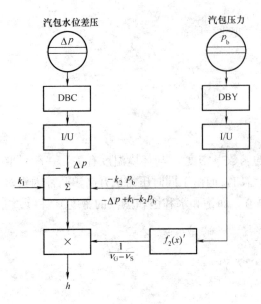

图 2-21 水位压力自动校正线路之二

$$h = \frac{k_1 - k_2 p_b - \Delta p}{f_b(p_b)} \qquad (2\text{-}8)$$

按式（2-8）可设计出较为简便的水位自动校正线路，如图 2-21 所示。

（2）采用具有双室平衡容器的水位取样装置进行水位校正，这种装置本身基本上可以补偿启动或停止过程中的水位测量误差，校正原理如图 2-22 所示。

这种测量装置中，水位表达式为

$$h = H - \frac{\Delta p}{\nu_G - \nu_s} \qquad (2\text{-}9)$$

H 为正压取压管管口水位到负压管水平的中心线之间的距离，式（2-9）中没有式（2-6）中的 $\nu_a - \nu_s$ 项，故 ν_a 随温度变化的影响消除了。

2. 过热蒸汽流量信号的压力、温度校正

过热蒸汽流量测量通常采用标准喷嘴，这种喷嘴基本上是按定压运行工况参数设计的。在该参数下运行时，测量精度是较高的。但在全程控制时，运行工况不能基本固定，当被测过热蒸汽的压力和流量偏离设计值时，蒸汽的密度变化很大，这就会给流量测量造成误差，所以要进行压力和温度的校正。可以按式（2-10）校正，即

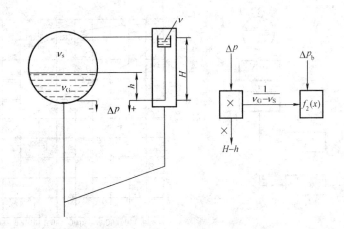

图 2-22 采用双重平衡容器的水位测量系统和压力自动校正回路

$$D = k\sqrt{p}\,\nu = k\sqrt{10.2\Delta p \frac{18.57p}{T/100 + 1.66 - 5.61p/100}} \qquad (2\text{-}10)$$

式中　D——过热蒸汽流量；

　　　p——过热蒸汽压力；

　　　T——过热蒸汽温度；

　　　Δp——节流件差压；

　　　ν——过热蒸汽密度；

k——流量系数。

按式（2-10）可设计出过热蒸汽流量信号的压力。温度自动校正线路，如图 2-23 所示。

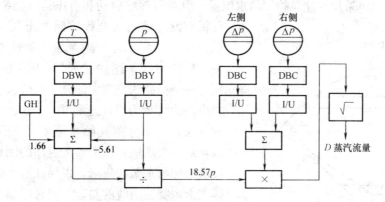

图 2-23　过热蒸汽流量信号的压力、温度自动校正线路图

为了避免高温高压节流元件因磨损带来的误差，美国 Leeds & Northrup 公司提出了用汽轮机调速级压力 p_1 代替蒸汽流量信号。实验证明，这种方法是准确和行之有效的，线路结构如图 2-24 所示。

3. 给水流量信号的温度校正

计算和试验结果表明：当给水温度为 $100℃$ 不变，压力在 $0.196\sim19.6MPa$ 范围内变化时，给水流量的测量误差为 0.47%；若给水压力为 $19.6MPa$ 不变，给水温度在 $100\sim290℃$ 范围内变化时，给水流量的测量误差为 13%。所以，对给水流量测量信号可以只采用温度校正，其校正回路如图 2-25 所示。若给水温度变化不大，则不必对给水流量测量信号进行校正。

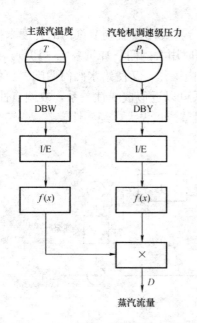

图 2-24　用 p_1 代替蒸汽流量测量校正线路

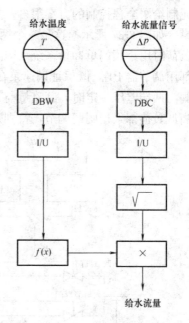

图 2-25　给水流量信号温度校正线路

三、给水全程控制的基本方案

1. 给水泵工作特性

大型单元机组采用变速泵控制给水流量，但对滑参数启动和滑压运行的单元机组来说，

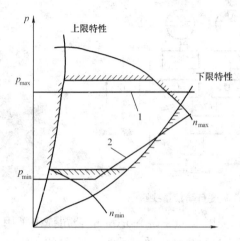

图 2-26　给水泵工作特性曲线
及锅炉压力—负荷曲线

分析和设计其给水全程控制时出现了一系列新问题。图 2-26 所示是变速泵工作特性曲线与锅炉压力—负荷曲线。图中曲线 1 为定压运行锅炉的压力—负荷曲线，它大部分落在给水泵安全工作区之内，曲线 2 为滑压运行锅炉的压力—负荷曲线，它有很大一部分落在给水泵安全工作区之外。所以，对于滑压运行和滑参数启动的锅炉而言，一定设法增加给水泵的流量，以保证给水泵的工作点不落在上限特性曲线的左边，同时增加出口压力以保证工作点不致落在最低压力 p_{min} 线和下限特性以下。总之，为保证给水泵由低负荷到高负荷的整个过程中，工作点始终在安全工作区内，给水全程控制系统应包括以下三个子系统：给水泵转速控制系统、给水泵最小流量控制系统、给水泵出口压力控制系统。

2. 基本控制方案

单元制锅炉给水全程控制系统中有一段控制和两段控制之分。所谓"段"是指完成给水全程控制的系统的套数。因此，所谓两段控制方式是指给水控制系统用两套独立的系统，分别指挥自己的执行机构来完成给水全程控制的方式。

单元制给水全程控制的方案很多，主要有以下六种：

方案一如图 2-27 所示。这是一个两段调节的方案，用改变调节汽门的开度来控制给水量。低负荷时用小阀门单冲量系统（PI_1）；高负荷时用大阀门三冲量系统（PI_2）。在两种情况下，都用调节器 PI_3，既保证调速泵在安全转速内工作，又使给水阀门两端差压保持为定值。当阀门两端差压一定时，其流量与开度的关系可以近似成线性关系，故调节性能较好。但由于高低负荷都采用阀门调节，特别是高负荷时节流损失大，经济性较差。

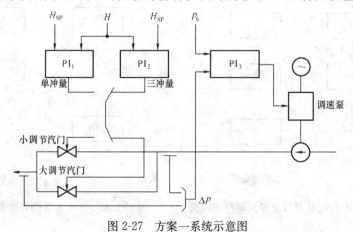

图 2-27　方案一系统示意图

方案二如图 2-28 所示，这也是一个两段调节的方案。调节器 PI_1、PI_2 调节阀门开度，控制给水流量，小负荷采用单冲量系统，大负荷采用三冲量系统。调节器 PI_3 保证调速泵出口压力为一定值 p_s [$p_s = p_b + H_p + KG^2$（p_b 为汽包压力，H_p 为泵出口到汽包的压力损失，KG^2 为阻力）]，这样既保证调速泵工作在安全区内，同时又使泵在热态启动和冷态启动时有相应的转速。这个方案结构较方案一简单，但仍采用阀门调节，故经济性仍差。

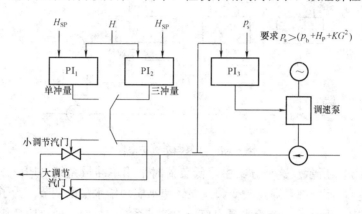

图 2-28　方案二系统示意图

方案三如图 2-29 所示。这个方案中，低负荷时通过大值选择器和调节器 PI_3，使泵运行在安全工作的最低转速 n_{min}，通过 PI_1 改变阀门开度来实现给水量调节，所以这时是两段调节。而在高负荷时，阀门开到最大，三冲量调节器 PI_2 的输出大于 n_{min} 值，故它的输出改变了 PI_3 的输出，使泵的转速改变，从而调节给水量，所以这时是一段调节。此方案中，在变负荷时用改变泵转速控制给水量，保持水位，经济性大大改善。但由于有系统、调节段、阀门三种切换，线路复杂，不易掌握，可靠性也相应下降。

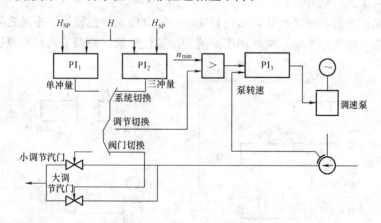

图 2-29　方案三系统示意图

方案四如图 2-30 所示。此方案在低负荷时用 PI_1 调节器改变阀门开度，改变给水量，保持水位。同时，使用泵前压力调节器 PI_3 控制压力，既使泵工作在安全工作区，又保证安全供水所需的必要的泵出口压力。在高负荷时切到三冲量控制系统，这时阀门开到最大，PI_2 的输出直接改变变速泵转速，达到改变给水量、保持水位的目的。此时泵负荷增大，即自然工作在安全区内，故不需 PI_3 再进行工作。此方案经济性好，切换简单，实现方便。但由于系统切换与调节器切换是同时进行的，而这两者的要求又是不同的，往往因为要满足一种切换的要求条件而不能满足另一种切换的要求条件，而且系统与调节段两种切换集中在同一时刻进行，危险性集中，对安全运行不利。

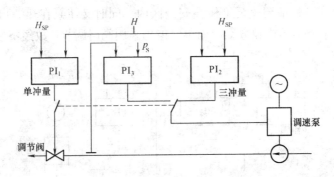

图 2-30　方案四系统示意图

方案五如图 2-31 所示。这个方案中，低负荷时采用单冲量系统（PI$_1$），高负荷时采用三冲量系统（PI$_2$），而且都是通过改变调速泵转速来实现给水量的调节。为了保证给水泵工作在安全工作区内，设计了一个给水泵出口压力调节系统（PI$_3$），通过改变阀门开度来改变泵的出口压力。在给水泵出口和高压加热器出口分别取给水压力信号送入小值选择器。当机组正常运行时，高压加热器出口的给水压力总是低于泵的出口压力。这时，应选高压加热器出口给水压力作为压力测量值，使泵的实际工作点在泵下限特性曲线偏左一些，确保泵工作在安全工作区内。当机组热态启动时，高压加热器出口的给水压力高于泵的出口压力，小值选择器组件输出为泵出口压力，保证泵出口给水压力升压过程中，两个调节阀门均处于关闭状态。直到泵出口压力大于高压加热器出口给水压力时，才按高压加热器出口的给水压力进行调节，控制两个阀门的开度。

这个方案结构合理，经济性好，切换较简单，安全可靠性也较好。不足之处是压力调节系统和水位调节系统互相影响，同时两个系统切换动作频繁，使调节阀磨损较快。

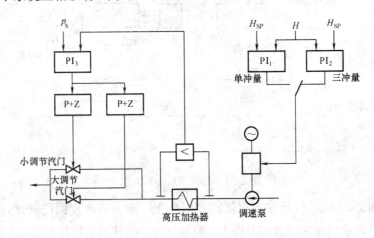

图 2-31　方案五系统示意

方案六如图 2-32 所示。这是一个一段调节的方案，在低负荷时采用 PI$_1$ 单冲量系统，这时调速泵由大值选择器的输出 GH$_1$ 值来控制，使泵维持在允许的最低转速。此时给水量是通过改变调节阀开度来调节的。高负荷时，阀门开到最大，为了减小阻力，把并联的调节阀也开到最大，三冲量调节器 PI_2 的输出大于 GH_1 的值，故可直接改变调速泵转速控制给水量。

在冷态启动时，GH_1 起作用，即让泵工作在最低转速。在热态启动时取决于 p_b 值，泵可以直接工作在较高的转速。

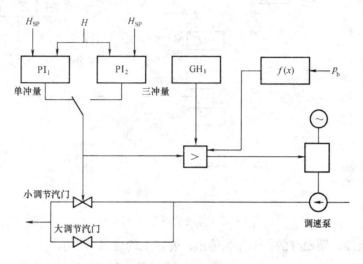

图 2-32 方案六系统示意图

这个方案中没有专门设计泵出口压力安全调节系统，解决给水泵在安全工作区的办法是利用调速泵运行的自然特性，即在定压运行时用两台泵同时给水的方法，使每台泵的负荷不超过 86%，这样泵就自然工作在安全区内。

这个方案结构最简单，系统和调节段两种切换互相错开，p_b 是开环调节，调节段是无触点自由过渡，安全性能好，是一个较好的方案。

由以上分析可以看出，方案四、五、六都是较好的方案，特别是方案五、六，优点更多些。

四、六期给水全程控制系统

1. 控制任务

（1）在负荷低于 15% 时，用启动给水阀 C10Z1（START UP FEEDWATER VALVE）控制汽包水位；用给水泵来控制泵出口压力与要求值相等。

（2）在负荷大于 15%，小于 x% 时，用单冲量调节器 A007X103 控制泵转速，从而保证汽包水位为要求值。

（3）在负荷大于 x% 时，用串级三冲量给水控制系统控制汽包水位。

2. 控制系统结构

（1）蒸汽流量的校正。蒸汽流量测量及校正如图 2-33 所示。从图中可以看出，第一级压力有三个测量信号 C02P4、C02P5、C02P6，它们都进入 MEDSEL2（中值选择器）选择中值后得出调节级压力信号 FSTAGEPR，而蒸汽流量信号是用式（2-11）来进行校正的，最后进入给水控制系统。另外中值选择器 MEDSEL2 的功能很强，依据三个输入信号的状态好坏可有不同的输出。若三个信号均正常则取中值；若有一个故障，则取另两个的平均

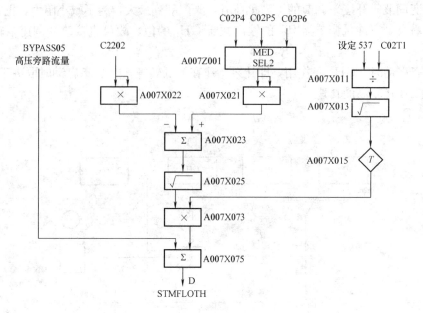

图 2-33 蒸汽量校正（SH45）

值；若有两个故障，则取好的一个作为输出；若三个均故障则输出为 0。

$$D = K\sqrt{(p_1^2 - p_2^2)\frac{T_0}{T_{SH}}} + F(B) \tag{2-11}$$

$$K = \sqrt{\frac{F_0^2(S)}{p_{10}^2 - p_{20}^2}}$$

式中 $F_0(S)$ ——机组额定流量；

T_0 ——机侧主蒸汽温度；

p_1 ——调节级压力；

p_2 ——高压排汽压力；

$F(B)$ ——旁路流量。

（2）给水流量的测量与校正。给水流量的测量与校正如图 2-34 所示。从图中可以看出：给水流量［两个测量信号（C10F1、C10F2）］经给水温度（FEEDWATER TEMPERA-TURE）校正后进入 SM2XMTRS（变送器选择及监视模块），选择后再加上一、二、三级喷水流量（PRIMARY、SECONDARY、TERTIARY SPRAYWATER FLOW），作为总给水量（TOTAL FW FLOW）。

（3）汽包水位的测量与校正。汽包水位的测量与校正如图 2-35 所示。从图中可以看出，汽包水位测量信号 C10L1、C10L2、C10L3 经中值选择 MEDSEL2 后作为汽包水位测量值，然后经汽包压力校正后作为实际汽包水位信号。

（4）汽包水位控制。汽包水位控制系统图如图 2-36 所示。从图中可以看出，此系统是通过对启动阀和给水泵转速的控制来达到全程给水控制的目的。

3. 控制系统分析

（1）0～15％负荷段的启动阀控制。从点火开始到带负荷至 15％阶段，汽包水位由调节器 A007X121 及启动阀 C10Z1 控制，系统图如图 2-37 所示。此时启动阀 C10Z1 控制系统的

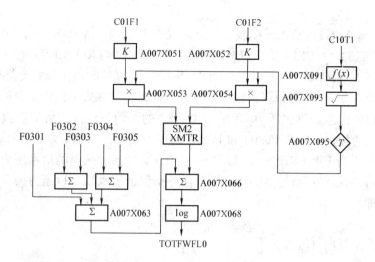

图 2-34　给水量校正（SH45）

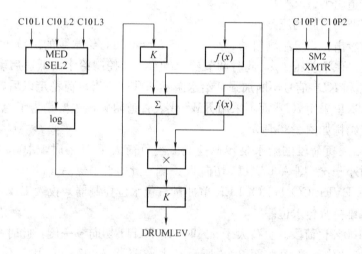

图 2-35　汽包水位的测量与校正（SH46）

任务是保证汽包水位等于运行人员手动给定值 A007Z101（DRUM LEVEL SET POINT）。

1）启动阀关闭条件。当下列两个条件之一成立时 A007X125 将切向 Y 一端，此时启动阀关闭。

a. 负荷大于 15％时，给水泵主站在自动且主给水门打开。

b. 1、2、3 号给水泵停运。

2）启动阀操作站切为手动条件。当下列之一成立时，此站将切为手动运行方式，此时阀门的开启与关闭将由运行人员手动给出。

a. 启动阀调节器 PV-SP 越限。

b. 启动阀指令与实际位置偏差超限。

c. 负荷大于 15％时，给水泵主站在自动且主给水门打开。

d. 1、2、3 号给水泵停运。

e. 负荷大于 15％时，给水泵主站在自动，延时 2s。

f. 水位信号故障。

（2）0～15％负荷段的给水泵控制。当负荷低于 15％时，A007X156 将切向 Y 一侧，此时调节器 A007X153（MEBFP OUTLET PRESSURE CONTROLLER）投入运行，此时被调量为泵出口压力（MDBFP OUTLET HDR PRESS），其给定值在较低负荷时为 A007Z019 给出的最低压力 5.8MPa，用以保证调速泵在小负荷时工作在安全区内。负荷较高时，给定值考虑了几方面的因素：汽包压力 C10P1、C10P2 的平均值、校正后的蒸汽量（第一级压力）实际上为阻力损失，以及 P0203 和 P0204 的压力损失（P0203 为 FW PRESS BEFORE S-U VLV，P0204 为 FW PRESS AFTER S-U VLV，即启动阀前的给水压力和启动阀后的给水压力偏差），所以，调节器 A007X153 的任务是保证给水泵出口压力为下列方程式右边的各项之和，即

$$p_p = p_b + KD^2 + \Delta p$$

式中 p_p——给水泵出口压力；

p_b——汽包压力；

KD^2——管道阻力；

Δp——调节阀前后的压差。

由上式可以看出：当机组刚启动，$p_b = 0$、$KD^2 = 0$ 时，给水泵的出口压力 $p_p = \Delta p$，给水泵出口压力只是保证差压 Δp，此时调节器 A007X153 控制给水泵低速启动。当锅炉负荷不断增加时，p_b 和 KD^2 信号不断加强，给水泵不断升速，当负荷稳定以后，给水泵的转速也就稳定下来。这里采用 KD^2 而不采用 KW^2 代表管道阻力，主要是为了克服蒸汽侧扰动。此时的控制系统结构如图 2-36 所示。

（3）15％～x％负荷段的给水泵转速控制。当负荷大于 15％时，A007X156 切向 N 一侧，若负荷此时小于 x％则 A007X111 切向 N 一侧，此时调节器 A007X103（SINGLE ELE-MENT DRUM LEVEL CONTROLLER 单冲量汽包水位控制器）投入工作，其输出作为给水泵转速指令来维持汽包水位。

（4）x％～100％负荷段。负荷大于 x％时 A007X111 切向 y 一侧，此时系统为串级三冲量控制，其系统结构示意图如图 2-36 所示。主调节器 A007X091 用于维持汽包水位与 A007Z101 给出的希望水位相等，副调节器 A007X096 用以维持在汽包水位与定值相等时蒸汽量与给水量相平衡并迅速克服内扰。

（5）100％～x％、x％～15％、15％～0 负荷段的控制与（1）、（2）、（3）、（4）的原理相同，不再叙述。

实际上，该厂六期两台 300MW 机组的全程给水控制系统只分为两段：负荷小于 21.74％时，给水泵控制出口压力，启动阀控制汽包水位段；负荷大于 21.74％时，给水泵控制汽包水位段即三冲量控制，而单冲量控制段已被取消。这个方案的实现只需将 A007X09I 和 A007X09F 同时定义为 21.74 即可。对于此方案的效果也是非常突出的，汽包水位基本上能控制在±20mm 的范围内。

（6）给水泵最小流量控制系统。如图 2-37 所示，以 1 号给水泵为例：图中函数转换器 A007X261 用以模拟给水泵上限特性曲线，C18AF1 为 1 号给水泵的给水流量，S3901B 是 1 号给水泵转数。调节器 A007X265 的作用是按照保证给水泵工作点落在上限特性曲线的左边。当 1 号给水泵转数升高而流量较小时，则开大再循环阀 C18AZ；反之，则关小再循环

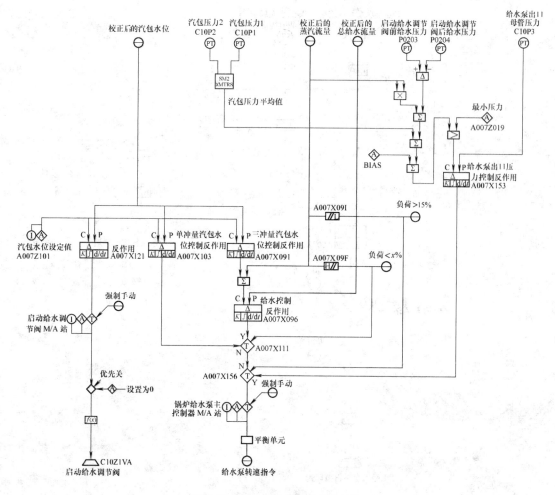

图 2-36　SH46 给水控制系统结构

阀 C18AZ。另外，图中函数转换器 A007X281 用以模拟给水泵下限特性曲线，当 1 号给水泵的流量过大时，其工作点落在下限特性曲线的右边，则会发出 1 号给水泵转数禁止升的信号。还有，当 1 号给水泵在运行的过程中，其流量若小于 100t/h 时，则会延时 6s 的时间全开再循环阀 C18AZ。

（7）给水泵出口压力控制系统。控制系统的任务是保证给水泵的工作点落在最低压力 p_{min} 线之上。其工作原理如第（2）条所述。

五、五期给水全程控制系统

（一）概述

太原第一热电厂五期锅炉为低倍率循环锅炉。在低倍率循环锅炉中，由于再循环泵的容积流量与锅炉的负荷无关，因此在低负荷下，水冷壁中仍有较高的工质流速，这可有效地防止工质在水冷壁发生停滞和倒流的现象，但是在运行中必须防止工质在再循环泵汽化。为了防止在再循环泵的汽化，运行中必须保持分离器内有一定的水位。当分离器内的压力降低时，再循环泵入口压力降低，会造成工质在再循环泵入口发生汽化。另外，当给水量减小时，循环流量增加，这样使得再循环泵入口温度有所增加，必将导致再循环泵入口的工质汽

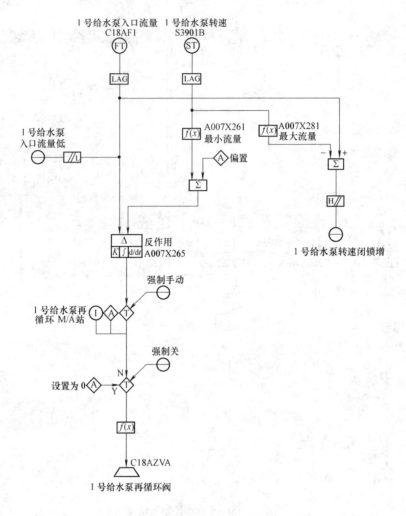

图 2-37　SH63 给水泵最小流量控制系统

化。而锅炉分离器水位过高，会影响分离器水位内汽水分离装置的正常工作，造成出口蒸汽中水分过多，结果使过热器受热面结垢而导致过热器烧坏，同时还会使过热汽温产生急剧变化，直接影响机组运行的经济性和安全性；分离器水位过低，则可能使锅炉水循环工况破坏，造成水冷壁供水不足而烧坏。因此，在运行中，分离器应维持正常水位，给水热力系统见图 2-38。

汽水分离器水位自动有如下作用。

（1）在启动和负荷低于 35% 时，用旁路给水阀 R1C02 控制汽水分离器水位；用给水泵来控制泵出口压力与要求值相等，保证泵工作在安全特性区内。

（2）负荷大于 35% 时，用给水泵勺管控制汽水分离器水位。

（3）在启动停止过程中或在事故情况下，用 WR 阀（高压放水阀）和 ZR 阀（低压放水阀）来维持汽水分离器的正常水位。

（二）控制系统分析

1. 启动及负荷小于 35% 的阶段

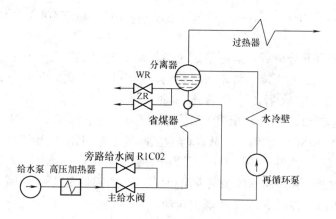

图 2-38　给水热力系统简图

启动及负荷小于 35％的阶段主要依靠启动时最小流量控制 R1C02 和给水压力控制 R1C03 两系统共同实现。

（1）启动时最小流量控制 R1C02。

1）控制任务。

a. 在锅炉进水时，保证以 250t/h 左右的连续给水量向锅炉注水。

b. 在锅炉启动的第一阶段，保证以 50t/h 左右的连续给水量向锅炉注水。

c. 保持分离器水位到负荷小于 35％阶段。

2）控制原理见图 2-39。锅炉刚上水时，定值模块 A010X647 设定为 250t/h，此时锅炉未点火，故饱和蒸汽流量 T10AC102 为零。水位定值 O010X503 一般设定为零，而当时分离器水位 O010X511（为校正后三取中输出，量程为－12～＋12m）为无水，即为－12m 左右，故在主 PI 调节器 A010X641（量程为－250～250t/h）积分的作用下，输出大约为 250t/h。因为饱和蒸汽流量 T10AC102 为零，定值模块 A010X647 为 250t/h，故大选模块 A010X646 选定值模块 A010X647 的输出，在副 PI 调节器 A010X651 的输入定值模块 A010X647 和旁路给水流量 R1F018。所以此时为单冲量控制，控制旁路给水流量 R1F018 保持 250t/h 注水。随着连续注水，分离器水位逐渐上升，当水位超过 0m 时，主 PI 调节器 A010X641 逐渐减小，但此时大选模块 A010X646 仍选定值模块

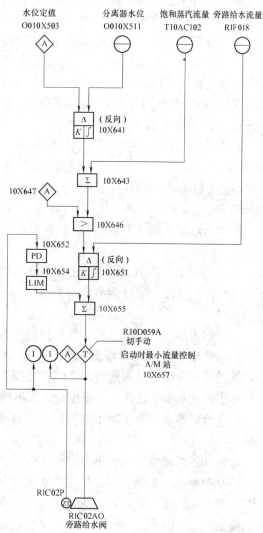

图 2-39　启动时最小流量控制

A010X647 的输出，仍为单冲量控制。当水位达到 75% 即为 6m 左右时，WR，ZR 阀相继打开，此时注水完毕。

WR、ZR 阀打开几分钟后，运行给定定值模块 A010X647 为 50t/h，进行管路的冲洗，而分离器水位由 75% 逐渐下降。待水质合格后，锅炉开始点火，此时分离器水位为额定值的 50% 即 0m 左右。点火后，饱和蒸汽流量 T10AC102 逐渐上升，假如主 PI 调节器 A010X641 输出基本动态平衡，A010X646 将选主 PI 调节器 A010X641 和饱和蒸汽流量 T10AC102 之和 A010X643 的输出，故此时为三冲量，而假如主 PI 调节器 A010X641 和饱和蒸汽流量 T10AC102 之和小于 50t/h，则为单冲量。

随着负荷的增加，旁路阀 R1C02 不断增大，当达到锅炉负荷的 35% 左右时，给水主阀全开，启动时最小流量控制 R1C02 将退出自动。

（2）启动时锅炉给水压力控制 R1C03。

1）控制任务。通过改变给水泵的转速，保证启动阀前压力恒定，保证泵工作在安全特性范围内及冷热启动时能有足够的压力，把给水注入分离器。

2）控制原理见图 2-40。图 2-40 所示 1～3 号给水泵流量 R1F013CH、R1F023CH、R1F033CH 经折线函数运算出最低允许压力，大选选出最大的一个，这样可保证其他两台也在安全范围内。大选 A010X535 与饱和蒸汽压力加 0.5MPa 及一定值 8MPa（给出了泵运行允许的最低压力值）左右进行大选，大选模块 A010X547 即为安全压力值，它与锅炉给水压力 R1P014C 作为 PI 调节器 A010X553 的输入，PI 调节器 A010X553 的输出去控制给水泵的转速。

在冷态启动时，饱和蒸汽压力小于泵的允许压力值，此时大选模块 A010X547 选 8MPa。

在热态启动时，饱和蒸汽压力大于泵的允许压力值，此时大选模块 A010X547 选饱和蒸汽压力加 0.5MPa。

同样当给水主阀全开时，启动时锅炉给水压力控制 R1C03 自动切为正常运行的 R1C01 控制。

2. 正常运行时汽水分离器水位控制 R1C01

（1）控制任务。通过调节电动给水泵转速控制分离器水位，保证锅炉、汽轮机的安全运行。

（2）输入信号。总给水流量等于经温度修正后的给水流量 R1F017O、经温度修正后的旁路给水流量 R1F018O、经温度修正后的二级过热器减温水流量 R1F033O，以及经温度修正后的过热器三级减温水流量 R1F034O 之和。

总主汽流量等于经压力、温度修正后的饱和蒸汽流量 R1F151O 和 R1F251O 之和。

汽水分离器水位等于经压力修正后的分离器水位 R1F550O、R1F551O、R1F552O 三水位取中。

总饱和蒸汽流量等于经压力、温度修正后的饱和蒸汽流量 R1F101O 和 R1F201O 之和。

（3）控制原理见图 2-40。当主给水阀全开后，即转入正常运行时汽水分离器水位控制 R1C01 系统。如图所示，该系统为串级三冲量控制（三冲量为分离器水位、给水流量及主蒸汽流量），主 PI 调节器 A010X513 的输入为：分离器水位经惯性与运行给定水位定值 A010X501，一般为零米左右，主 PI 调节器的输出与主蒸汽流量之和及给水流量为副 PI 调

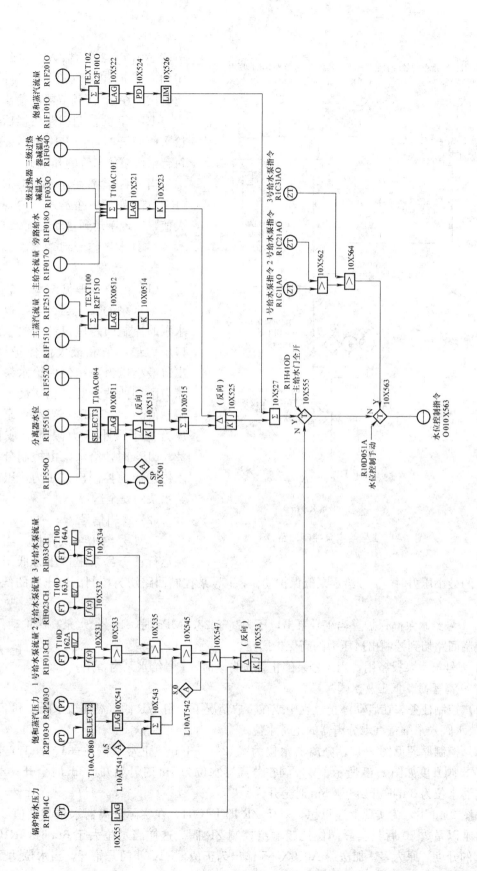

图 2-40 分离器水位控制指令

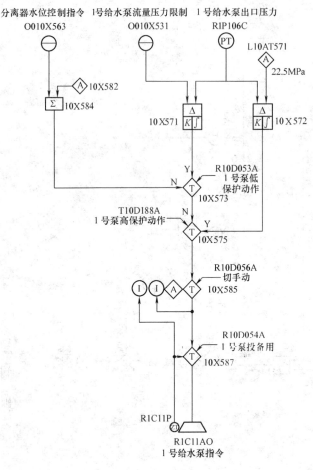

节器 A010X525 的输入。在此回路中加入了饱和蒸汽流量作为前馈，它直接加在副 PI 调节器的输出，然后与 R1C03 的控制回路切换后（主给水阀全开时，选 R1C01）去控制每台给水泵的勺管的开度。

当三台泵都在手动时，R1C01（R1C03）跟踪三个给水泵勺管的最大值，实现手动到自动无扰。

3. 给水泵控制回路 R1C11（以 1 号给水泵为例）

（1）控制原理见图 2-41。为了保证给水泵的安全运行，在每台给水泵的控制回路里设计了给水泵出口压力最小值和最大值保护回路。出口最小压力限制值由给水泵流量压力限制曲线计算得出，最大压力限制值为 22.5MPa。当给水泵出口压力低于最小压力限制值或高于 22.5MPa 时，给水泵由控制分离器水位切换为控制出口压力，以保证给水泵的安全运行。

（2）逻辑信号。

1）1 号给水泵低保护。当 1 号泵运行且 1 号泵出口压力低于其流

图 2-41　1 号给水泵控制回路

量对应的最小压力时，1 号给水泵低保护动作，1 号泵控制回路切为控制出口压力的低保护回路。

2）1 号给水泵高保护。当 1 号泵出口压力高于 22.5MPa 时，1 号给水泵高保护动作，1 号泵控制回路切到控制出口压力的高保护回路。

3）1 号给水泵投备用。当 1 号泵停止且投自动时，1 号给水泵为备用。

4. 分离器高、低压放水阀

（1）控制任务。在启动停止过程中或在事故情况下，用 WR 阀（高压放水阀）和 ZR 阀（低压放水阀）来维持汽水分离器的正常水位。

（2）控制原理见图 2-42。分离器水位为 −12～+12m，正常水位在 −1～+1m 左右，WR、ZR 阀开度如图 2-43 所示，WR 阀在分离器水位为 1m 时开始开，3m 时全开；ZR 阀在分离器水位为 3m 时开始开，5m 时全开。

在图 2-43 中，为实现上述思想，对于 ZR 即 R1C04，在实际分离器水位与定值 3m 相减，再乘以系数 50 后与实际阀位比较输出控制 ZR 阀。这样当水位大于 3m 时，R1C04P（ZR 阀的开度）原为零，加法器 A010X665 输出为正值，R1C04 门开始开，当水位达到 5m

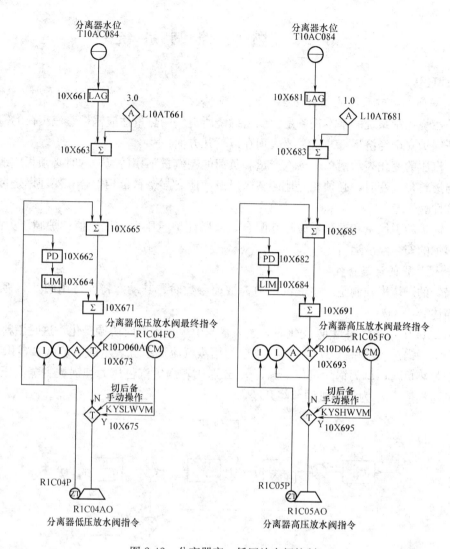

图 2-42　分离器高、低压放水阀控制

时，（5－3）×50＝100%，R1C04 门全开；对于 WR 即 R1C05，在实际分离器水位与定值 1m 相减，再乘以系数 50 后与实际阀位比较输出控制 WR 阀。这样当水位大于 1m 时，R1C05P（WR 阀的开度）原为零，加法器 A010X685 输出为正值，R1C05 门开始开，当水位达到 3m 时，（3－1）×50＝100%，R1C05 门全开。

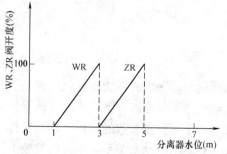

图 2-43　分离器水位与 WR、ZR 阀开度关系

　　分离器高、低压放水阀对分离器水位起保护作用。正常运行时，分离器高、低压放水阀处于全关状态。当饱和蒸汽压力大于 2.0MPa 时，分离器低压放水阀强制全关，即当饱和蒸汽压力大于 2.0MPa 时，只能开关高压放水阀。

第三节 燃烧控制系统

一、概述

1. 锅炉燃烧控制系统的基本任务

锅炉燃烧控制系统的基本任务是使燃料燃烧所提供的热量适应锅炉蒸汽负荷的需要，同时要保证锅炉安全经济运行。这主要表现在以下几方面：

（1）汽压的变化表示锅炉的蒸汽产量和负荷的耗汽量不相适应，这时必须相应地改变燃料量。当燃料量改变时，必须相应地调整送风量，使之与燃料量相配合，保证燃烧过程有较高的经济性。

（2）锅炉的引风量和送风量应相互配合，以保证炉膛压力在规定值；炉膛压力的高低，关系着锅炉的安全经济运行。

2. 燃烧过程的动态特性

当锅炉的燃烧率控制是以主蒸汽压力为被控参数时，其动态特性可用图 2-44 所示的方框图来描述。

在图 2-44 中，当燃料量 M 变化时，送风量与引风量应同时协调变化，这时燃料量 M 的变化则表示了锅炉燃烧率（B）的变化；D_Q 为用蒸汽流量单位表示的锅炉汽水容积吸热量，代表了炉膛热负荷；D 为锅炉负荷；p_b，p_T 分别代表锅炉汽包压力和锅炉主蒸汽压力；D_T 为汽轮机通汽量；μ_T 为汽轮机调节阀开度。

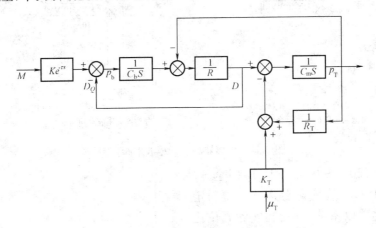

图 2-44　锅炉汽压被控对象特性

众所周知，锅炉的燃烧和传热过程是一个复杂的化学物理过程。燃料量改变后，首先将热量传给受热面的金属管壁，然后将热量传给锅炉的汽水容积，而金属管壁的热容量及汽水容量又是一个有分布参数的容积。然而从过程控制角度看，用一个滞后环节（或二阶惯性环节）来描述其间的动态关系，不会引起较大的误差。

对于锅炉受热面，其流入热量是燃料燃烧后传经受热面的热量，并有一部分储存在锅炉中，汽包压力 p_b 反映了流入热量与流出热量的平衡关系，即 p_b 与不平衡流量间呈现积分关系，式中 C_b 为锅炉的蓄热能力。

对于过热器及节汽管路，在反考虑流通阻力时，锅炉输出蒸发量与管路负荷 D 及管路入口压力，即汽包压力 p_b 和出口压力 p_T 的差值成比例关系，用 R 表示。

此外，主蒸汽压力 p_T 反映了锅炉蒸发量与汽轮机进汽量之间的平衡关系，因此 p_T 与 $(D-D_T)$ 间才会呈现积分关系。

由于汽轮机进汽量同时与汽轮机调节阀开度 μ_T 及主蒸汽压力 p_T 有关，因此，$D_T = f(\mu_T, p_T)$。

由图 2-45 可以看出，主蒸汽压力 p_T 对燃烧率指令 (B) 的响应是很慢的，即表示为较大惯性和迟延，而对调节阀开度的响应较快。换句话说，主蒸汽压力 p_T 同时受到锅炉燃烧率和汽轮机调节阀的共同影响，而 p_T 对它们的响应也表现出较大的差异。

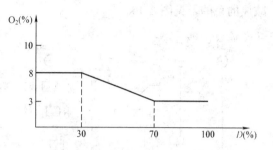

图 2-45　负荷和含氧量的关系

3. 燃烧控制系统设计

在大型机组采取协调控制之前，锅炉和汽轮机是作为两个独立的受控对象分别加以控制的，那时锅炉控制以维持汽压为基本任务。这时燃烧控制系统的设计不仅要考虑燃用什么燃料，是直吹式还是中间储仓式的；还要考虑机组运行方式，如母管制还是单元制，带变动负荷还是固定负荷，滑压运行还是定压运行等。因此，每台机组设计的燃烧控制系统是不尽相同的。

由于大型中间再热机组采取单元制运行，以单元机组负荷控制为出发点，锅炉燃烧控制系统仅是单元机组负荷控制中的锅炉控制子系统。在协调控制系统的运行方式改变时，锅炉控制回路的主要任务也发生变化，如在一种方式下，锅炉控制器主要维持压力，另一种运行的方式时，又转而维持本机组功率，压力控制任务转到汽轮机回路。

二、六期燃烧控制系统

（一）炉膛压力控制系统

1. 控制任务

炉膛压力控制系统的任务是通过对引风机静叶的控制来达到使炉膛压力为一定值的目的的。

2. 系统工作原理

引风控制子系统由引风调节器、送风前馈信号和炉膛负压信号组成。

引风控制子系统是控制锅炉炉膛负压为给定值的一个单回路系统，调节器为正作用 PID 调节器，其被调量是炉膛压力，由三个测点取中后，经过带有死区的非线性函数取得，该非线性函数用于消除炉膛压力频率波动引起的执行机构频繁动作。控制变量为引风量（即引风机静叶），扰动来自送风和引风。由于炉膛负压被控对象的动态特性基本上为比例环节，负压容易波动，因此从送风子系统引入风量前馈信号，经过前馈补偿装置引入引风调节。当送风子系统动作时使引风子系统也相应跟着动作，从而使引风量随送风量成比例地变化，以保持炉膛负压基本不变。然后，再由引风调节器根据炉膛负压信号进行校正，以保证负压为给定值。加入引风前馈补偿信号以后，大大增加了引风系统的稳定性，减少了负压的动态误差。

（二）送风控制

1. 控制任务

（1）负荷不变时，通过控制送风机动叶改变送风量，从而维持烟气含氧量与负荷成图2-45所示的关系。

（2）在变负荷时，使送风量满足锅炉主控输出要求（BOILER MASTER OUTPUT）。

2. 送风指令形成

大选组件 A003X018 的作用在于实现第一次增负荷时先增风后增煤，减负荷时先减煤后减风的目的，见图2-46。

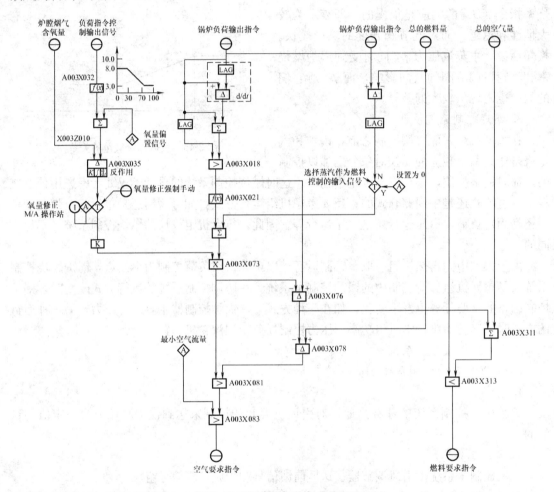

图2-46　送风指令形成（SH-19）

锅炉主控输出信号经函数发生器 A003X021 作为送风指令，并经 A003X073 进行氧量校正。而 A003X076 的输出，是锅炉主控输出的送风量指令 A003X018 与氧量校正后的送风量指令，即实际送风量指令 A003X073 的偏差。所以，相对于实际的锅炉主站来讲，就是需要用实际测量的总风量来加上这个偏差，即 A003X311 的输出。而小选算法块 A003X313 是从锅炉主站输出与 A003X311 的输出两者中选出小者，来作为燃料量指令即 A003X313 的输出。既然实际燃料量指令是风量与偏差的和，那么实际风量指令就应该是燃料量与这个偏差的差，即 A003X078 的输出。这个差与氧量校正后的送风量指令经大选算法块 A003X081 后作为最终的送风量指令。所以，大选组件 A003X081 和小选组件 A003X313 主要完成第二次的增负荷时先增风后增煤，减负荷时先减煤后减风的功能。

大选组件 A003X083 的目的在于给出最低风量，以保证锅炉的最低通风量。

3. 送风控制系统

送风控制子系统是由送风调节器、风量信号 TOTAIRF 和烟气含氧量 X003Z010 等构成的。送风控制系统中还串入一个氧量校正调节器 A003X035（见图 2-46），组成一个具有氧量校正的燃烧控制系统，因为最佳含氧量也可以是风、煤比配合好坏的一个指标。在该系统中，氧量校正调节器接受炉烟含氧量信号。由于最佳含氧量与锅炉负荷有关，一般负荷增加，最佳含氧量减少，故通过一个函数转换器 A003X032 对它进行负荷修正。经过修正的氧量信号进入调节器 A003X035 与最佳含氧量给定值进行比较，当产生偏差时，调节器 A003X035 输出给送风调节器，进行风量修正，这个校正作用进行得相当缓慢，因为送风调节器的调节作用已基本保证了风、煤比例。经过校正后的送风量能满足烟气中最佳含氧量要求。

（三）燃料控制

1. 控制任务

此控制系统的任务是控制燃料量满足锅炉主控输出指令的要求，从而适应负荷的变化。

2. 系统分析（SH29）

（1）单回路调节器保证给粉机转速信号（代表燃料量）或锅炉热量信号 $D+C_b\dfrac{dp_b}{dt}$ 满足燃料指令要求。

（2）燃烧控制系统煤粉炉燃料量的测量是一个特殊的问题，准确测量进入炉膛的瞬时煤粉量目前尚有困难。当前主要是采用给粉机转速来代表煤粉量。因为给粉机转速无法反映煤粉量的自发性扰动，同样的转速下，由于煤粉的自流，给粉量可以完全不一样。所以一直要等到煤粉燃烧主蒸汽压力发生变化，通过调节器发出指令后才能消除这个扰动。因此，这种采用给粉机转速信号代表煤粉量信号的方法只适用于单元制锅炉。当燃料发生自发性扰动时，由于热量信号 $D+C_b\dfrac{dp_b}{dt}$（其中 D 为蒸汽流量，单位为 kg/s；C_b 为蓄热系数，单位为 kg/MPa；$\dfrac{dp_b}{dt}$ 为汽包压力的变化速度）可以及时反映燃料的自发扰动，并很快地消除扰动，所以基本上不会因燃料的自发扰动造成压力的波动。但是在负荷扰动时，给粉机转速信号比热量信号反应快，对负荷侧扰动的适应性强，能使燃料控制子系统快速平衡稳定下来，因此，可以通过运行人员的手动来选择给粉机转速或热量信号作为燃料量信号。

（四）投入燃烧控制系统时应注意的问题

在投入燃烧自动控制系统时，必须注意下面几个问题。

（1）安全保护问题。任何生产过程自动控制系统的投入，首先必须保证生产设备及人身的安全，否则自动控制系统将无法使用。对于锅炉的燃烧过程，安全运行的要求尤其重要，由于燃烧工况不稳以至炉膛灭火、爆炸，将会引起严重事故。因此在自动控制系统投入时必须充分考虑安全措施。例如：送风机、引风机挡板的最大、最小位置都必须予以限制，以防止炉膛灭火；对炉膛负压控制也必须加以保护。燃油锅炉的燃油压力不能过低，锅炉的负荷变化速度不能太大。在控制系统出现故障时，必须能将控制系统迅速地从自动切换到手动，防止事故扩大，并等待运行人员迅速处理事故。另外，调节器参数整定也要考虑到运行的安全。

（2）自动跟踪问题。当系统从手动切换到自动或从自动切换到手动时，为了保证无扰切换，必须考虑自动跟踪问题，这是应该特别注意的问题。

（3）各调节器的投入顺序。燃烧控制系统应在锅炉稳定运行时投入。首先投入燃料、送风、引风等子系统，在此基础上再进行蒸汽压力主调节器的整定和投入，使锅炉参加负荷调节。

燃烧控制系统包括了三个具体的子系统（燃料、送风、引风），一般应先投入引风子系统，后投入送风和燃料子系统。有时任何一个子系统也可相对独立地投入，但其他两个子系统只能用手动与之配合，只有三个子系统全部投入自动才能认为整个燃烧控制系统全部投入自动。

三、五期燃烧控制系统

（一）燃烧用风调节

1. 送风量调节系统

燃烧送风量调节系统见图 2-47。

（1）理论空气量的形成。CCS 的风量指令通过折线函数对应出各种负荷下燃料燃烧时所需的空气量，另外加一偏置，这是为了手动/自动切换时无扰。

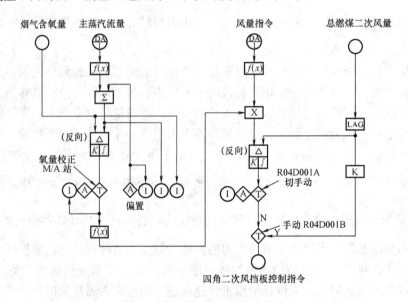

图 2-47 二次风量控制

（2）过量空气系数的形成。这个系统是由 PI 调节器组成的，它的输入信号为烟气含氧量和锅炉负荷。即主蒸汽流量经折线函数对应出的含氧量另外加一偏置作为给定值。输入信号经 PI 调节器运算后，经函数修正为 0.7～1.3，即风量给定值在 0.7～1.3 倍的风量指令范围内调节。

氧量定值为机组负荷指令的函数，遵循低负荷高氧量、高负荷低氧量的原则。运行人员还可通过调节氧量设定的偏置来微调氧量定值。

未投送风自动调节时，氧量调节器跟踪机组负荷指令，使得风量设定值等于实际风量，实现手动/自动的无扰切换。

氧量控制切换为手动的条件：二次风主手动操作投为手动，自动输出指令越限。

（3）主控制系统。它的给定值为理论的空气量乘以过量空气系数与实际总二次风量比较（总二次风量为四角燃煤二次风经温度校正后风量之和），控制器经 PI 调节器运算后进入二次风主手动操作输出指令作为各角的二次风量指令，每角二次风量的控制设有偏置。偏置模块的主要功能是在该角二次风手动时，使得风量定值跟踪该角实际二次风量，以实现手动/自动的无扰切换。

当四角燃煤二次风量均手动时，二次风主手动操作输出跟踪四角燃煤二次风量的均值。

2. 炉膛压力调节系统

炉膛压力控制系统的工作原理同前所述。

3. 二次风压控制

二次风压控制系统见图 2-48。

（1）控制任务。调节空气预热器出口热风母管压力，以保证二次风机运行在合适的开度范围内，压力定值为 2kPa 左右。

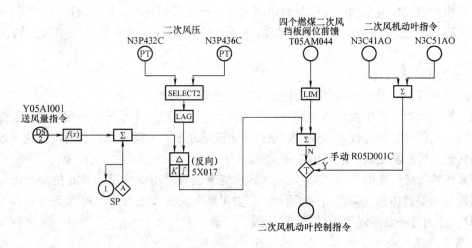

图 2-48　二次风压控制

（2）工作原理。送风控制子系统是由送风调节器 A005X017、4 个燃煤二次风挡板阀位前馈各乘 0.05 和 T05AM044 等构成的。送风调节器接受：①CCS 传来的送风量指令经过折线函数对应出各负荷下的二次风压及一偏置相加作为定值；②二次风压 N3P432C、N3P436C 经过二选一模块。两者经 PI 运算，再与 4 个燃煤二次风挡板阀位前馈各乘 0.05 的和作为二次风机动叶的指令。这个指令分别与一偏置相加作为每一个二次风机动叶的输出指令，偏置的作用为：①手动、自动切换时无扰；②自动运行时，可以修正风机的出力，实现两台风机的同步运行。

4. 一次风压控制

（1）控制任务。控制任务包括磨煤机密封的需要和风煤混合物输出速度的需要。

（2）工作原理。该系统通过磨煤机用的两台一次风机和一台空气预热器来保证上述任务，借助于改变一次风机导向叶片的位置来改变一次风的速度，从而改变一次风的压力。一次风压调节器接受以下信号：①CCS 来燃料量指令经过折线函数对应出各负荷下的一次风压与一偏置相加作为定值；②一次风压作为被调量。两者经 PI 运算作为一次风机挡板及转速的主信号。

1）转速控制。主信号的输出加一偏置（偏置的作用为手动/自动切换时无扰）作为转速控制的指令。

2）挡板及转速控制。主信号的输出经过折线函数对应出挡板控制的指令，折线函数的关系如下：

X：0—Y：50　X：50—Y：100

这样是为了正常运行时，主要以转速来调节一次风压。

（二）燃料和空气控制

1. 概述

煤由位于锅炉后部的煤斗中经刮板给煤机送到磨煤机，每台磨煤机有自己的给煤机供煤，磨煤机为中速碗式磨煤机，根据德国 EVT 公司技术制造，共五台布置在炉膛后零米，五台布置成一列。

磨煤机给煤量的大小由给煤机的转速和给煤的厚度决定，给煤机转速由变频控制。

磨煤机边口风粉混合物的温度是通过调整冷风挡板来控制的。粉煤通过一个管道被送到安装在炉膛四角的粉煤燃烧器，另外四角还装有油燃烧器，它是在启动和紧急情况下使用的。

2. 给煤机转速控制系统

（1）控制任务。通过对给煤机转速的控制来改变给煤量。

（2）控制原理。由于没有直接测量煤量的方法，所以在这个系统中采用了测量给煤机转速的方法，用给煤机转速代表给煤量，这是一个随动系统，它随着锅炉负荷的变化来改变给煤机的转速，使之满足锅炉负荷的需要。

该系统给煤机转速的定值信号是由 CCS 系统来燃料量指令给出的，此指令与每一给煤机转速控制的偏置相加（偏置是为了手动/自动切换时无扰及在自动时可改变每一台给煤机的转速），作为每一台给煤机的转速控制指令。

3. 磨煤机热风调节系统

（1）控制任务。

1）在磨煤机启动时，提供必要的热风量，保证煤粉的加热。

2）在正常运行时，提供磨煤机的出力大小和煤的质量，供给磨煤机适当的通风。在燃用低挥发分和高灰分煤的情况下，调整风量的大小来增加煤粉和空气混合物的密度。

3）在磨煤机的停止过程中，供给磨煤机所需的冷却风。

（2）控制原理。该系统是由 PI 调节器组成的，它的输入信号为：①校正后的磨煤机一次风量；②磨煤机的出力所对应的通风量。它通过一个折线函数得到磨煤机的出力与通风的特性关系，现磨煤机的出力由给煤机转速代替，其特性如图 2-49 所示。

另外，给煤机转速的信号经过微分及幅值限制与 PI 调节器相加作为磨煤机热风的指令。此微分的作用为：当磨煤机出力发生变化时，给磨煤机的通风一个前馈信号，起到加煤时先加风的效果。

4. 磨煤机出口温度控制系统

磨煤机出口温度控制系统见图 2-50。

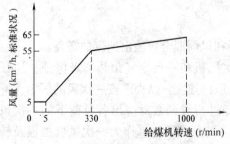

图 2-49　给煤机转速与一次风量的关系

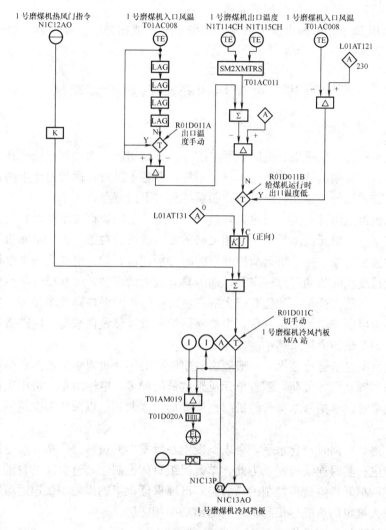

图 2-50　磨煤机出口温度控制

（1）控制任务。调节冷风，冷却热风，维持磨煤机出口温度不变。

（2）控制原理。磨煤机是通过冷风挡板的开度来保证磨煤机出口温度为一定值的，共有两个操作过程。

1）磨煤机启动加热过程。该过程要求保证热空气的温度为 230℃。在这个过程中，热空气的给定信号是由定值给定的，它与实际的热空气温度即磨煤机入口温度进行比较，经 PI 控制器运算后输出去控制冷风挡板的开度。

在磨煤机启动过程结束后，磨煤机出口温度达到 60℃ 时，无扰切换模块切到正常运行的状态，且一直将温度保持在这样的水平上。

2）正常运行状态。磨煤机正常运行时，磨煤机出口温度定值信号是由操作员给定的，它同磨煤机的实际出口温度在 PI 调节器输入端经过比较，经 PI 运算后，决定冷风挡板的开度。为了改善系统的运行质量，在 PI 调节器的输入端引入了磨煤机入口温度经过四级惯性与磨煤机入口温度实时值比较的输出，它的作用是：当磨煤机入口温度发生变化时，动态地调节冷风挡板的开度，从而改善调节品质。

另外，在 PI 调节器的输出加了热风挡板指令与系数相乘的前馈，起到热风动作时，冷风相应地动作的作用。

第四节　单元机组负荷自动控制系统

一、概述

目前，大型火力发电机组在电网中所占的比重日益增加，大功率汽轮机和锅炉均组成单元制热力系统。单元制运行方式简化了热力系统，节省了投资，而且对于中间再热机组，只能采用单元制方式运行。单元机组负荷控制系统具有下列特点：

（1）单元机组是由发电机、汽轮机和锅炉共同适应电网负荷要求的，它们协调配合，保证机组的稳定运行。单元机组是一个互相关联的复杂的被控对象。由于单元机组是一个多输入、多输出的被控对象，在分析负荷控制系统时必须把机、炉、电作为一个整体来考虑。

（2）从负荷变化时的动态过程来看，锅炉具有较大的惯性，即从燃烧率改变（燃料、风量）到蒸汽压力（蒸汽流量）变化有较大的滞后；汽轮机的惯性则要小得多。单元机组在负荷增加的初始阶段所需增加的蒸汽量，主要靠锅炉释放蓄热量而获得。但随着单元机组容量的增大，锅炉的蓄热能力越来越小。

（3）从电网的经济运行考虑，一般应由效率较高的单元机组承担基本负荷，而由效率较低的机组承担调频及调峰负荷。随着单元机组数量的增多，电网对单元机组负荷的适应能力提出了更高的要求，承担基本负荷的机组也应参加一次调频，以减小二次调频之前电网频率变化的幅度。

（4）为了提高电网自动化水平，要求调度中心所发出的负荷分配指令和电网频差信号直接对单元机组进行实时连续控制。为此，单元机组负荷控制应具有更高的自动化水平。

综上所述，单元机组负荷控制的任务是：既要保证机组输出功率快速适应电网负荷的要求，又要使输入机组的热能尽快与机组的输出功率相适应。

二、单元机组的动态特性

对于单元制火力发电机组的负荷，是将锅炉、汽轮发电机组及辅机作为一个整体来加以控制的，是一个十分复杂的受控过程。一般，从单元机组负荷控制的角度来说，其动态特性是非线性的，并具有分布参数和时变性。对单元机组动态特性的精确描述目前还很难做到，只能通过合理的简化及近似处理，采用机理分析或试验的方法建立满足一定精度要求的数学模型。

从单元机组协调控制系统的设计与综合角度来说，中间再热式单元机组是一个双输入双输出的多变量受控对象，其输入量与输出量之间存在着交叉的关联和耦合。其框图如图2-51所示。

在图 2-51 中，锅炉的燃料量 M 和汽轮机阀开度 μ_T 是受控对象的输入量，机组的实发电功率 P_E 和主蒸汽压力 p_T 是输出量，它是一个简化了的多变量受控对象模型。其简化的前提是：

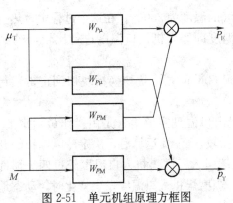

图 2-51　单元机组原理方框图

（1）送风量与燃料量相适应，保持燃烧的稳定。

（2）引风量与送风量相适应，保持锅炉的炉膛压力在安全值。

（3）给水量通过汽包水位进行控制，使给水量与蒸汽量相平衡。

（4）主蒸汽温度控制相对独立。

由图 2-51 可得：

$$\begin{bmatrix} P_E(S) \\ p_T(S) \end{bmatrix} = \begin{bmatrix} W_{P\mu}(S) & W_{PM}(S) \\ W_{p\mu}(S) & W_{pM}(S) \end{bmatrix} \begin{bmatrix} \mu_T(S) \\ M(S) \end{bmatrix} \tag{2-12}$$

通过机理分析或试验处理，四个通道的传递函数分别具有如下的形式，即

$$W_{pM}(S) = \frac{K_1}{(1+t_1 S)^2} \tag{2-13}$$

$$W_{PM}(S) = \frac{K_2}{(1+t_2 S)^2} \tag{2-14}$$

$$W_{p\mu}(S) = -\left(K_3 + \frac{K_4}{1+t_3 S}\right) \tag{2-15}$$

$$W_{P\mu}(S) = \frac{K_5}{1+t_4 S} - \frac{K_6}{(1+t_5 S)^2} \tag{2-16}$$

由于单元机组是一个多输入多输出的复杂受控对象，故不能单独讨论汽轮机或锅炉的负荷控制问题，分析时必须将单元机组作为一个整体来考虑，这是单元机组负荷控制的特点之一。

单元机组的飞升特性如图 2-52 所示，其中图（b）是保持汽轮机调节阀开度不变，锅炉燃料量阶跃扰动下的飞升特性，图（a）是保持锅炉燃料量不变，阶跃变化汽轮机调节阀开度时的飞升特性。

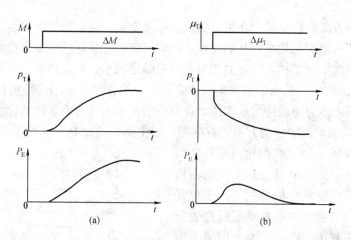

图 2-52　单元机组的飞升特性

（a）M 不变；（b）μ_T 不变

从单元机组的飞升特性可以看出，锅炉燃料量 M 的变化到主蒸汽压力 p_T 的变化有较大的惯性，该通道为高阶对象，式（2-13）仅是简化了的二阶系统。相对而言，汽轮机侧的惯性要小得多，即蒸汽压力 p_T 的变化与汽轮机组的实发功率 P_E 的变化几乎成比例关系，即式（2-14）中的时间常数 $t_2 \approx t_3$。在图 2-52（b）所示的曲线上可以看出，单元机组负荷增

加时，初始阶段所需的蒸汽量主要是由于锅炉释放蓄热量而产生的。随着单元机组容量的日趋增大，锅炉的相对蓄热量越来越小，单元机组的负荷适应能力与保持汽压在允许范围内变化之间的矛盾越来越突出，这是单元机组负荷控制的特点之二。

三、单元机组负荷控制的基本方案

单元机组负荷控制系统的基本方案有锅炉基本负荷控制方式和汽轮机基本控制方式，这仅仅是单元机组负荷控制策略的早期方案，已远远不能适应当今电力生产的要求，而必须在两种基本方案的基础上实施协调控制。

1. 汽轮机基本负荷控制方案

汽轮机基本负荷控制方式又称锅炉跟随控制方式（炉跟机方式）。图 2-53 所示是这种负荷控制策略的示意图。

该方案是在母管制系统的锅炉控制方案的基础上形成的。在这种方式下，汽轮机控制器控制单元机组的负荷，由锅炉控制器通过调整燃料量来保证主汽压力。

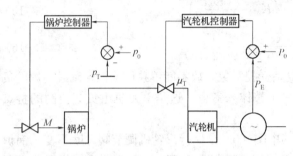

图 2-53　锅炉跟随方式系统示意图

当单元机组实发电功率 P_E 的设定值改变后，汽轮机控制器发出指令改变汽轮机调节阀的开度 μ_T，从而改变汽轮机的进汽量，使机组实发电功率 P_E 迅速满足指令 P_0 的要求。在汽轮机调节阀开度 μ_T 变化的同时，机前压力 p_T 随之变化而偏离设定值 p_0，通过锅炉控制器输出指令的改变而调整进入锅炉的燃料量，以及与之相适应的送风量、给水量等，保证蒸汽压力 p_T 回到设定值。

上述负荷控制方式的特点是：在机组负荷指令改变后，机组能从锅炉蓄热量的改变而获得热量，从而改变机组实发功率，其响应很快，即机组具有良好的外界负荷响应能力。由于单元机组单机容量的不断增加，锅炉的相对蓄热量随之减小，在负荷指令变动较大时蒸汽压力 p_T 将产生较大的波动，从而影响机组的正常运行。换言之，采用这种负荷控制策略，单元机组负荷快速响应能力与维持主蒸汽压力在允许的范围内这对矛盾依然存在。

图 2-54 所示是锅炉跟随控制方案的方框图。图中锅炉控制器 $W_B(S)$ 为比例积分调节器，汽轮机控制器 $W_T(S)$ 在汽轮机采取功频电调时，也是比例积分调节器。两个控制器构成两个闭合回路，采取负反馈控制。由于单元机组以功率、压力为输出时，其动态特性表现为交叉关联的复杂对象。因此，两个回路不能看成两个独立负反馈自动调节回路，这给控制器参数的整定带来一定的困难。

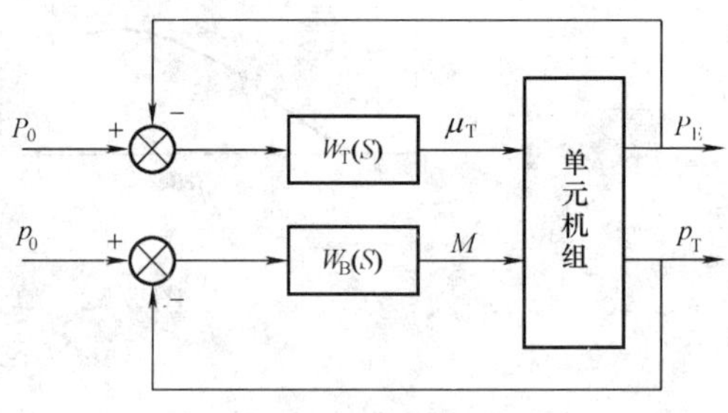

2. 锅炉基本负荷控制方案

锅炉基本负荷控制方式又称汽轮机跟随控制方式（机跟炉控制方式），图 2-55 所示是这种控制方案的示意图。

图 2-54　锅炉跟随方框图

在图 2-55 中，当单元机组的负荷指令 p_0 改变后，锅炉控制器按功率偏差 (p_0-P_E) 信

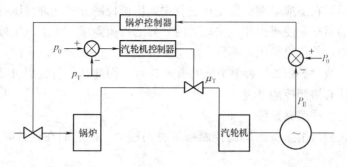

图 2-55　汽轮机跟随方式系统示意图

号改变锅炉的燃烧率，待锅炉主蒸汽压力 p_T 变化后，汽轮机控制器改变汽轮机调节阀开度，继而改变进汽量，最终改变机组的实发功率，使得 $P_E = P_0$。显然，由于锅炉的 M—p_T 通道的大惯性，单元机组的负荷响应是相当缓慢的，即负荷响应能力较差。这种控制策略的优点是主蒸汽压力波动较小，图 2-56 所示是这种控制策略的方框图。

3. 机炉协调控制方案

从以上两种负荷控制方案分析可知，纯粹的"汽轮机跟随"或"锅炉跟随"负荷控制策略，都不能同时满足既迅速响应外界负荷需求，又使主蒸汽压力波动较小的要求。这是因为锅炉和汽轮机负荷之间是否保持平衡仅借助于汽压信号，而汽压信号具有很大的惯性。为克服这一缺点，在单元机组负荷控制系统中引入前馈技术、

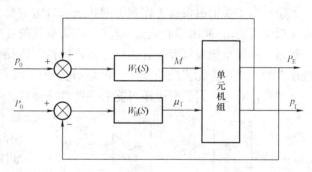

图 2-56　汽轮机跟随方式方框图

非线性元件或交叉环节，构成以前馈—反馈为基础的协调控制系统，图 2-57 所示是这种系统的原则性原理方框图。

由图 2-57 可以看出，功率偏差信号（$P_0 - P_E$）和压力偏差信号（$p_0 - p_T$）同时作用到汽轮机调节器 W_T（S）和锅炉调节器 W_B（S）。当要求增加功率时，正的功差信号通过汽轮机调节器开大调节阀，使机组输出功率增加；与此同时该信号由锅炉调节器作用，增加进入锅炉的燃料量，增大蒸发量。在汽轮机调节阀开大时，汽压会立即下降，尽管锅炉的燃料量已经增加，但由于燃料—汽压通道的大惯性，压力偏差（$p_0 - p_T$）仍为正值。该正值信号一方面作用到锅炉调节器，继续增加燃料量，另一方面负向作用到汽轮机调节器，减弱调节阀的开启速度，力图使汽压恢复到给定值。在实发功率 P_E 尚未达到给定值 P_0，以及汽压 p_T 未恢复到给定值之前，锅炉的燃料量不断增加，汽压的恢复促使实发功率继续增大，在调节过程结束时，实发功率等于给定值，汽压也恢复到正常值。

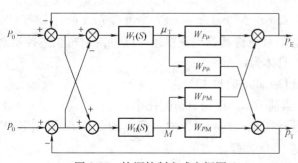

图 2-57　协调控制方式方框图

上述可见，机组在适应电网负荷变化过程中，协调控制方式允许汽压有一定的波动，以便充分利用锅炉的蓄热，使机组能较快地适应外界的负荷需求。由于汽压偏差信号对汽轮机调节阀开度的限制，使得机前压力不致产生过大的波动，仅在允许范围内。这就较好地解决了单纯"机跟炉"或"炉跟机"控制方式存在的缺点。因此，目前我国自 200MW 机组以上的大型机组都设计有协调控制系统。

四、单元机组协调控制系统

目前，国内大型机组配备的协调控制系统种类很多，但它们在设计时基本上遵循下列原则：

（1）当外界负荷（机组值班员负荷指令或电网中心调度 ADS 指令）改变时，锅炉、汽轮机应协调动作，使机组输出功率尽快满足负荷要求的变化，并维持主蒸汽压力在机组安全运行所允许的范围内。

（2）在机组出力不足时，协调系统应自动以预定速率把负荷降到适当水平后继续运行，即具有快速减负荷功能。

（3）当主要辅机设备工作到极限状态或机组主要参数偏差超过允许值时，应对机组实际负荷指令实现增/减闭锁或迫升/迫降，以防事故的发生。

（4）协调系统应具有各种运行方式，包括定压/滑压运行方式，并具有包括手动/自动切换在内的方式切换无扰动功能，即跟踪功能。

当然，对于不同的机组还可能有一些特殊要求。

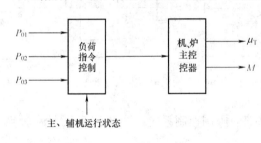

图 2-58　协调控制系统的组成

1. 协调控制系统的组成

协调控制系统的组成如图 2-58 所示。

如图 2-58 所示，协调控制系统（Coordinated Control System 简称 CCS）由两大部分组成，即负荷指令处理和机、炉主控制器。然而，当今已把 CCS 广义化，即把锅炉和汽轮机的子控制系统、汽温控制系统、锅炉给水控制系统及其他辅机控制系统（如除氧器压力、水位控制等）都包括在内，统称为 CCS 系统。

图 2-58 中的 P_{01}、P_{02}、P_{03} 分别为中调负荷需求（ADS），机组值班员指令、频差信号。P_0 为负荷处理部分的输出信号，是对机组的负荷需求，或称为实际负荷指令。P_0 作用到机、炉主控制器，经处理后给出锅炉燃烧率指令 M，和汽轮机调节阀开度指令 μ_T。

2. 负荷处理

负荷处理部分又称机组负荷管理中心（Load Management Control Center 简称 LMCC），该部分接受 P_{01}、P_{02}、P_{03} 及主、辅机状态信号，将其处理成机组可接受的对机炉主控制器的负荷需求指令 P_0，以及其他辅助功能，具体为：

（1）建立机组的实际负荷指令（Load Demand 简称 LD）。

（2）设置机组的最大负荷 P_{max}、最小负荷 P_{min}，以及负荷变化率。

（3）事故情况出现时，对机组指令进行闭锁（Block）、甩负荷（Run Back 简称 RB）、或迫升/迫降（Run Up 或 Run Down）。

下面分别介绍事故出现时的闭锁、甩负荷及迫升/迫降功能。

（1）甩负荷（RB）功能。当机组在运行过程中，辅机发生故障而造成机组承担负荷的能力下降时，协调控制系统将迅速减小机组的实际负荷指令，保证机组在较低负荷水平下继续运行。甩负荷的速率可预先设置，故障的辅机种类不同，减负荷速率可不同。快速返回后的机组负荷水平可预先设置，与发生故障的辅机容量及台数有关。

机组的主要辅机有：送风机、引风机、锅炉给水泵、循环水泵、空气预热器等。

（2）负荷指令的闭锁（Block）。机组运行过程中，如主要辅机已工作到极限状态，或主要参数的偏差大到越过允许限值时，必须对机组负荷需求指令加以限制，它包括负荷指令的闭锁增（Block Increase）和闭锁减（Block Decrease）。

通常下列情况之一出现时，需对负荷指令闭锁增：

1）汽轮机负荷达到最大值，或在锅炉跟随方式下机前压力值达到下限。

2）负荷指令达到最大限值 P_{max}，或机组实发功率大于实际负荷指令加允许偏差值。

3）给煤机工作到最大极限状态，或燃料量小于实际指令加允许偏差。

4）送风机工作到最大极限状态，或实际送风量小于指令加允许偏差。

5）给水泵工作到最大极限状态，或实际给水量小于指令加允许偏差。

6）引风机工作到最大极限状态。

反之，在主要辅机工作在下限状态时，将对机组负荷指令闭锁减。

在发生负荷指令闭锁时，说明部分辅机已工作到最大（最小）极限状态，或部分辅机负荷与指令间的偏差不仅存在而且其值已超过允许范围，必须对机组指令进行闭锁，否则将影响机组的正常运行。

（3）实际负荷指令的迫升/迫降。在下列情况之一发生时，负荷管理中心将产生实际负荷指令的迫降：

1）送风机工作到最大极限状态，同时送风量小于指令加允许偏差。

2）给煤机工作到最大极限状态，同时燃料量小于指令加允许偏差。

3）给水泵工作到最大极限状态，同时给水量小于指令加允许偏差。

4）引风机工作到最大极限状态。

反之，在上述主要辅机工作在最小极限状态时，将对机组实际负荷指令进行迫升。

在发生实际负荷指令迫升或迫降时，机组的目标负荷指令将跟踪实际负荷指令，以免在迫升或迫降指令解除后实际负荷指令产生阶跃性变化。

3. 机、炉主控制器

机、炉主控制器的主要任务是产生各种控制策略，它是前馈控制技术、非线性元件以及多变量控制理论综合应用的结果。

协调控制系统设计中的核心问题是主控制器结构设计，设计主要考虑以下几个方面：

（1）应能迅速满足电网调频要求，尽量从控制系统方面提高机组的负荷适应性。

（2）应有较大的负荷自动控制范围。

（3）对允许滑压运行的单元机组，应具有定压及滑压两种运行方式。

下面通过对协调控制系统的分类，介绍协调控制系统（机炉主控制器）的典型结构，即基本方案。

（1）按反馈回路分类。

1）以汽轮机跟随为基础的协调控制系统。

图 2-59 (a) 所示是以汽轮机跟随为基础的协调控制系统组成原理方框图。前文曾讨论过汽轮机跟随负荷控制方式的最大缺点是机组适应外界负荷需求能力较差，为此在图 2-59 (a) 中，通过非线性元件 $W_{BT}(S)$ 将功率信号引入汽轮机控制回路。这样，当负荷指令 P_0 增加时，功率信号(P_0-P_E)通过锅炉控制器 $W_B(S)$ 增加燃料量（包括风量及相应的锅炉给水量）。与此同时，通过非线性元件 $W_{BT}(S)$ 暂时降低主蒸汽压力给定值，汽轮机控制器 $W_T(S)$ 发出开大调节阀指令，增加输出功率。非线性元件双向限幅比例器 $W_{BT}(S)$ 的应用，使得控制系统性能得到一定改善，即暂时改变压力定值，从而使锅炉蓄热得到利用，以提高机组的负荷适应性。然而限幅作用只使 p_T 限定在一定范围内变化，维持汽压在允许范围内变化。

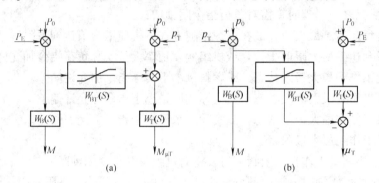

图 2-59　按反馈回路分类的协调系统
(a) 以汽轮机跟随为基础；(b) 以锅炉跟随为基础

2) 以锅炉跟随为基础的协调控制系统。图 2-59 (b) 所示是以锅炉跟随为基础的协调系统组成原理方框图，它是在锅炉跟随控制系统加入一个非线性环节形成的，保留了锅炉跟随控制方式的优点。在外界负荷指令增加时，负荷指令直接作用到汽轮机控制器，开大调节阀，增加机组的输出功率；当汽压偏差超过非线性元件 $W_{BT}(S)$ 设定的不灵敏区时，汽轮机调节开度指令 μ_T 将受到限制。

协调控制系统的应用开始于 20 世纪 60 年代，早期多采用以汽轮机跟随为基础的协调控制方案。但由于其负荷跟踪性能较差，目前多采用以锅炉跟随为基础的协调控制方案，以进一步提高大型机组负荷跟踪的快速性。

(2) 按前馈回路分类。单元机组负荷控制的任务之一就是保证汽轮机与锅炉之间能量供求关系的平衡。因为从能量变换的角度来说，单元机组是一种能量转换装置；锅炉输入的物质是燃料和与之相配合的空气和水，它产出的是有一定参数的蒸汽，能量关系为

$$能量输入＝能量输出＋能量储蓄$$

当机组中锅炉、汽轮机之间的能量供求关系失去平衡后，代表相互间平衡关系的指标（即被控参数）就会偏离设定值。如机前压力 p_T，如果仅借助于汽压信号 p_T 设计负荷控制系统，则纯粹的"炉跟机"或"机跟炉"系统都会有很大的缺点。为改善负荷控制系统的性能，在上述两系统基础上，加入前馈回路，使机炉之间能量平衡关系在将要失去平衡或不平衡刚刚发生的时候，通过前馈作用使能量的失衡限制在较小的范围内。

可以说在反馈控制回路中，加入前馈控制回路，并利用非线性元件作用，是新型的负荷控制系统——协调控制系统的典型特征。

1) 按负荷指令间平衡的协调控制系统（DIB 系统）。图 2-60 所示是按负荷指令间接平

衡的协调控制系统的一个例子。该系统汽轮机回路中，机组实际负荷指令 P_0 经比例微分环节处理后得信号 P_0'。这样设计的目的是在负荷指令增加（减小）时，汽轮机调节阀有动态过开（过关）现象，以提高机组的负荷适应性。功率偏差信号（$P_0' - P_E$）经限幅器限幅后作用到汽轮机控制器 $W_T(S)$，这些环节类似于图 2-60（a）中的交叉环节。

由图 2-60 所示汽轮机调节器入口信号的平衡关系可得

$$(1+S)P_0 - P_E + K_p(p_T - p_0) = 0 \tag{2-17}$$

式中　S——微分算子；

　　　K_p——加法器压差通道比例系数。

稳态时，式（2-13）可写为

$$p_T - \left[p_0 - \frac{1}{K_P}(P_0 - P_E) \right] = 0 \tag{2-18}$$

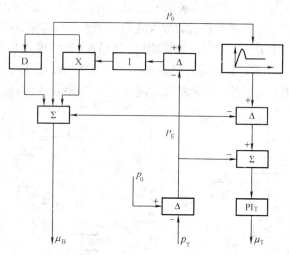

图 2-60　DIB系统

可见，汽轮机控制回路实际是一个汽压控制系统，其压力给定值随功率变化，只有在功率偏差为零时才有 $p_T = p_0$。当负荷指令 P_0 增加时，压力给定值下降，汽轮机调节阀开大，增大实发功率。功率偏差信号对压力给定值的修正作用大小可通过 K_p 来调整。

锅炉燃烧率（燃料和风）指令为：

$$\mu_B = (1+S)P_0 + K_p(p_0 - p_T) + K_P P_0 \frac{1}{S}(P_0 - P_E) \tag{2-19}$$

式中　K_p——压力偏差通道比例系数；

　　　K_P——功率通道比例系数。

稳态时，主蒸汽压力 p_T 等于给定值 p_0，机组实发功率也等于负荷指令 P_0，因此式（2-19）可简写为

$$\mu_B = P_0 \tag{2-20}$$

可见锅炉控制中把负荷指令信号 P_0 作为前馈信号，其中微分项作用在动态过程中加强燃烧率指令，以补偿机、炉之间对负荷响应速度的差异。式（2-19）中的汽压偏差信号反映了使汽压恢复到其给定值时锅炉蓄热量变化所需要的燃料量，功率偏差的积分校正作用保证稳态时，实发功率等于负荷指令。

上述分析可以看出，在该系统中，机组实际负荷指令作为前馈信号，是平行地作用到机、炉两个控制回路，使机、炉同时改变负荷，间接平衡机、炉之间的能量关系。由于汽轮机控制回路是一个汽压控制系统，所以是以汽轮机跟随为基础的协调控制系统。该系统缺点之一是消除锅炉内扰能力较差，如燃料内扰使锅炉燃烧率增加，由于中间再热机组功率滞后较大，机前压力 p_T 的响应要比机组实发功率 P_E 的响应灵敏，因此在扰动初期汽轮机调节阀将开大，这对汽轮机是一个扰动。

2）能量直接平衡的协调控制系统（DEB）。能量直接平衡的协调控制系统，最大特点之

一就是采用能量平衡信号作为锅炉控制回路的前馈信号,因为该信号充分体现了锅炉和汽轮机能量平衡的协调关系。

众所周知,汽轮机后的第一级压力 p_1 的变化反映了进入汽轮机蒸汽量的变化;而 p_1 与机前压力 p_T 的比值与汽轮机调节阀开度成正比,无论什么原因引起的调节阀开度变化,p_1/p_T 都对其做出灵敏的反应,所以 p_1/p_T 信号无论在动态过程还是在静态时都反映调节阀的开度,即汽轮机的输入能量。因此用反映汽轮机能量需求的信号 p_1/p_T 作为锅炉控制回路中的前馈信号,来平衡机、炉的能量供求关系是可行的。采用 p_1/p_T 作为前馈信号而不采用 p_1,其原因是消除 p_T 对 p_1 的影响,也即消除了 p_1 作为前馈信号时引起的正反馈作用。为了使信号标准化,将 p_1/p_T 再乘以 p_0(压力给定值)作为前馈信号。

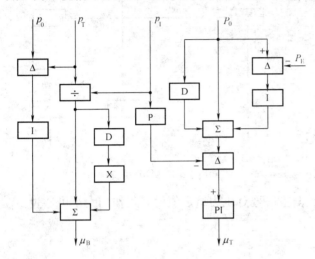

图 2-61 DEB 系统

此外,$p_0(p_1+K\Delta p)/p_T D$ 的形式作为前馈信号还可收到调整整个回路放大倍数的效果。在 $K=0$ 时,前馈信号为 $(p_0 p_1)/p_T$;$K\neq0$ 时,选择适当的 K 值可使前馈信号随负荷变化,从而改变整个回路的放大倍数。引入 p_1/p_T 信号构成 DEB 系统对单元机组协调控制的发展起了积极作用。在该系统中,功率偏差(P_0-P_E)送入汽轮机控制回路,机前压力 p_T 作为锅炉的燃烧率指令,该系统属于以锅炉跟随为基础的协调控制系统。

图 2-61 所示是采用能量直接平衡的协调控制系统组成的原理框图。

如图 2-61 所示,汽轮机控制器输入信号的平衡关系为

$$(1+S)P_0-Kp_1+K_p\frac{1}{S}(P_0-P_e)=0 \tag{2-21}$$

式中　K——比例调节器 P 的放大倍数;

　　K_p——积分通道的比例系数。

该系统机侧设计两个反馈回路,即由 p_1 作为反馈信号的内回路和以 P_E 作为反馈信号的外回路(主回路)。由于 p_1(或者用 p_1/p_T)信号对汽轮机调节阀开度的响应比实发功率灵敏得多,即响应快,故汽轮机调节阀能迅速而平稳地响应负荷指令的变化。上式中负荷指令的微分项可使汽轮机调节阀产生动态过开,其作用同式(2-19)中的微分项。而(P_0-P_E)为积分项,用来校正功率偏差。

锅炉燃烧率指令的前馈信号不是式(2-19)那样的负荷指令 P_0,而是 p_1/p_T 的能量平衡信号。式中的微分项用在动态过程中的加强燃烧率指令,以补偿机、炉间对负荷要求响应速度的差异。由于要求动态补偿的能量不仅与负荷变化量成正比,而且还与负荷水平成正比,所以微分项要乘以 p_1/p_T 值。差压的积分项保证稳态时机前压力等于给定值。

从锅炉内扰来看,当燃烧率自动增加时,机前压力 p_T 和汽轮机调节级压力 p_1 均增大,由于 p_1 与 P_E 相比对扰动的响应更快一些,因此汽轮机控制器由 p_1 作为反馈的内回路动

作，调整调节阀开度变小，使 p_1 恢复到与负荷指令 P_0 相适应的水平。与此同时，锅炉侧因负的压力偏差（$p_0 - p_T$）和为恢复而使 p_1/p_T 减小的信号共同作用，减小燃烧率指令 μ_B，所以锅炉侧消除内扰的能力较强。

以 p_1 或 p_1/p_T 信号为反馈信号的汽轮机控制回路，消除汽轮机调节阀自发扰动的能力是较强的。

综上所述，组成单元机组协调控制系统的基本方案有两个。一是以锅炉跟随为基础的协调控制系统，在这类协调控制系统中，往往以 p_1/p_T 这样的能量平衡信号作为锅炉控制中的前馈信号，以便在变工况下协调机、炉之间的能量供求，构成直接能量平衡协调控制系统。二是以汽轮机跟随为基础的协调控制系统，在这种系统中，往往负荷指令作为锅路的前馈信号，并以平行方式作用到汽轮机，以负荷指令间接协调机、炉在能量需求方面的关系，构成 DIB 系统。

4. 基本运行方式

在单元机组协调控制系统中，为保证机组的安全运行，应设计多种运行方式，尤其是汽轮机侧或锅炉侧出现故障时，主控制系统应能自动地无扰动切换运行方式。不同的机组，协调控制系统运行方式可能不同，但归纳起来有以下几种：

（1）机炉协调控制方式。该方式适应于机组带负荷或固定负荷时的正常运行情况。此时，锅炉和汽轮机的各自子控制回路均投入自动运行。机组可接受中调指令（ADS 命令）或机组值班员的负荷指令，机组同时参加电网调频，该方式又称功率控制方式。

（2）汽轮机基本负荷方式。这种方式适应机组带基本负荷运行，机组不参加一次调频。机组负荷由机组值班员手动给定。此时，锅炉控制回路投入自动运行，维持主蒸汽压力在允许范围变化。该运行方式又称炉跟机方式。

（3）锅炉基本负荷方式。这种方式适应机组带基本负荷运行，机组不参加一次调频，机组负荷由值班员给出。此时，汽轮机控制回路投入自动，维持主蒸汽压力在允许范围内变化。这种方式又称机跟炉运行方式。

（4）变压运行方式。目前大型机组为提高运行效率，通常在一定负荷范围内采用定压运行。而在另一范围内采用滑压运行，机组的这种运行方式称为变压运行方式。

机组的变压运行曲线通常如图 2-62 所示。当机

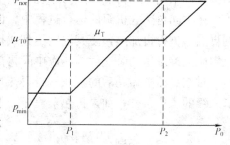

图 2-62　变压运行曲线示意图

组输出功率 P_0 低于 P_E 时，采取定压运行，此时，由旁路调节系统来维持主蒸汽压力 p_T 在最低值 p_{min}；当机组负荷大于 P_2 时也采取定压运行，主蒸汽压力维持在正常值 p_{nor}。而在机组输出功率 P_0 位于 P_2 和 P_1 之间时，采取滑压运行，此时汽轮机调节阀开度保持 μ_{T0} 不变，主蒸汽压力 p_T 随机组负荷变化而变化。

机组是否采取滑压运行，有一定的条件，即只有在机组满足一定条件时，运行人员可选择滑压运行。机组滑压运行的优越性主要表现在汽轮机方面：①减小了汽轮机调节阀的节流损失；②使汽轮机保持较高的内效率；③减少了给水泵的功耗。机组滑压运行范围要视具体的机组而定。

旁路控制系统

汽轮机旁路控制系统（BPS）首先用于欧洲的直流锅炉中，几乎所有的欧洲国家均使用了高、低压汽轮机旁路系统，包括汽包炉。高压旁路把来自锅炉过热器的蒸汽排到再热器，低压旁路把来自再热器的蒸汽排到凝汽器，欧洲国家的旁路通常为100%的容量，我国的系统主要容量多选用在40%BMCR，并且具有安全保护功能。

为了满足大型汽轮机组启动运行和安全的需要，给机组配置旁路装置和切实可行的控制系统是十分必要的，旁路系统主要有电动和液动两种类型，气动系统主要应用于中小型机组。

旁路控制系统装置是火电机组重要的辅助设备，旁路系统设备的可靠性对电厂安全和经济运行影响较大，而系统设备的设计、安装、调试对旁路的运行效果有很大的影响。

第一节 概 述

一、中间再热式机组

随着电力工业的发展，新技术、新材料在火电厂中的应用使得机组的容量越来越大。大型机组都采用中间再热式热力系统。

在中间再热式机组的运行过程中，由锅炉过热器来的新蒸汽经汽轮机高压缸做功后，送到再热器进行再加热，使其温度达到或接近新蒸汽温度而成为再热蒸汽，再热蒸汽送到汽轮机中压缸继续做功，这就是一次中间再热。

对在高压缸做功后的蒸汽进行再热，不仅提高汽轮机终端的排汽干度，而且改善了汽轮机末级的工作条件；如果再热蒸汽压力选得合适，采取一次中间再热后可提高机组热效率达4%～5%。

二、机组单元制

根据中间再热式汽轮发电机组的运行要求，再热蒸汽的压力要随机组的负荷变化而变化，即机组出力不同时，对再热蒸汽压力的要求也不同。这样机组若采用母管制，则各台机组的出力不同对再热蒸汽压力要求不同，再热蒸汽的分配就会出现问题。因此，中间再热式机组不能采用母管制热力系统，而只能采用单元制热力系统，即一机对一炉的运行方式。

三、机炉间的协调

在单元制机组运行中，机炉一一对应，锅炉产生的蒸汽无法储存，在机组运行的过程中，必须始终保持机、炉之间的出力平衡，这就要求机组之间要相互配合协调动作。

在机组正常运行或部分辅机出现故障时，通常由机炉协调控制系统完成，即依据外界负荷要求，使机、炉的出力协调一致，既能满足负荷要求，又可维持机组安全运行。

协调控制系统目前的功能范围还不能做到全程控制，这样在单元机组启动、停机，甚至发电机组急甩负荷的情况下，如何协调机、炉的动作就是一个新问题。

四、解决锅炉的过剩蒸汽

由于汽轮机和锅炉动态特性差异太大，在某些情况下机炉不匹配，要保持二者出力平衡，仅依靠协调控制系统来完成是很困难的，或者说是无法实现的。例如机组在低负荷工况时，对锅炉而言，其最小允许负荷一般为额定蒸发量的30%～50%，负荷过低将使锅炉燃烧不稳定，水循环被破坏，导致灭火等问题；汽轮机空载运行时，进汽量仅需额定值的5%～8%，当汽轮机由于某种需要进行低负荷或空载运行时，为使锅炉不灭火，以待再启动，就必须设法处理锅炉的过剩蒸汽；启动工况时，需要回收锅炉多余蒸汽，避免对空排汽，造成工质损失。

五、解决再热器保护

设置在锅炉内的再热器，均需经常流动一定量的蒸汽以冷却其管路，使再热器管壁不超温。依据再热器选用的金属材料及炉内布置情况，通常要求冷却再热器的蒸汽流量约为设定值的14%，而汽轮机空载时的进汽量仅为额定值的5%～8%，特别是汽轮机甩负荷时瞬时流量为零，停机不停炉运行时汽轮机完全不进汽。由此可见，机组启动、空载和低负荷运行时，要解决再热器的超温保护问题。

为了解决上述问题，在中间再热式机组中设置了旁路系统。旁路系统的设置给单元机组带来了灵活性，进一步提高了机组安全经济运行的可靠性，提高了大机组在电网中的地位。

综上所述，汽轮机旁路系统是现代单元机组热力系统的组成部分，其作用是：当锅炉和汽轮机在非匹配状态运行时，锅炉产生的蒸汽量与汽轮机所需的蒸汽量之间的差值，可以不通过汽轮机汽缸通流部分，而蒸汽经过与汽轮机并联的汽轮机旁路系统（即旁路系统），经减温减压后的蒸汽直接引入凝汽器的连接系统。

六、旁路系统形式

汽轮机旁路系统，就是汽轮机并联一个由蒸汽管路及减温减压装置组成的蒸汽旁路系统。从而可使高参数蒸汽不经过汽轮机的通流部分，而由并联的蒸汽减温减压装置进入低一级蒸汽参数的管路或凝汽器。

旁路系统通常可划分为三种形式：一级大旁路系统、串级高低旁路系统和三级旁路系统。

一级大旁路系统的组成见图 3-1，它仅由位于锅炉和凝汽器之间的减温减压装置组成，由锅炉来的新蒸汽经旁路系统减温减压后直接排入凝汽器。

主要作用：为锅炉产生一定参数和流量的蒸汽，以满足机组启动和事故处理的需要，并回收工质。

该旁路系统的特点为：设备简单，但不能保护再热器，故只能应用在再热器不需要保护的机组上。

串级高低旁路系统即二级串联旁路系统的组成见图 3-2，它与图 3-3 所示的三级旁路系统不同之处，就是没有设置位于主蒸汽管道和凝汽器之间的大旁路装置，而高压旁路装置和低压旁路装置以串联方式组成汽轮机的旁路系统。

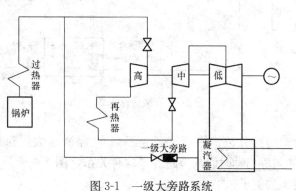

图 3-1　一级大旁路系统

其中高压旁路系统是为保护锅炉再热器以及机组启动间的暖管暖机而提供汽源；低压旁路系统是将再热蒸汽引入凝汽器，可提供再热蒸汽系统暖管并回收工质。

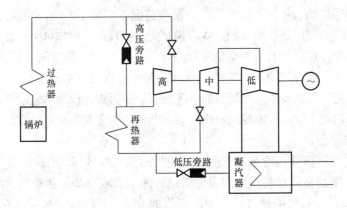

图 3-2　串级高低旁路系统

旁路系统的这种结构方式不仅可以保护再热器，而且基本上能满足机组启动时蒸汽参数与汽轮机金属温度匹配的要求，当汽轮机甩负荷时可使汽轮机保持空负荷运行或带厂用电运行。

三级旁路系统的组成见图 3-3，它由大旁路装置、高压旁路装置及低压旁路装置组成。其中，大旁路装置位于蒸汽主管道和凝汽器之间，锅炉来的新蒸汽经过减温减压后直排凝汽器，这样在机组发生事故甩负荷时，通过大旁路可维持锅炉在最低稳燃负荷下运行。高压旁路系统位于主蒸汽管道和再热器入口之间，该减温减压装置是汽轮机高压缸的旁路，由锅炉来的新蒸汽可不经过高压缸而由旁路减温减压后进入再热器。低压旁路方面，经锅炉再热器加热后的蒸汽可经过位于再热器和凝汽器之间的减温减压装置进入凝汽器，该旁路装置与汽轮机中、低压缸并联而称为低压旁路。低压旁路装置和高压旁路装置以串联方式，将锅炉的新蒸汽不经过汽轮机的高、中、低压缸，而直接由主蒸汽管道引至再热器再排入凝汽器，从而冷却了再热器。

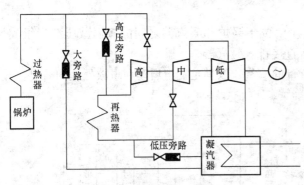

图 3-3　三级旁路系统

旁路系统形式的选取主要取决于锅炉的结构布置、再热器材质及机组的运行方式。若再热器布置在烟气高温区，在点火及甩负荷情况下，必须通汽冷却时，宜用串级高低旁路系统或三级旁路系统。若再热器材质好、耐高温、允许干烧，且布置在烟气低温区，则宜用一级大旁路系统。

七、旁路系统的容量

汽轮机旁路系统的容量，是指经旁路系统的最大蒸汽量占锅炉额定蒸发量的百分数。一般，旁路系统的容量越大，对加快机组的启动越有利，30％、50％、100％等启动时间与旁路容量均有关系，图 3-4 所示为一个停机 10h 后启动时间与旁路容量关系的例子。

如图 3-4 所示，旁路容量大于 50％后，增加旁路容量对加快机组的启动不如小于 50％旁路容量那样显著，对于主要为改善机组启动性能的旁路系统，其容量一般在应 30％～50％左右。

旁路系统容量的选择主要由以下因素决定：

（1）锅炉稳定燃烧的最低负荷。锅炉稳定燃烧的最低负荷与炉型、煤种有关，有时需要通过试验来确定，对于停机不停炉的工况，其旁路系统的容量应按最低负荷考虑。

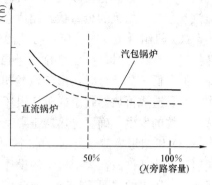

图 3-4　机组启动时间与旁路容量的关系

（2）保护再热器所需的最小蒸汽量。满足保护再热器所需的最小蒸汽量为机组容量的 30％～40％，根据运行经验，保护再热器所需的蒸汽量为额定蒸发量的 10％～20％左右。

（3）冲转汽轮机所需的蒸汽量。对于承担基本负荷的机组，其启动工况多为冷态或温态，启动次数较少。滑参数启动时所需冲转压力及其相应的蒸汽量较低，一般 30％的旁路容量就可以满足。

总之，机组旁路系统的容量选择应保证锅炉最低稳燃负荷运行的蒸汽量能从旁路通过，同时能满足机组启动或甩负荷工况下，为保护再热器所需的冷却蒸汽量通过。

八、旁路系统功能

旁路系统的主要功能概括起来有以下几点：

（1）改善单元机组的启动条件，配合单元机组的快速启动，提高机组的效率，回收工质和热量，降低噪声。大型机组通常采用滑参数启动，汽轮机的启动过程包括冲转、暖机、升速和并网带负荷等，每一步对蒸汽的压力、温度、流量都有不同的要求。汽轮机对蒸汽的这些要求仅靠调节锅炉的燃烧工况是无法达到的，因为锅炉惯性较大、反应慢，所以只有在通过调节旁路阀的开度来保证汽轮机启动各步对蒸汽流量和压力要求的同时，回收锅炉产生的多余蒸汽，这样可以避免余汽排入大气，减少工质的损失和排汽门动作的噪声。

如图 3-5 所示，点 1 表示开始停炉，此刻锅炉出口主蒸汽温度为汽轮机入口温度（金属）。在停炉期间，锅炉温度要比具有良好保温的汽轮机金属温度下降快得多。

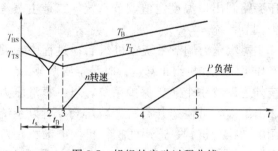

图 3-5　机组的启动过程曲线

点 2 为锅炉重新开始点火启动，此刻向汽轮机送入低温蒸汽是不容许的，因为会使汽轮机产生过大的热应力。应通过旁路系统将锅炉产生的蒸汽排入凝汽器，从而容许锅炉采取较大的燃烧率，提高汽温的上升速度，直到满足汽轮机的冲转条件（点 3），缩短启动时间。

汽轮机在定速（点 4）并网带负荷过程中，旁路系统仍起着调节和保护作用，从而改善了机组的启动性能，适应机组的各种启动方式。

在机组启动时，可通过控制高压旁路阀和喷水阀来控制新蒸汽压力和中、低压缸的进汽压力，以适应机组定压运行或滑压运行的要求。单元机组滑参数运行时，先以低参数蒸汽冲转汽轮机，随着汽轮机暖机和带负荷的需要，不断提高锅炉的主蒸汽压力和主蒸汽流量，使蒸汽参数与汽轮机的金属状态相适应。

（2）机组低负荷时，保护再热器的正常工作。再热器的设置是为了提高机组的热效率。在机组正常运行时，高压缸排汽进再热器升温升压后去中压缸做功，同时使再热器得到冷却。但在低负荷运行时，由于汽轮机进汽量少，故高压缸排汽量不能保证再热器的正常工作，容易造成再热器超温或干烧损坏，在机组甩负荷时亦是如此，而通过旁路系统可以避免这一事故的发生，确保再热器正常工作。

（3）机组甩负荷或电网故障时，保证停机不停炉，允许锅炉处于热备用状态，为机组快速启动创造条件。在大型机组的设计中，由于系统故障引起机组甩负荷后，要求机组能在空载或带厂用电的情况下运行，或停机不停炉，让运行人员有时间去判断甩负荷原因，并决定锅炉负荷是进一步降低还是保持不变，以使机组很快重新并入电网。如果甩负荷后引起停机又停炉，当故障消除后，必须重启动，这样会使机组恢复正常工作的时间加长，还要从电网中消耗厂用电。而通过旁路系统，把锅炉产生的余汽送到凝汽器，使锅炉保持在最低负荷下运行但不灭火；或电网故障时，机组带厂用电运行，故障消除后，机组可快速启动并重新并入电网。

（4）主蒸汽、再热器的超压保护，体现在机组运行过程中，如果主蒸汽和再热蒸汽超压而危及主设备的安全运行，旁路系统会迅速动作，起超压泄流作用。

（5）在机组正常工作下，若负荷变化太大，旁路系统将帮助机炉协调控制系统调节锅炉主蒸汽压力。

总之，汽轮机旁路系统具有启动、泄流和安全三项功能，从而较好地解决了机组启动过程中机、炉之间不协调问题，改善了启动性能。对于再热器保护问题，回收工质问题都可以解决。

九、串级旁路系统构成原理

串级旁路控制系统有两大部分，即高压旁路控制系统和低压旁路控制系统。

1. 高压旁路控制系统的基本构成

从控制系统的结构原理出发，该控制系统构成原理见图3-6。

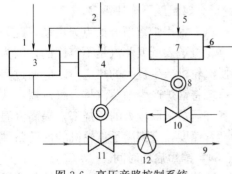

图 3-6　高压旁路控制系统
1—主蒸汽流量；2—主蒸汽压力；3—主蒸汽压力设定；
4—主蒸汽压力调节系统；5—高压旁路出口温度；
6—高压旁路出口温度设定；7—高压旁路出口温度
调节系统；8—双速电动机；9—高压旁路通路；
10—减温阀；11—减压阀；12—喷水减温器

高压旁路控制系统由两个子系统组成，一是高压旁路阀出口温度定值调节系统，二是主蒸汽压力调节系统。

主蒸汽压力调节系统在机组启动过程中是程控升压系统，在机组正常运行时是定压调节系统。系统外还设置一个超压保护系统，当主蒸汽压力超越上限时，可快速开启减温减压阀。所以系统使用电动执行机构，选用的执行机构电动机是双速电动机，这种双速电动机的特点是它既可以接受模拟量信号进行阀门开度调整，又可以接受逻辑信号快速开启阀门。系统使用液压执行机构，则具有调整和快开功能。

高压旁路控制系统的基本工作原理及任务

如下：

（1）高压旁路阀出口温度调节系统的作用是调节减压阀出口的蒸汽温度，使之与锅炉再热器入口温度一致。该系统为定值调节系统，它的动作是伴随高压旁路压力阀的动作进行的，高压旁路阀关闭时，喷水阀同时也关闭。

（2）主蒸汽压力调节系统的主要任务。在机组正常运行时，若主蒸汽压力超过设定值，则高压旁路阀自动开启，压力恢复正常时，阀门自动关闭，通常使主蒸汽压力设定值略大于其测量值，而使高压旁路阀处于全闭状态。机组启动时，依滑参数启动要求进行程序控制的升压调节，压力给定值由主汽压设定回路提供或手动设定，当主汽压超越上限时，产生一逻辑高电平信号，而使压力阀、减温阀同时开启，起到泄压作用，保护主设备的安全、正常工作。

2. 低压旁路控制系统的基本构成

从控制系统的结构原理出发，该控制系统构成原理见图3-7。

低压旁路控制系统由两个子系统组成，一个是再热蒸汽出口压力随动调节系统，另一个是低压旁路喷水阀和低压旁路压力阀比值调节系统，此外还设置了超压保护系统。所以系统使用电动执行机构，则选用的执行机构电动机是双速电动机。这种双速电动机的特点是它既可以接受模拟量信号进行阀门开度调整，又可以接受逻辑信号快速关闭阀门。系统使用液压执行机构，则具有调整和快关功能。

低压旁路控制系统的基本工作原理是，依据再热机组的运行要求，再热蒸汽压力是随着机组负荷的变化而变化的。故在再热蒸汽压力调节系统中，依据表征机组实际出力的调速级压力参数，经再热蒸汽压力设定回路得到再热蒸汽压力给定值，然后进入再热蒸汽压力调节系统进行比例积分调节，即调整低压旁路压力阀的开度来保证再热蒸汽压力满足机组运行的要求。

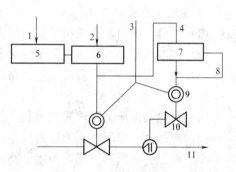

图 3-7　低压旁路控制系统
1—调速级压力；2—再热蒸汽压力；3—再热汽压越上限报警快开减温减压阀；4—减压阀开度；5—再热蒸汽压力设定；6—再热蒸汽压力调节；7—低压旁路出口温度调节；8—减温阀开度；9—双速电动机；10—减温阀；11—低压旁路通道

低压旁路阀出口温度的控制是由低压旁路出口温度调节系统依据压力阀开度，通过调整减温阀开度来实现的，可使出口温度保持不变。

当再热蒸汽压力超越上限时，会产生一逻辑高电平信号而使压力阀、减温阀同时动作，起到泄压作用，从而保证主设备的安全。

十、旁路系统的控制特性

1. 控制特性定义

旁路系统的控制特性指系统中的阀门特性，是指阀门特性的好坏以及执行机构的动作速度和可靠性。目前，旁路系统中的执行机构主要为电动执行机构和液动执行机构。

2. 液动执行机构

液动执行机构的特点是可靠性高、力矩大、动作速度快，一般可在3～5s内完成动作，在技术、设备上都比较完善。但液动执行机构的系统设备投资大，系统比较复杂，需要专用油泵，增加了运行费用和维护工作量。液动驱动装置布置在高温蒸汽管道区，因而要设置防火装置。

3. 电动执行机构

电动执行机构的特点是设备投资小、工作可靠性高，检修和维护工作量小，运行费用少。其缺点是力矩较小、动作慢，一般全开时间在 45s 左右。但目前德国西门子公司制造的电动执行机构采取高速、低速两个电动机或多级变速电动机驱动，使其执行机构完成动作时间缩短到 5s。

第二节　旁路控制系统的组成及作用

一、控制系统组成

国内大多数单元机组配置两级串联的旁路系统，其控制系统应包括以下的子系统。

1. 高压旁路控制系统

（1）主蒸汽压力及汽轮机甩负荷压力保护回路。

（2）主蒸汽压力自动给定和手动给定控制回路。

（3）高压旁路后蒸汽温度控制回路。

2. 低压旁路控制系统

（1）再热蒸汽压力及汽轮机甩负荷保护回路。

（2）再热器出口蒸汽压力控制回路。

（3）低压旁路后蒸汽温度控制回路。

（4）凝汽器保护回路。

二、控制系统的作用

1. 高压旁路控制系统的作用

（1）当主蒸汽压力超过限值、汽轮机甩负荷或紧急停机时，高压旁路系统可迅速自动开启进行泄流，维持机组的安全运行。

（2）在机组启动过程中，主蒸汽压力给定值依据机组启动过程中各阶段对其值的不同要求，自动或由运行人员依据运行状况手动给出。控制系统按给定值自动调整旁路阀开度，保证主蒸汽压力随给定值变化。

（3）在高压旁路开启后，为保证高压旁路出口蒸汽温度满足再热器的运行要求，控制系统应自动调整喷水阀开度，控制喷水量，达到调整温度的目的。

2. 低压旁路控制系统的作用

（1）当再热蒸汽压力超过限值，或汽轮机甩负荷时，控制系统可立即自动开启低压旁路阀和喷水阀，以保证机组安全运行。在手动或自动停机时，低压旁路阀也会自动快速开启。

（2）在机组运行期间，再热蒸汽压力是一个与机组出力有关的参数。低压旁路控制系统可依据机组的出力给出再热蒸汽压力值，通过调整低压旁路阀的开度来保证再热蒸汽压力在给定值，而满足机组的运行要求。

（3）为保证凝汽器正常运行，低压旁路后的蒸汽温度应在规定的范围内变化，低压旁路控制系统可自动调整喷水量来保证温度在该范围内变化。

（4）由于低压旁路系统出口蒸汽直接排入凝汽器，为保证凝汽器的安全运行，排入的蒸汽应不能对凝汽器的真空和水位造成影响。因此，当出现凝汽器真空过低、水位过高、喷水阀出口水压过低或喷水阀打不开等情况时，控制系统可迅速关闭低压旁路阀，解列低压旁路系统。

第三节　100％旁路控制系统

目前，国内大型火电机组中配备的汽轮机旁路控制装置几乎都是引进型的。其中，大多数是从德国西门子公司引进的，其次是瑞士苏尔寿公司的产品。

苏尔寿公司的旁路控制装置有 AV-4 型、AV-5 型和 AV-6 型。AV-4 型是以集成运算放大器为核心的组件组装式仪表，AV-5 型则是一种过渡型产品，AV-6 型为微机分散控制系统。

采用电液伺服机构的旁路阀门具有较大的提升力和快速的启闭性能，因而能适应大型机组高蒸汽参数的汽轮机旁路阀门的快速动作要求。

以往的旁路控制系统包括控制机柜和操作面板，控制机柜放置在电子设备间，控制面板则安装在主控室 BTG 盘上。控制柜是整个旁路系统的控制中心，操作面板则起到人机接口的作用。控制柜内分层插入电源控制板、信号测量板、油系统控制及旁路压力、温度控制板、阀门控制板及系统故障诊断板等具有独特功能的印刷线路板，另外还有旁路—DEH 接口板，通过对接口板的接口逻辑编程实现两个独立系统信息的交换。旁路控制系统的软件编程语言一般为工程模块组态语言，其控制都采用单级闭环控制系统。逻辑控制的任务是完成设定值的给定；调节控制的任务则是通过带观察器的变状态控制模块，采用高级控制理论，根据控制系统模型对 PI 控制输入进行校正，改善调节品质。两者构成了完整的软件控制回路，在机组启动、升负荷和甩负荷期间，通过对高、低压旁路的控制，达到缩短启动时间和停机不停炉，以及使机、炉负荷匹配的目的。

由于旁路控制系统的高度专业化，其组态逻辑一般是不透明的，但有的配供编程器和 EPROM 擦除器，调试人员可通过编程器在线修改设定值。但必须停机后才能修改组态，而且需要经过高培训的专业人员才能修改，这与控制系统向"傻瓜"型发展是背道而驰的。另外，旁路控制逻辑不一定适应国内机组安全运行的要求，这不仅影响了旁路系统的正常投入，甚至可能因为汽轮机甩负荷自动投入旁路时使再热汽压偏离额定值或调节阀关闭不严，导致汽轮机超速。因此，很多电厂都只在启动过程中手动投旁路，达到运行规程上的设定主汽压值时手动切旁路，旁路功能形同虚设。有的电厂甚至把旁路保护都切除了，这更是浪费了大量的资金。

目前把旁路控制纳入 DCS 系统，基本解决了以上矛盾。旁路控制柜卡件之间的通信为总线结构，而不必像 AV-6 那样通过硬接线实现，与其他系统的接口也更为开放；分散独立的过程控制单元使数据的采集和处理更加容易；冗余配置的多功能处理器保证了实时过程的完整性；模块化电源可带电插拔，减少了耗电量和机柜的散热；可通过 DCS 的操作员接口站对旁路系统进行直接监控，对整个系统在线进行诊断和控制策略的修改；对旁路的运行记录和文件进行统一管理；可迅速找出系统的故障点，保证系统的快速修复；控制软件完全透明且组态方便灵活；旁路控制系统与 DEH、SCS 和 MCS 之间更为协调统一，不需再像常规设计中送至 DAS 就可在 CRT 上显示。

当然，要真正做到控制策略完全符合机组性能和运行要求，DCS 与以往的旁路控制系统面临着同样的困难，这其中有很多精细烦琐的工作要做。但有一点是肯定的，用 DCS 实现旁路控制系统的全部功能是切实可行的，也是电厂自动化发展的需要和必然。

下面将以某电厂 300MW 机组的 100％和 35％旁路容量的苏尔寿旁路控制系统为例，对旁路系统进行介绍，该控制装置为以微机为核心的分散控制系统 AV-6。

某电厂 300MW 机组的 100％苏尔寿旁路控制系统，是由高压旁路和低压旁路以串联的方式组成的二级串联旁路系统，如图 3-8 所示。其中，高压旁路由一条蒸汽管路及减温减压阀组成，而低压旁路则由两条容量相同的蒸汽管路及阀门组成。

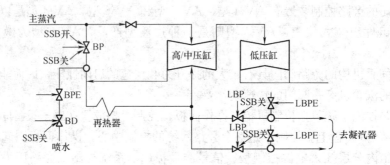

图 3-8　某厂 300MW 机组的 100％苏尔寿旁路控制系统

高压旁路中，旁路阀 BP 可以减温减压，其最大通流量可达 900t/h；BPE 为喷水调节阀；BD 为隔离阀，用于蒸汽减温的减温水来自锅炉的给水，给水压力很大，因此 BD 阀同时具有减压作用。

在低压旁路中，LBP 为减压阀，其最大通流量可达 600t/h；LBPE 为喷水调节阀；减温水为凝结水。

其中，高压旁路阀除了减温减压外，还可代替安全阀，这是苏尔寿公司的独创。

苏尔寿旁路控制系统配备的全部是液压执行结构，电液伺服控制阀控制阀门开闭的全行程时间，一般可在 10～15s 范围内；在高压旁路阀执行机构和低压旁路阀执行机构上装有快行程装置，在保护性快速动作时，全行程时间达 2～3s。

一、高压旁路控制系统

主要作用是在机组启动过程中，通过调整高压旁路阀的开度来控制主蒸汽压力，以适应机组启动的各阶段对主蒸汽压力的要求。

该控制系统包括两个控制回路：高压旁路阀（BP）开度控制回路和喷水阀（BPE）开度控制回路。

1. 三种运行方式

机组从锅炉点火、升温、升压到机组带负荷运行至满负荷，旁路控制系统经历阀位方式、定压方式、滑压方式三个控制阶段。见图 3-9。

（1）阀位方式。在锅炉点火、暖管阶段，高压旁路阀按规定的阀位控制方式运行，分为三部分：最小开度控制、开度渐升控制、最大开度控制。

1）最小开度控制。在旁路系统投入的初期，主蒸汽压力 p_T 小于系统设定的最小压力定值 p_{min}，高压旁路阀 BP 不会自动开启，而是通过预置的最小开度 Y_{min} 强制开启高压旁路阀 BP 到 Y_{min} 值。最小开度可根据机组的情况设定。

随着锅炉升温升压，主蒸汽压力 p_T 上升，而旁路阀 BP 保持在此开度上。锅炉产出的

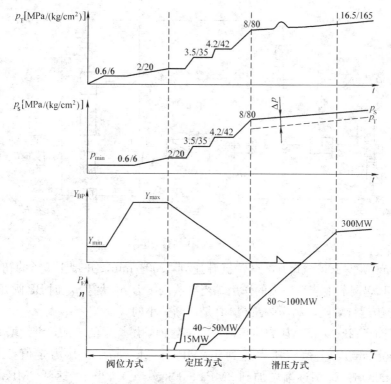

图 3-9　旁路控制系统的三个控制阶段

蒸汽经高压旁路系统到再热器，再到低压旁路系统，从而加热管路系统，并使主蒸汽压力逐渐升高。

2）开度渐升控制。随锅炉燃烧的加强，主蒸汽压力 p_T 上升到最小值 p_{min} 时，高压旁路控制系统根据压力偏差开启高压旁路阀 BP，增大高压旁路的进汽量，并维持主蒸汽压力 p_T 在最小值 p_{min}。

3）最大开度控制。当高压旁路阀的开度达到最大值 Y_{max} 时，高压旁路阀 BP 保持在该值，主蒸汽压力设定值 p_{set} 按不超过预定的压力梯度逐渐增大，从而提高主蒸汽压力；同时主蒸汽压力 p_T 的上升率也就受到设定速率限制。随着主蒸汽压力的不断增加，压力定值也跟踪升高，主蒸汽压力和压力定值始终保持跟踪上升的关系。最大开度 Y_{max} 在操作台上预置。

（2）定压方式。当锅炉主蒸汽压力达汽轮机冲转压力时，旁路系统进入定压运行方式。此时，压力设定值保持不变，以保证汽轮机启动时的主蒸汽压力，实现定压启动，见图 3-10。

1）2MPa（20kg/cm²）压力定值阶段。在定压运行初期，主蒸汽压力 p_T 和定值都维持在 2MPa（20kg/cm²）的汽轮机冲转压力值。当满足冲转条件所需的主蒸汽压力和主蒸汽温度时，汽轮机冲转，耗汽量增加，高压旁路阀 BP 朝关闭方向动作，以维持 p_T 在 2MPa（20kg/cm²）。在此条件下，汽轮机转速由 600r/min 逐渐上升到 1700r/min，并在1700r/min 的转速下暖机。

2）3.5MPa（35kg/cm²）压力定值阶段。当汽轮机暖机结束时，压力定值 p_{set} 手动增加

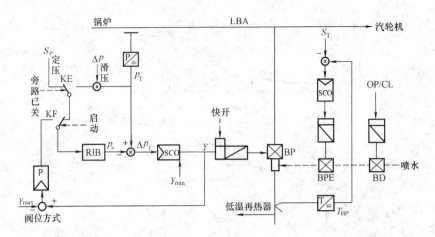

图 3-10 定压运行方式

到 3.5～4MPa（35～40kg/cm²），汽轮机升速到 3000r/min，并带上 5％的初负荷。此间，高压旁路阀 BP 起调节主蒸汽压力的作用，当主蒸汽压力 p_T 大于 p_{set} 时 BP 阀开大，反之 BP 阀关小。在定压运行阶段，高压旁路阀 BP 是逐渐关小的。

3）4.2MPa（42kg/cm²）压力定值阶段。随着锅炉燃烧率的增加，继续增大压力定值为 4.2MPa（42kg/cm²），主蒸汽压力达到 4.2MPa（42kg/cm²），压力定值按 0.5MPa/min [5kg/(cm²·min)]的速率逐渐增加到 8MPa（80kg/cm²）。当 p_T 达到 8MPa（80kg/cm²）时，高压旁路阀 BP 应进入关闭状态，系统进入滑压运行阶段。

（3）滑压方式。机组负荷到达 30％时，旁路阀关闭，旁路系统的启动控制功能自动转为正常运行中的升压保护功能。

1）进入滑压运行方式后，主蒸汽压力设定值自动跟踪主蒸汽压力实际值 p_T，并且只要新蒸汽压力的变化率小于所设定的升压率，则压力定值总是稍大于压力实际值的，从而保证高压旁路阀 BP 保持在关闭状态。

2）在运行中，如果锅炉出口压力有扰动，且压力变化率大于设定的变化率，则高压旁路阀 BP 便立即开启。扰动消失后，压力设定值大于实际值，高压旁路阀再度进入关闭状态。BP 阀一开启，滑压方式便转为定压方式，压力定值便等于转换方式瞬间的压力波动值加上压力阀限值。

3）启动过程中，旁路系统各种运行方式的实现，关键是压力给定值的形成、切换和跟踪。压力给定回路应能根据主蒸汽压力的变化给出不同值，使高压旁路阀自动开大或关小。在机组启动阶段压力定值的变化较频繁，机组定压运行阶段压力定值为常数，滑压阶段压力定值跟踪主蒸汽压力而变化。

2. 主蒸汽压力控制

在汽轮机未冲转之前，主蒸汽压力 p_T 的大小取决于锅炉的燃烧率大小和蒸汽管的通流阻力。因此，调节高压旁路阀 BP 的开度，即可调整主蒸汽压力。

高压旁路阀的开度跟随目标开度 Y 变化，目标开度 Y 是控制器 SCO 对入口偏差信号 Δp_T 运算后的输出信号。当 $p_T > p_S$ 时，Δp_T 为正，控制器输出的目标开度 Y 增加，BP 阀开大；若 $p_T < p_S$ 时，则 Δp_S 为负，目标开度 Y 减小，BP 阀关小。高压旁路阀 BP 开度的变

化，可调整主蒸汽压力 p_T 趋于设定值 p_S。

(1) 限值模块 RIB。在主蒸汽压力设定值回路中，模块 RIB 为变化率限值功能组件，其组成原理方框图如图 3-11 所示。RIB 的输入信号 x 与其输出信号 y 的差值 e 在限幅器限值以内时，该回路是一个积分加负反馈的闭合回路，实际为一个惯性环节，即输出信号 y 跟随输入信号 x 变化。

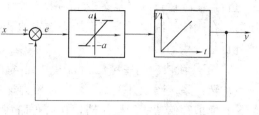

图 3-11　RIB 模块原理图

如果输入信号 x 的变化（设增加）造成 $x-y=e>a$，这表明输入信号的变化率较大，则限幅器的输出为 a，积分器按固定的速率变化，即

$$y = a/(Tt)$$

RIB 的输出信号的变化速度与限幅值 a 和积分器时间常数 T 有关，调整其中一个参数即可设定速率限制组件的限值。

(2) 控制系统的工作过程分析。

1) 阀位阶段。锅炉点火后，运行人员在旁路系统操作站上按下锅炉启动按钮，并将高压旁路阀控制投入自动工况。在高压旁路系统图中，切换开关动作，控制回路如图 3-12 所示。

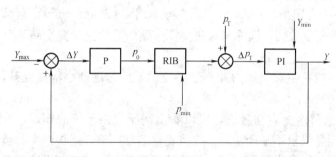

图 3-12　高压旁路系统调位方式控制回路

由于 RIB 开始设置了最小压力值 p_{min}（为正），在锅炉点火之后，因主蒸汽压力 p_T 由零开始增加，所以 Δp_T 为负，PI 控制器输出应为零，即高压旁路阀的目标开度应为零。但为了疏水和加速锅炉的升温升压过程，需要给调节器加一个最小开度 Y_{min}，即 $Y=Y_{min}$，这样锅炉点火，控制系统投入后，就开启高压旁路阀，使其开度达到 Y_{min} 值。

锅炉启动后一段时间内，主蒸汽压力 p_T 上升，在 $p_T \leqslant p_{min}$ 之前，$\Delta p_T \leqslant 0$，所以 PI 调节器输出一直保持在 Y_{min}，即 BP 开度一直保持在最小开度上。一旦 p_T 上升且高于最低压力 p_{min}，则 $\Delta p>0$，调节器输出 Y 从 Y_{min} 基础上增加，高压旁路阀在最小开度上开始开大。此后，尽管锅炉燃烧率不断增加，但由于 BP 阀也在迅速开大，从而迫使主蒸汽压力 p_T 维持在 p_{min} 附近。

在高压旁路阀开度 Y 尚未达到设定的最大开度 Y_{max} 之前，ΔY 为负，P 调节器输出信号 p_0 为负，RIB 输出不会增加只保持在 p_{min} 值。只有在 Y 达到并超过 Y_{max} 时，ΔY 为正，p_0 为正，RIB 输出 p_S 才会在 p_{min} 基础上上升。

在实际投运中，一旦主蒸汽压力接近冲转压力，燃烧率的增加就明显减小，高压旁路阀开度 Y 达到设定的最大开度 Y_{max} 后基本保持不变。

从控制图可以看出，如果 Y 继续增加，使 ΔY 为正，而 P 调节器 K 值很大，则 p_0 增加较快，从而压力定值 p_S 增加较快，而造成 $p_S>p_T$，Δp_T 为负，经 PI 调节器运算又使 Y 下降。Y 下降，BP 阀关小，又造成 p_T 上升，在 $p_T \geqslant p_S$ 时，Y 不再下降而又会回升，如此反复进行，实际运行结果是 Y 保持在定值附近，p_T 在 p_{min} 基础上上升，直到达到汽轮机冲转压力。在阀位控制阶段，主汽压力设定值和实际值，高压旁路阀 BP 的开度等变化曲线和上述分析是一致的。

2）定压阶段。当主蒸汽压力上升到汽轮机冲转压力时，汽轮机随时可以冲转。汽轮机一旦冲转，系统图中开关 KF 复归，压力速率限制器输入信号由 p_S 设定。压力定值设定器为具有模拟存储功能的操作器，在阀位阶段其输出始终跟踪 RIB 入口信号变化，一旦转入定压力方式运行时将不发生扰动。

由于汽轮机冲转，汽轮机进汽量不断增加。对主蒸汽压力 p_T 而言，由于通流阻力的下降，引起 p_T 下降，从而有 $p_T < p_S$，Δp_T 为负，调节器输出 BP 阀目标开度 Y 开始减小，BP阀朝关闭方向动作。由于此阶段锅炉燃烧率并未减小，所以 BP 阀关小又促进 p_T 回升。在冲转、升速至机组并网带负荷之前，主蒸汽流量仅仅是由原来完全由高压旁路系统流通，改变为一部分由汽轮机高压缸通流，即主蒸汽流量逐渐转移到汽轮机而已。

在提高锅炉燃烧率的条件下，可提高主蒸汽压力的设定值 p_S，使 p_S 增加，$p_S > p_T$ 时，高压旁路阀继续关小，主蒸汽压力 p_T 上升。机组并网带初负荷（15MW），主蒸汽压力 p_T 提升到 3.43×10^6 Pa（35kgf/cm²）。再次提高压力定值，机组升负荷，达 40～50MW，$p_T = 4.12 \times 10^6$ Pa（42kgf/cm²）；再提高压力定值，达到 $p_T = 7.85 \times 10^6$ Pa（80kgf/cm²），负荷约 80～100MW 段，这时高压旁路阀完全关闭，即原来通过高压旁路的蒸汽流量完全转移到汽轮机。

以上就是机组启动的定压方式阶段，主蒸汽压力并不是不变的，而是逐渐小幅度提升，以加速机组的启动过程。

从锅炉点火，到机组带约 30% 负荷这一启动过程，可以看出高压旁路系统的作用，即利用旁路系统来平衡机、炉之间的能量供求不平衡矛盾。在汽轮机启动之前，锅炉产生的蒸汽由旁路通流，而不需对空排汽，避免损失大量工质；一旦汽轮机启动，旁路控制系统自动将蒸汽转移到汽轮机去做功。这就是高压旁路的自动调节功能。

3）滑压阶段。在高压旁路阀关闭后，系统图中切换开关 KE 动作，主蒸汽压力设定值 p_S 为 $p_S = p_T + \Delta p$，故使定值高于实际值 Δp；由于在阀位阶段时已解除最小开度控制，所以保证调节器输出值在 0 位。除非在机组升压、升负荷过程中，主蒸汽压力 p_T 瞬时变化较快，而造成 $p_T > p_S$ 时，高压旁路阀才快速开启，进行泄流减压。

4）正常运行时的保护功能。当机组处于正常运行时，如果主蒸汽压力 p_S 过高，而超过规定的限值，逻辑回路动作，作用到执行机构的快开装置，执行机构快速动作开启高压旁路阀，进行泄流减压，待压力恢复时，自行关闭，起到安全阀的作用。

在启动过程中，若高压旁路阀开启，而低压旁路阀在延时一段时间后仍不打开，或高压旁路阀后蒸汽温度过高，减温水压力低时，控制系统给出快关指令，强制性关闭高压旁路阀。

3. 高压旁路阀后蒸汽温度控制

在机组启动过程中，高压旁路阀流通的蒸汽将直接引入再热器，根据再热器的运行要求，其入口温度要保持在一定范围，一般入口冷端温度保持在 330℃ 左右。在机组正常运行时，主蒸汽温度高达 540℃，此时高压旁路阀动作，不减温的蒸汽是不能进入再热器的。

高压旁路阀后的蒸汽温度的控制，是通过改变喷水阀 BPE 的开度，调节喷水量来实现的。高压旁路阀控制系统是一个单回路定值控制系统，但实际上，由于温度控制对象的惯性较大，纯单参数反馈控制效果是比较差的。在高压旁路阀系统图中，压力控制器和温度控制器均称为"SCO"，它们不同于一般的 PI 调节器，应用了现代控制理论。在实际应用中，该系统将引入旁路蒸汽流量来修正控制强度。

考虑到在不同负荷下，相同的温度偏差应具有不同的喷水强度。系统中将用主蒸汽压力与高压旁路阀开度经函数转换得到的通流面积相乘而计算出通流蒸汽量，该蒸汽量信号作为乘法系数修正喷水量控制信号，从而改变喷水强度。

在启动过程中，如果高压旁路阀快速关闭，则喷水阀 BPE 也快速关闭。

减温水隔离阀 BD 的控制采用两位控制，由逻辑回路控制其状态。

在高压旁路阀关闭时，减温水隔离阀同时快速连锁关闭，起隔离喷水的作用；当高压旁路阀全开时，BD 阀也同时连锁开启（100％开度），起着降低减温水调节阀给水压力的固定节流作用（BD 后压力为 BD 前压力的 0.6 倍），以保证减温水调节阀 BPE 的最佳压力条件，从而改善调节阀的调节特性。

二、低压旁路控制系统

对于高压旁路和低压旁路以串联方式构成的旁路系统，在机组启动过程中，高、低压旁路必须协调动作，才能完成旁路系统的功能。在汽轮机未冲转之前，锅炉产生的新蒸汽经高压旁路进入再热器，再热器送出的蒸汽将由低压旁路通流至凝汽器。

鉴于苏尔寿公司的低压旁路均设计成双管路热力系统，因而有两个容量相同的低压旁路调节阀和两个相应的低压旁路喷水阀。低压旁路阀 LBP1、LBP2 只具有减压功能，因此还需设置两个减温器。

两条低压旁路管路处于并联工作状态，因此低压旁路阀开度指令来自同一个控制器输出，两个喷水阀开度指令也来自同一个控制器输出。低压旁路控制系统如图 3-13 所示。

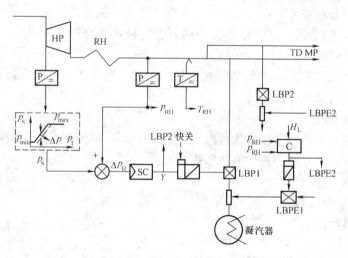

图 3-13　低压旁路控制系统

1. 再热器压力控制回路

再热蒸汽压力随机组负荷变化而变化，这是再热式压力控制系统设计所必须遵循的。

再热蒸汽压力是通过调整低压旁路阀 LBP1、LBP2 的开度来实现。

低压旁路阀的开度指令由压力控制器 SCO 产生，目标开度 Y 的增加或减小取决于控制

输入信号 Δp_H。这是一个定值变化的单回路控制系统，再热蒸汽压力 p_{RH} 的给定值 p_S 是由信号 p_1 进行处理后获得的。p_1 为汽轮机第一级压力，它与机组的负荷成正比，代表机组的负荷。

在锅炉点火后，升温、升压，汽轮机冲转之前，汽轮机第一级压力 $p_1=0$，而设定值 $p_S=p_{min}$。

这样，在再热蒸汽压力 $p_{RH} \leqslant p_{min}$ 之前，$\Delta p_H \leqslant 0$，控制器输出 $Y=0$，低压旁路阀 LBP1、LBP2 保持在关闭状态。由高压旁路工作过程可知，在主蒸汽压力 $p_T \leqslant p_{min}$（主蒸汽压力最小值）之前，高压旁路阀仅保持在一个较小开度上，即流过的蒸汽量很小，因此低压旁路阀不必开启。只有在高压旁路阀迅速开大，大量蒸汽进入再热器，使 p_{RH} 迅速升高，达到 $p_{RH} > p_{min}$（低压旁路阀开启的最低压力）时为正，控制器输出的目标开度 Y 迅速增大，低压旁路阀迅速开启。

高压旁路阀、低压旁路阀迅速开启并达到最大开度，升压速度大大加快。

当汽轮机冲转后，升速并逐渐带负荷，汽轮机第一级压力 p_1 开始上升，当 $p_1 > p_{min}$ 值时，再热蒸汽压力设定值 $p_S = p_1 + \Delta p$。这样导致 $p_S > p_{RH}$、$\Delta p_H < 0$，控制器输出 Y 开始减小，低压旁路阀朝关闭方向动作，再热蒸汽压力 p_{RH} 不断上升，随着 p_S 的增加，最后完全关闭低压旁路阀。

随着机组负荷的增加，p_1 不断上升，p_S 最后被保持在最大值 p_{max}，p_{max} 整定得略低于再热器安全门动作值；这样，当再热蒸汽压力 p_{RH} 超过 $p_S = p_{max}$ 时，低压旁路阀开启，进行泄流减压，而不造成安全门动作。只有在低压旁路阀开启后仍不能阻止再热蒸汽压力的上升时，安全门才动作。

2. 低压旁路阀后蒸汽温度的控制

低压旁路阀后蒸汽温度的控制采用的是喷水阀开度跟踪低压旁路开度的随动系统，由于减压阀和喷水阀特性存在差异，而且蒸汽量和喷水量之间关系为非线性（从维持温度角度），因此在图 3-13 中，喷水阀开度指令是旁路阀开度、再热蒸汽压力、再热蒸汽温度的函数，由模块 C 来计算产生喷水阀的目标开度。

这是一种前馈控制方式，因此旁路阀后蒸汽温度一般只控制在凝汽器运行要求的范围内，精确度取决于计算模块的特性。

三、凝汽器保护

由于低压旁路来的蒸汽直接进入凝汽器，因此对凝汽器的安全运行影响很大。通常出现下列情况之一时，应快速解列低压旁路系统：

（1）凝汽器真空低。

（2）凝汽器温度高。

（3）主燃料跳闸。

第四节 35％旁路控制系统

某电厂 300MW 机组的 35％苏尔寿旁路控制系统由高压旁路和低压旁路以串联方式组成，是由上海电站辅机厂引进苏尔寿公司技术生产的。旁路系统的容量为锅炉最大连续蒸发量的 35％，高压旁路减温水来自给水泵出口母管，低压旁路减温水来自凝结泵出口。

在高压旁路系统中有一只高压旁路阀（BP）、一只喷水减温调节阀（BPE）和一只喷水隔离阀（BD）；在低压旁路系统中有一只低压旁路阀（LBP）和一只喷水减温调节阀（LBPE），如图 3-14 所示。

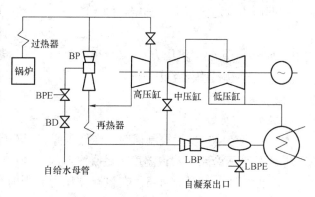

图 3-14　35％旁路控制系统

高压旁路中的减温减压阀 BP 在旁路运行时对主蒸汽进行减温减压，其最大通流量为 300t/h；减温水隔离阀 BD 可将来自给水母管的减温水压力降压 40％；喷水调节阀 BPE 控制喷水量达到减温作用。

低压旁路中的减温减压阀 LBP 最大通流量为 300t/h，对再热蒸汽进行减温减压；低压旁路喷水调节阀 LBPE 控制喷水量达到减温作用，其减温水来自凝结泵出口母管。

旁路系统中的阀门驱动装置采用液压执行机构，其阀门开闭的全行程时间可通过调节回油管上的调节阀进行调整。在控制面板上操作除 BD 阀外其他 4 个阀的全行程时间约为 25s；BP 阀、LBP 阀上安装有快动作装置，在装置动作时阀门全行程时间约为 2～3s。

旁路各阀的驱动由高压油驱动，高压油由独立的油站提供。

另外，在低压旁路喷水调节阀前安装有电动截止阀，在低压旁路阀与凝汽器之间安装有低压旁路事故喷水阀，它们由 DCS 系统控制，为电动设备。

一、旁路控制系统

旁路控制系统采用苏尔寿公司的 AV-6 系统，包括高压旁路控制系统和低压旁路控制系统，以及油站等的控制。

（一）高压旁路控制系统

高压旁路控制系统由以下几个回路组成：

（1）主蒸汽压力控制回路。它的任务是在机组启动过程中，按照主蒸汽压力设定值自动调整高压旁路阀开度，使主蒸汽压力随设定值变化而变化。

主蒸汽压力控制回路接受手动操作信号、自动调节信号和压力变送器模拟量信号，通过伺服操作阀，控制高压旁路阀的开启和关闭，使高压旁路阀保持在一适当位置，以满足机组启动和正常运行的要求。

（2）高压旁路后温度控制回路。任务是在高压旁路阀开启后，为保证高压旁路出口蒸汽温度满足再热器的运行要求，自动调整喷水阀开度，控制喷水量使温度控制在给定值。

（3）超压保护回路。在主蒸汽压力超过安全运行允许值，或汽轮机紧急甩负荷、紧急停机时，保护回路动作，迅速开启高压旁路阀进行泄流，维护机组安全运行（快开功能）。

（二）低压旁路控制系统

低压旁路控制系统由以下几个回路组成。

（1）再热蒸汽压力控制回路。根据机组出力给出相应的再热蒸汽压力定值，并通过再热器压力控制回路，通过感受手动和自动调节信号进行阀位调节。自动调节是为匹配主蒸汽和再热蒸汽压力设置的，在不同的负荷下有不同的压力，在设定最高压力 p_{max} 和最低压力 p_{min}

后，中间压力设定值按下式确定，即

$$p_{RH} = kp_1 + \Delta p$$

式中　p_{RH}——再热蒸汽压力；

　　p_1——调节级蒸汽压力；

　　k——系数；

　　Δp——常数。

（2）低压旁路后温度控制回路。在低压旁路阀开启后，控制低压旁路喷水调节阀，调整喷水量，使低压旁路后蒸汽温度满足凝汽器的安全运行。

（3）再热器压力保护回路。在再热器压力越限时，或汽轮机紧急甩负荷、紧急停机时，保护回路动作，迅速开启低压旁路阀进行泄流，保证机组安全运行（快开功能）。

（4）凝汽器保护回路。在凝汽器的真空度、水位、温度以及低压旁路减温水压力达不到安全运行允许值时，快速解列低压旁路系统，保证凝汽器的安全（快关功能）。

（三）液力单元控制系统

旁路系统各阀的动作需要高压油动力。液力单元控制系统就是为了维护油站在一定的压力、温度范围内安全工作，控制油泵、过滤泵、风扇、加热器等设备的运行。

二、AV-6 旁路控制系统的硬件组成

1. 控制柜模件说明

模件说明见表 3-1。

表 3-1　　　　　　　　　　　　控制柜模件说明

模件型号	模件名称	备注
LK10	伺服阀电源模件	
LM10	步进电源模件	
MA10	二选一模件	
MV10	信号数据分配模件	
ND10	机架主电源	
NN10	DC/DC 转换模件	
RK10	执行器控制模件	
RM11	微处理器模件	用于 BPE、LBPE 阀
RM41	微处理器模件	用于 BD 阀
RM50	微处理器模件	用于 BP、LBP 阀
RM50—HV	油站微处理器模件	用于油站的控制
SH20	油站控制和指示模件	
SM10	电磁阀控制模件	用于快动作电磁阀 SSB
SN10	—24V 耦合监视模件	
SR10	轻型继电器模件	
SS10	故障采集模件	
SV10	电源监视模件	
AK20	模件载体装置	
K—Relai	K 型中间继电器	送往 DCS 系统的开关量信号隔离
UPAC—A	0～10V/4～20mA 电隔离装置	送往 DCS 系统的模拟量信号隔离

2. 就地设备

（1）数据采集的主要设备。主要的数据采集设备见表 3-2。

表 3-2   数据采集主要设备

设备编号	名　　称	型　　号	量程或定值	DCS 点名
PT2811	主蒸汽压力	ROSEMOUNT 2088	0～20MPa	BYPASS07
PT2815	主蒸汽压力	ROSEMOUNT 2088	0～20MPa	
PT2122	调节级压力	ROSEMOUNT 2088	0～20MPa	BYPASS10
PT2812	再热蒸汽压力	ROSEMOUNT 2088	0～5MPa	BYPASS11
PT2813	低压旁路后压力	ROSEMOUNT 2088	0～2MPa	BYPASS12
TT2804	主蒸汽温度	ROSEMOUNT 244P	0～600℃	BYPASS08
TT2803	高压旁路后温度	ROSEMOUNT 244P	100～400℃	BYPASS09
TT2806	再热蒸汽温度	ROSEMOUNT 244P	200～600℃	BYPASS13
	BP 阀阀位	R－SG15 ＋4K	0～100％	BYPASS01
	BPE 阀阀位	R－SG15 ＋4K	0～100％	BYPASS02
	LBP 阀阀位	R－SG15 ＋4K	0～100％	BYPASS03
	LBPE 阀阀位	R－SG15 ＋4K	0～100％	BYPASS04
	BD 阀位反	R＋4K		
CP001	油站油压低二值	DS-302/F	＜12MPa	
CP002	油压低	DS-302/F	＜13.5MPa	
CP003	油压高	DS-302/F	＞25MPa	
CT001	油温高	4142520	＞45℃	
CT002	油温高二值	4142520	＞70℃	
CF001	1 号泵流量低	QS95	＜7L/min	
CF002	2 号泵流量低	QS95	＜7L/min	
CL001	油箱油位低	SM	油箱油位 1/3 处	
PS2817 PS2816 PS2809	凝汽器压力高	SOR	＞－50kPa	BYPAS21
TS2807 TS2808 TS2809	凝汽器温度高	SOR	＞90℃	BYPAS22
LS2801 LS2802 LS2803	凝汽器水位高	SOR	＞1250mm	BYPAS23
PS2814 PS2818 PS2819	低压旁路喷水压力低	SOR	＜1.1MPa	BYPAS24

（2）控制单元。各控制单元见表3-3。

表 3-3 控 制 单 元

名 称	型 号	备 注
闭锁单元	BL10-2F	BP、DPE、LBP、LBPE 阀用
伺服单元	ST10-5Fyr/R6z	BPE、LBPE 阀用
伺服单元	ST10-65Fyr/R6z	BP、LBP 阀用
快动作单元	SSB10-Fyr	BP 阀用
快动作单元	SSB16-Fyr	LBP 阀用
步进控制单元	APL 6F	BD 阀用
MCC 就地油站控制柜		油站用

三、旁路控制系统的运行

1. 高压旁路压力调节

高压旁路控制系统见图 3-15。

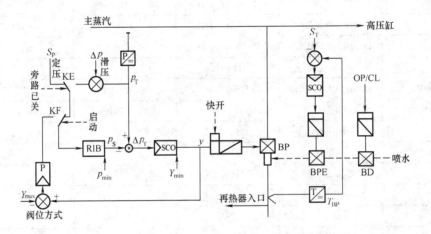

图 3-15 高压旁路控制系统原理图

（1）锅炉启动控制。锅炉点火，高压旁路阀投自动后，设定为"锅炉启动"状态运行。

当主蒸汽压力 $p_T < 1MPa$ 时，系统为"最小开度控制"方式。在此阶段，高压旁路阀由 0 开启至 8%，并保持在最小开度 8%，使锅炉点火后有一个初期蒸汽流量通过以冷却再热器。同时也建立锅炉的初始负荷，防止压力上升过快并提高蒸汽温度。

当主蒸汽压力 p_T 达到 1MPa 时，系统转为"最小压力控制"方式维持此压力。在此方式中，随着锅炉燃烧率增加，蒸汽流量增加，高压旁路阀的开度也随之增加。

当高压旁路阀开度达到 35% 时，系统转入"最大阀门开度控制"方式。在此方式中，高压旁路阀开度保持 35%，主蒸汽压力随锅炉燃烧率增加而上升。

当主蒸汽压力继续升压达到设定的冲转压力 3.4MPa 时，系统转为"定压控制"方式，调整高压旁路阀开度，维持主汽压力为定值 $p_T = 3.4MPa$。

当主蒸汽压力 $p_T > 3.4MPa$ 后，"锅炉启动"结束，此时系统处于"压力控制"方式，可手动改变设定压力。

"锅炉启动"方式下，p_S 允许的升压速率小于 0.4MPa/min，且压力设定值 p_S 只增不减。

"锅炉启动"结束的条件有：①发电机并网；②$p_T>3.4$MPa；③手动切除；④$p_S>$3.4MPa且高压旁路阀位设定值$Y_S>5\%$延时100s后。

高压旁路阀开度大于2%，处于"重新启动"状态时，压力设定值p_S只减不增。下列条件之一可使"重新启动"状态结束：①$p_S<3.4$MPa；②高压旁路阀开度小于2%；③发电机并网；④$p_T>3.4$MPa。

（2）滑压跟踪控制。"锅炉启动"结束后，发电机并网，所有蒸汽全部通过汽轮机时，高压旁路阀关闭，系统切换至"滑压跟踪控制"方式，控制系统的压力定值p_S是锅炉出口实际压力p_T加上一个偏差值。若蒸汽压力上升速度低于允许的升压速率时，$p_S<p_T$，负调节偏差使高压旁路阀保持关闭。当蒸汽压力上升速度大于允许的升压速率时，$p_T>p_S$，高压旁路阀打开。

在此阶段，p_S允许的升压速率为：$p_T<2$MPa，升压速率等于0.3MPa/min；2MPa$<p_T<8$MPa，升压速率大于0.3MPa/min，小于0.8MPa/min；$p_T>8$MPa，升压速率等于0.8MPa/min。

（3）控制方式的切换。在"压力控制"方式下，当高压旁路阀开度小于2%时，切换至"滑压跟随控制"方式，在此方式下，$p_T-p_S>0.8$MPa时，高压旁路阀打开。

在任何方式下，如触发高压旁路阀快开，则切换至"压力控制"方式。

（4）"Run Down"功能。处于"Run Down"方式时，压力设定值p_S只减不增。在退出"Run Down"，高压旁路阀切手动或发电机解列时，"Run Down"方式结束。

（5）保护功能。

1）快开功能。在$p_T>3.4$MPa的前提下，有下列条件之一触发高压旁路阀快开：

① $p_T>p_S+1.6$MPa（$p_{S,max}=16.4$MPa）。

② 汽轮机甩负荷（延时2s）。

③ 发电机油开关跳闸（延时2s）。

快开触发时，高压旁路阀在3s内开至85%，并投自动且切换至"压力控制"方式。

2）强制关功能。在高压旁路阀后温度超过380℃时，通过伺服阀强制高压旁路阀关闭，并使高压旁路阀切手动。强制关功能闭锁快开功能。

2. 高压旁路喷水调节

BP阀开启2%时，高压旁路喷水调节阀（BPE）投自动。高压旁路的温度调节是根据BP阀后温度与设定值的偏差，以及BP阀开度和主蒸汽压力确定BPE阀开度，并控制喷水量的。

为了防止因误操作而造成再热器冷段管路进水，BP阀全关时，BPE阀在自动状态下联动关闭，在BP阀打开之前，连动闭锁信号不允许BPE阀打开。

为确保再热器冷段管路不进水，设有高压旁路喷水隔离阀（BD），利用其严密性好的优点，防止因BPE阀漏流带来的不良后果。BP阀开度达2%时，BD阀全开；BP阀开度小于2%时，BD阀全关。

3. 低压旁路压力调节

（1）高压旁路阀（BP）快开，低压旁路阀（LBP）投自动。

（2）压力控制功能。低压旁路阀（LBP）投自动时，根据低压旁路压力设定值p_{RH}来维持再热器压力与机组负荷相匹配。压力设定值 p_{RH} 通过高压缸调节级压力 p_1，由一次函数 $p_{RH}=0.28p_1+0.6$ 换算而来，并设定上限为 3.9MPa，下限可由手动设定（手动设定范围为 0.1～3.9MPa）。

（3）快开功能。在汽轮机甩负荷或发电机油开关跳闸触发 LBP 阀快开时，LBP 阀投自动并全开。

（4）快关功能。快关信号触发 LBP 阀快关时，LBP 阀在 2s 内快速关闭，同时 LBP 阀切手动，快关闭锁快开。在下列情况之一时，LBP 阀快关：

1）凝汽器压力高（-50kPa）。

2）凝汽器温度高（90℃）。

3）凝汽器水位高（1250mm）。

4）低压旁路喷水压力低（1.1MPa）。

4. 低压旁路喷水调节

当 LBP 阀开 2% 时，低压旁路喷水调节阀（LBPE）投自动并联开 12% 以上；LBP 阀全关，LBPE 阀联动关闭。低压旁路的温度控制是由 LBP 阀位、再热蒸汽压力、再热蒸汽温度共同计算喷水量，确定 LBPE 阀的开度。

5. 油站

（1）就地 MCC 控制柜操作功能，可以单独启停每个独立的设备（加热器除外）。

（2）远操作时有以下连锁与保护功能。

1）主油泵启动，联启滤油泵；滤油泵的停运需人为操作。

2）油压力低联启备用泵；油压低恢复停备用泵。15min 内启动备用泵 2 次，则启动备用泵为主泵，并且"泵切换"报警。

3）油压低二值启两泵；2min 内油压低未恢复，两泵全停。同时"压力低二值"报警。

4）油压高停两泵。当压力恢复到正常以后，原来的主泵停止，备用泵切换到主泵运行，并且"泵切换"报警。

5）油位低时所有泵（包括滤油泵）和加热器全停，同时"液位低"报警。

6）流量低切换备用泵。同时"泵切换"和"流量低"报警。

7）油温高启动风扇（仅当滤油泵运行时，即冷却器中有介质流过时才允许启动风扇）。

8）油温高二值停两泵，启动风扇。

9）温度低于 30℃ 左右时（由加热器自带的温度开关控制）加热器启动，温度高于 35℃ 左右时加热器自动停止。

四、参数设置

参数是通过 PT10 手持终端设置在 RM 系列模件中的存储器的，参数设置如下。

1. BP 阀

BP 阀参数设置见表 3-4。

表 3-4　　　　　　　　　　　　　　　　　BP 阀参数设置

参数	输入值	名　称	描　述
P01	2	G，控制质量	中调节量
P02	0.1	I+，积分器作用	强积分

参数	输入值	名　称	描　述
P05	18	t_p，建立时间（s）	
P06	7.0	t_b（s）	
P07	100	t_{kp}（s）	
P23	0	RST，重设 SCO	0——正常；1——重设
P31	200	p_m，压力信号上限（bar，1bar=10^5Pa）	量程 0～20MPa
P32	0.05	p_{min}，最小压力	最小设定压力 1MPa
P33	0.82	p_{max}，最大压力	最大设定压力 16.4MPa
P36	0.1	$\left.\begin{array}{l} p_1 \\ dp/dt_1 \end{array}\right\}p_1$ 产生的压力梯度	2MPa 时压力梯度为 0.3MPa/min
P37	0.015		
P38	0.4	$\left.\begin{array}{l} p_2 \\ dp/dt_2 \end{array}\right\}p_2$ 产生的压力梯度	8MPa 时压力梯度为 0.8MPa/min
P39	0.04		
P40	0.02	dp/dt，启动时的压力梯度	0.4MPa/min
P41	0.08	Y_{min}，BP 阀启动时的最小开度	8%
P42	0.35	Y_m，BP 阀启动时的中间开度	35%
P43	0	CY_{min}，Y_{min}的运行工况选择	0——当 Y_s＞Y_{min}时切除 Y_{min}
P51	0.17	p_{sync}，汽轮机启动、并网时的同步压力	p_T＞p_{sync}（=3.4MPa）时切除启动方式
P52	0.04	dp，滑压方式下的设定点偏差	滑压方式下，SCO 调节器的设定值为 p_{sa}＋dp（0.8MPa），负调节偏差使 BP 阀保持全关
P61	0.08	dp fst op，快开偏差	p_T－p_{sa}＞1.6MPa 时 BP 快开
P62	0.065	dp alarm，报警偏差	p_T－p_{sa}＞1.3MPa 时报警
P63	0.17	$p_{release}$，快开允许值	p_T＞3.4MPa 时允许快开
P64	0.85	$Y_{fst,op}$，快开时的 BP 阀位	85%
P80	0.93	θ_{max}，BP 阀出口最大允许温度	380℃
P81	20	t_{on}，延迟时间	超温时延迟 20s，BP 阀全关
P82	5	t_{off}，延迟时间	温度恢复时延迟 5s，解除强关
P98	0	Cy，自动/故障时位置	0——正常状态
P99	0	Ct，试验方式选择	0——正常方式

2. BPE 阀

BPE 阀参数设置见表 3-5。

表 3-5　　　　　　　　　　　　　　　　　　BPE 阀参数设置

参数	输入值	名　称	描　述
P01	4	G	
P03	0.2	Sigma，过程指令	
P04	0.1	wpl，适应值	

参数	输入值	名　称	描　述
P05	25	t_{pa}，建立时间（s）	
P10	−2.5	V_b，过程放大系数	
P22	2.2	V_{ff}，前馈信号放大系数	
P23	0	RST	
P28	20	t_{ws}，内部速率限制器时间常数（s）	
P39	0	θ_o，温度下限（℃）	主蒸汽温度量程
P40	600	θ_{max}，温度上限	
P41	200	p_{max}，压力上限（bar，$1bar=10^5Pa$）	主蒸汽压力量程 0～20MPa
P42	1	$Y_d/Y100$，冲击限制	
P43	354.49	K_{vs}	
P44	138.89	F_{max}，流量上限（kg/s）	流量最大为 500t/h
P45	0.8	A，调整折算率	
P46	0.2	B，调整折算率	
P91	0.867	θ_{max}，高压旁路出口温度报警	360℃
P92	20	t_{on}，温度报警延迟（s）	20s
P95	0	RC，重设计数器	0——正常； 1——BP、BPE 阀打开次数复位
P98	0	C_y，自动/故障时位置	0——正常状态
P99	0	C_t，试验方式选择	0——正常方式

3. LBP 阀

LBP 阀参数设置见表 3-6。

表 3-6　　　　　　　　　　　　　　　　LBP 阀参数设置

参数	输入值	名　称	描　述
P01	3	C_t	
P02	0	I+	
P05	20	t_p（s）	
P06	5	t_b（s）	
P07	100	t_{kp}（s）	
P21	1	Release 快开允许	1——快开允许
P23	0	Reset	
P31	0	X_1 $\left.\begin{matrix}\\\end{matrix}\right\}$ 压力设定点	
P32	0.65	X_2	
P33	0.04	Y_1 $\left.\begin{matrix}\\\end{matrix}\right\}$ $p_s=f(p_c)$	设定压力是调节级压力的函数
P34	0.86	Y_2	
P35	0.78	$p_{s,max}$ 设定压力上限	3.9MPa

参数	输入值	名　称	描　述
P36	0.02	$p_{s,min}$设定压力下限	0.1MPa
P38	0.14	$p_{s,fst\,op}$高压旁路快开时再热汽压力设定值	0.7MPa
P41	10	t_{ws}时间延迟	
P50	0.492	K	
P61	7.85	$p_{c,max}$低压旁路出口压力上限报警	
P65	0.8	$Y_{fst,op}$低压旁路快开时阀位设定	80%
P71	0.26	$p_c > 40\%$	
P72	0.01	H_{ys}回差	
P73	0.8	$p_{RH,max}$再热蒸汽压力上限报警	4MPa
P74	0.01	H_{ys}报警回差	0.05MPa
P75	0.01	$p_{RH,min}$压力下限报警	0.05MPa
P76	0.001	H_{ys}报警回差	0.005MPa
P97	0	快开方式选择	0——由 SSB 快开
P98	0	C_y,自动/故障时位置	0——正常状态
P99	0	C_t,试验方式选择	0——正常方式

4. LBPE 阀

LBPE 阀参数设置见表 3-7。

表 3-7　　　　　　　　　　　**LBPE 阀参数设置**

参　　数	输　入　值	名　　称
P01	51	p_m 再热蒸汽压力上限（bar，1bar=10^5Pa）
P02	200	θ_o 再热蒸汽温度下限（℃）
P03	600	θ_{max}再热蒸汽温度上限（℃）
P04	20	MW_{min}
P05	0	dKE
P09	0.667	Y_d/Y_{100}
P10	0	A0
P11	0.14	A1
P12	0.285	A2
P13	0.425	A3
P14	0.56	A4
P15	0.69	A5
P16	0.81	A6
P17	0.91	A7
P18	1	A8
P19	725	A9

参　数	输　入　值	名　称
P20	37.48	p_{la} (bar，1bar＝10^5Pa)
P21	3536	E_{la} (kJ/kg)
P22	131.8	M_{da} (kg/s)
P23	37.48	p_a (bar)
P24	2816	E_{ka} (kJ/kg)
P25	0	dE_K (kJ/kg)
P28	23	p_{wa} (bar)
P29	136.2	E_{wa} (kJ/kg)
P30	0	A0
P31	0.07	A1
P32	0.15	A2
P33	0.23	A3
P34	0.345	A4
P35	0.47	A5
P36	0.63	A6
P37	0.81	A7
P38	1	A8
P39	11.4	A9
P40	0	Albpi (cm·cm)
P41	0	μlbpei
P42	10.88	Anoz (cm·cm)
P43	0.95	μnoz
P44	7.85	p_{KA} (bar)
P80	0	Res
P81	0.8323	A
P98	0	Cy

五、常见故障

AV-6 控制系统具有完备的故障报警功能，依据报警指示检查、排除故障即可，常见故障及原因见表 3-8。

表 3-8　　　　　　　　　　　　　　　　　　　**AV-6 系统常见故障**

常见故障现象	原　　因
1. 压力、温度测量不正确	A. 熔断器断开 B. 线路接地、开路 C. 模件故障 D. 变送器故障 E. 压力采样门未打开或热电偶故障

常见故障现象	原　　因
2. 阀位指示不准	A. 连杆松或脱落 B. 阀位变送器飘移或故障 C. 模件故障 D. 线路故障
3. 操作不动	A. 失电 B. 有强制关或快关指令 C. 闭锁阀闭锁或切就地 D. 伺服阀故障 E. 线路故障 F. 油压低 G. 油路堵塞（判断是否为油路故障，可将闭锁阀在就地解锁，手拨伺服阀内拨叉，阀门可动则可判断为热工回路故障；阀门不动，则为油路堵塞）
4. 油泵不运行	A. 380V AC 失电 B. MCC 切就地 C. 油泵故障，流量低 D. 油压高 E. 油温高二值 F. 油位低 G. 接触器故障，热偶跳
5. 不能投自动	系统中有故障信号时，本系统以及相关系统不能投自动
6. 快动作阀拒动、误动	A. 快动作阀故障 B. 模件故障 C. 快动作信号误发、拒发
7. 自动时阀门振荡动作	A. 压力、温度测量摆动 B. 控制系统参数不当

六、检修

1. 检修项目

（1）变送器的校验。

（2）阀位的核准。

（3）控制盘操作。

（4）各功能检查，必要时应加模拟信号校验。主要检查：

1）油泵的联启、联停；滤油泵的联启；就地 MCC 操作功能。

2）快动作功能。

3）BP 阀压力→滑压→压力方式转换。

4）BP 阀开、BD 阀联开、BPE 阀投自动；BP 阀关、BD、BPE 阀联关。

5）BP 阀快开，BPE、LBP、LBPE 阀投自动。

6）LBP 阀开，LBPE 阀投自动并联开；LBP 阀关，LBPE 阀联关。

7）LBP 阀快关切手动。

2. 检修标准

(1) 变送器指示准确，各动作开关动作值与设定相符。

(2) 阀位变送器安装牢固，与阀杆的连接牢固，动作灵活。

(3) 控制盘各指示表准确，指示灯状态与功能相符。

(4) 电磁阀、伺服阀动作正确、可靠，无拒动、误动。

(5) 各功能正常可靠。

(6) 控制柜内各模件工作正常，指示灯指示正常，故障正常报警。

(7) 线路、插头连接紧固。

(8) 与 DCS 系统传输的信号正确。

炉膛安全监控系统

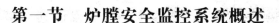

第四章

第一节 炉膛安全监控系统概述

FSSS 系统，即炉膛安全监控系统（Furnace Safeguard Supervisory System），也可称作燃烧器管理系统（Burner Management System，简称 BMS 系统），是现代化大型火电机组锅炉必须具备的一种监控系统。目前，国内外工业发达国家的大、中型发电机组都装有炉膛安全监控系统。近年来，国产大型机组日益增多，锅炉防爆问题已日趋严重，因此，为国产锅炉装备炉膛安全监控系统已势在必行。

炉膛安全监控系统是现代大型火电机组必须具备的一种监控系统，它的作用是：能在锅炉正常工作和启动、停止等各种运行方式下，连续地密切监视燃烧系统的参数与状态；并且进行逻辑运算和判断，通过连锁装置，使燃烧设备中的有关部件按照既定的合理程序完成必要的操作或处理未遂性事故，以保证锅炉燃烧系统的安全。实际上它是把燃烧系统的安全运行规程用一个逻辑控制系统来实现，采用了 FSSS（BMS）系统不仅能自动地完成各种操作和保护动作，还能避免运行人员在手动操作时的误动作，并能及时执行手动操作来不及的快动作，如紧急切断和跳闸。

FSSS（BMS）系统的主要任务是通过实现制定的逻辑程序和种种安全连锁条件，在锅炉运行的各个阶段，防止爆炸性的燃料和空气混合物在锅炉的任何部分积聚，避免锅炉爆炸性事故的发生。因为引起炉膛爆炸大多是由于在 $1\sim2s$ 内点燃堆积在炉膛的燃料造成的，运行人员不可能对这种情况作出及时的反应，所以这个任务依靠 FSSS（BMS）系统来完成。

目前炉膛安全监控系统品种繁多，有引进的，也有国产的；有功能较全的 FSSS（BMS）系统，也有简易炉膛灭火保护装置。正确选取炉膛监控系统十分重要，如果选取功能不全，则可能在某种共况下不能保障炉膛的安全；而功能过多，虽然在防止设备损坏方面可做到万无一失，但也可能导致保护装置不必要的误动作，反而使锅炉不能安全运行。

目前，锅炉炉膛安全监控系统的主要功能有两项。一是在锅炉运行的各个阶段，对参数、状态进行严密、连续的监视，不断地按照安全运行规定的顺序对它们进行判断、逻辑运算；遇到危险工况，能自动地启动有关设备进行紧急跳闸，切断燃料，使锅炉紧急停炉，保护主设备不受损坏，这就是锅炉安全保护功能。二是对制粉系统和众多的燃烧器进行管理，它好像给操作员配置的助手那样，在遥控盘上发出对每台设备启动和停止的命令，系统逻辑将能保证按工作人员预先规定的顺序和时间来执行，防止危险情况和误判断、误操作发生，并能统一为自动的规范的操作，这就是锅炉安全操作管理功能。

第二节　炉膛爆燃的条件

炉膛爆炸是一种在极短的时间内发生异常猛烈的炉内爆燃的过程。此时，炉内反应物放热速度极高，烟气迅速膨胀，并且炉内多个不同的爆炸中心形成的压力波互相重叠，使炉内压力迅速升高。这个压力往往超过炉膛承受内压强度的若干倍，使炉膛遭到破坏。同时，高温烟气和煤粉喷出，会危及人身安全。

在锅炉的炉膛、烟道和通风管道中积聚的一定数量的可燃混合物突然同时被点燃，这种现象称为爆燃，俗称"打炮"，严重的爆燃即为爆炸。由于炉膛压力剧增，超过炉膛结构所能承受的压力，使炉墙外延崩塌，称为"外爆"。当炉膛内压力突然降低，炉膛负压过大，炉膛向内塌陷，称为"内爆"。

一般将爆燃看成是定容绝热过程，近似地用理想气体方程来分析爆燃过程，混合物爆燃方程式见式（4-1），即

$$\frac{p_1}{p_2} = \frac{T_1}{T_2} = \frac{T_1}{T_1 + \Delta T} \tag{4-1}$$

假设爆燃后产生的热量全部用于加热炉膛中的介质，则定容绝热过程中炉膛介质的温度升高 ΔT 为

$$\Delta T = \frac{BQ}{Vc_V} \tag{4-2}$$

由式（4-1）和式（4-2）可得

$$p_2 = p_1 \left(1 + \frac{BQ}{VT_1 c_V} \right) \tag{4-3}$$

式中　B——炉膛中积存可燃混合物的容积；

　　ΔT——定容绝热过程中炉膛介质的温度升高；

　　Q——炉膛中积存可燃混合物的容积发热值；

　　V——炉膛容积；

　　c_V——定容绝热过程中炉膛介质的平均比热容；

p_1、T_1——爆燃前炉膛介质的压力和热力学温度；

p_2、T_2——爆燃后炉膛介质的压力和热力学温度。

在正常工况下，进入炉膛的燃料立即被点燃，燃烧后，生成的烟气也即时排出，炉膛和烟道内没有可燃混合物积存，因而也不会发生爆燃。但如果运行人员操作不当，设备或控制系统设计不合理，或者设备和控制系统出现故障等，就有可能发生爆燃。从原理上来分析，只有符合下列三种情况才有可能发生爆燃：

（1）炉膛或烟道内有燃料和助燃空气积存，且达到一定的浓度。

（2）积存的燃料和空气的混合物是爆炸性的，即可以点燃的混合物。

（3）具有足够的点火能源。

当这三个条件中肯定有一个不存在时，就不会发生爆燃。在锅炉运行时不可能没有可燃混合物，也不可能没有点火能源，因此，防止爆燃的主要措施是防止可燃物在炉膛、烟道中积存。

炉内燃烧不稳时，灭火和爆燃是相互依存的，发生局部灭火时，炉膛压力减小；发生局

部爆燃时，炉膛压力增大。炉膛压力减小或增大的数值与发生灭火、爆燃的范围，以及可燃物的浓度和积存量有着密切的关系。

炉内燃烧不稳时，小范围内局部灭火，少量可燃物积存，发生小的爆燃。随着燃烧的继续恶化，灭火和爆燃的范围也在逐渐扩大，出现炉膛压力大幅度正负摆动。而炉膛压力不稳，又进一步加剧了灭火爆燃过程。在这种情况下，若不采取措施（例如投油稳燃），则炉内积存的可燃物就逐渐增多，会产生较大范围的灭火、爆炸。此时，若再不采取措施切断燃料，就会发展到大范围的灭火、爆燃，导致炉膛爆炸事故的发生。

实践证明，炉膛爆炸是与炉膛灭火相伴发生的。因此，防止炉膛爆炸的关键是防止可燃物在炉内的积存，避免造成炉膛爆炸的条件。这就要求运行人员进行认真的监视和调整，防止灭火。而万一灭火，应及时切断燃料，避免发生炉膛爆炸，保证设备和人身安全。经过有效的炉膛吹扫之后，方可重新点火。

第三节　防止炉膛爆燃的措施

炉膛爆燃经常发生在锅炉点火、熄火或锅炉突然甩负荷的过程中。对于不同的运行情况要采用不同的方法防止爆燃。

一、防止炉膛爆燃的原则性措施

（1）在主燃料与空气混合物进口处有足够的点火能源，点火器的火焰要稳定，具有一定的能量，而且位置恰当，能把主燃料点燃。

（2）如有未点燃的燃料进入炉膛，则进入的时间应尽可能缩短，使积存的可燃物容积只占炉膛容积的极小部分。

（3）对于点火前已进入炉膛的可燃混合物尽快冲淡，使之超出可燃范围，并不断地将其吹扫出去。

（4）当送入的燃料只有部分燃烧时，应继续冲淡，使之成为不可燃的混合物。

二、点火暖炉期间防止爆燃的措施

点火期间炉膛是冷的，这时还没有预热空气，在此期间要启动的设备和进行的操作很多，很容易发生误操作。

点火器的火焰是炉膛的第一个火焰，在点燃点火器之前应保证炉膛与烟道内没有积存的可燃混合物。

点火的第一步工作就是用空气吹扫炉膛与烟道。将任何积存的燃料吹扫出去，为达到吹扫目的，吹扫时要有一定的换气量和一定的空气流速，一般要求换气量不少于炉膛容积四倍的空气量，而空气流量应不小于额定负荷时空气流量的30%，以免被吹扫起的燃料又积沉下来。

三、火焰中断时防止爆燃的措施

不论在什么情况下，如果任何一个燃烧器的火焰熄火，就应立即切断该燃烧器的燃料，如全部火焰熄灭，应立即切断全部燃料。

此外还应看到，在火焰熄灭后只考虑切断燃料是不够的，因为还有其他无法控制的因素使燃料继续进入炉膛。如在燃料阀门与燃烧器之间有一段管道段，燃料切断后管道中积存的燃料仍继续进入炉膛；燃料阀门关不严漏入燃料；如果火焰的熄灭是由于空气不足引起的，则切断燃料后空气仍继续流入，又可能使积存的燃料成为可燃混合物。

四、防止炉膛内爆的措施

为了防止炉膛内爆发生，在运行中应控制炉膛负压值，尤其是在因灭火切断燃料时，同时要逐渐关小引风机挡板，以免炉内负压骤增。此外，设置炉内压力报警和安全保护装置也是重要的措施。

第四节　炉膛安全监控系统的组成和功能

一、FSSS（BMS）系统的组成

FSSS（BMS）系统主要由操作显示盘、逻辑控制部分、被控对象就地控制柜检测元件、执行机构等组成，见图 4-1。FSSS（BMS）系统的核心部分是逻辑控制部分，它能根据从操作显示盘来的命令和被控对象来的检测信号、回报信号，按一定的逻辑去控制相应的被控对象。被控对象动作结果作为回报信号送到逻辑控制部分，成为程序转步的条件。回报信号与检测信号参与逻辑运算、判断和综合。逻辑控制部分给出返回信号，进行运行状态、被控对象状态的显示。

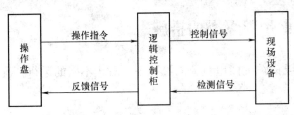

图 4-1　FSSS 系统组成示意图

1. 操作显示

操作显示设备是运行人员与逻辑控制部分之间进行人、机对话的联络工具。运行人员的操作指令是通过操作盘上的发令元件和键盘送到逻辑控制部分，而被控对象的动作完成状态、运行状态又返回显示盘或 CRT。

在 WDPF 系统中，为了完成调节控制、顺序控制及数据采集功能，在操作员站/工程师站上都配备了必需或便于操作的工具和画面。

2. 逻辑控制部分

逻辑控制部分是 FSSS（BMS）系统的大脑，是采用 DCS 系统的软件实现的，逻辑控制部分能完成逻辑综合、判断、运算功能。所有运行人员的指令，现场运行设备的状态，被控设备的状态等都要通过逻辑控制部分验证，满足一定的许可条件才能送到驱动装置去控制被控对象。当出现危及设备和机组安全运行的情况，逻辑控制部分会自动停掉有关设备。

3. 现场设备

FSSS（BMS）系统的主要就地设备有：就地操作显示盘、就地控制柜、继电器柜、检测元件（压力开关、温度流量开关、火焰检测器），以及执行机构（阀门驱动机构、油枪伸缩机构）。

二、FSSS 系统的功能

1. 炉膛吹扫

锅炉点火前必须对炉膛进行吹扫，吹扫开始和吹扫进行中必须满足吹扫条件，吹扫条件应根据锅炉容量及制粉系统的类型而定。吹扫时间和使用的空气流量相关，最小应在额定空气流量的 25% 以上。

2. 锅炉燃油系统泄漏试验

锅炉燃油系统泄漏试验如前文所述。

3. 主燃料跳闸（MFT）及相关工况

炉膛灭火保护系统和机电炉大连锁系统宜相互独立，MFT 信号宜直接作用于最后的执行对象。

不是因送风机、引风机跳闸引起的 MFT 动作，送风机、引风机不能跳闸；由于送风机、引风机跳闸引起 MFT 动作后，应延时打开所有送风机、引风机挡板，并保持全开状态下自然通风不少于 15min。

4. 油燃烧器控制

对油燃烧器的控制，包括油燃烧器的控制方式、点油允许，油燃烧器的启动、运行、停止等逻辑。

5. 燃煤控制

对煤燃烧器的管理实际上是对给粉机和一次风挡板的控制，包括煤层的控制方式、点煤允许，煤燃烧器的启动、运行、停止等逻辑。

6. 冷却风机控制

对冷却风机的控制主要包括对冷却风机的就地/远方启动、停止，互为备用，风压低联合启动备用风机等功能。

7. 炉膛火焰检测

火检系统是 FSSS（BMS）系统的重要组成部分。火检系统的主要作用是实时监视各燃烧器的燃烧情况，能及时准确地测出"炉膛燃烧工况"，并且通过主燃料跳闸（MFT）迅速切断一切输入炉膛的燃料，从而防止炉膛中可爆燃料的积聚，以可靠地防止炉膛爆炸。一般机组典型的 FSSS 系统包含功能如图 4-2 所示。

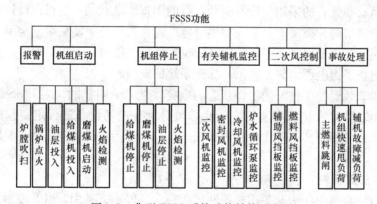

图 4-2　典型 FSSS 系统功能结构示意图

第五节　炉膛安全监控系统的就地设备

一、检测元件

检测元件是监测炉内燃烧和燃料空气等系统状态的装置，例如炉内有无火焰、空气，燃油的压力、温度，以及阀门、挡板开、关的情况等。

检测元件主要有压力开关，用于反应燃油、空气及炉膛的压力，当其超过规定允许值时，压力开关会使机组跳闸。BMS用到的压力开关信号主要有炉膛压力高、低，冷却压力低、油箱压力低等。温度开关，用来反应燃油、蒸汽、空气温度等，主要有油箱油温、一次风温等。流量开关，用于检测空气、蒸汽、水等系统的流量，主要是炉膛空气流量、二次风流量等。行程开关用于限制阀门和挡板的行程，以保证锅炉运行在规定的安全限度内，或提供一个证实信号，例如阀门是开的还是关的，油枪是进到位还是未进到位等。火焰检测器主要用于监视炉膛有无火焰，分有油火焰和煤火焰。

检测元件通常与一些反馈装置相连接，在某些情况下，报警点设定值略高或低于跳闸点，以提醒运行人员将发生事故的状况。如果运行人员未能及时进行纠正事故倾向，则在情况恶化之前，超限信号送入BMS使机组自动跳闸或通过逻辑控制产生其他适当的作用。

显然，保持检测元件处于良好工作状态极端重要，检测元件的故障将导致事故发生或不必要的停炉跳闸。检测元件投入使用之前应进行严格的检查，保证满足运行要求。投入使用后，要定期进行校验。必须保持敏感元件的清洁度，还应提供足够的冷却空气。当BMS系统出现故障时，应首先检查现场设备。

二、锅炉跳闸盘

机组跳闸盘上有主燃料跳闸（MFT）按钮、油跳闸（OFT）按钮、煤层跳闸按钮，用于进行主燃料、油燃料、煤层的跳闸。

三、驱动装置

驱动装置用于控制和隔离进入炉膛的燃料和空气，燃烧系统的驱动装置包括电动和气动的阀门、挡板驱动器以及电动机驱动器。运行人员通过逻辑控制系统监控这些装置。由于BMS系统是逻辑控制系统，因此逻辑系统给这些驱动装置的指令不是开就是关；不是投入就是退出。

燃料系统驱动装置有的采用交流电驱动，有的用直流电驱动；它可以设计为给予能量跳闸或不给予能量跳闸两种类型，对于大型燃煤电厂通常采用给予能量跳闸类型。这种类型的跳闸系统打开阀门时需提供能量，关闭阀门也需要提供能量，不提供任何能量时，阀门位置不变，从而防止了因电源消失而跳闸，保证系统的安全。

保证这些驱动装置处于良好的工作状态的重要性是十分明显的，因BMS的指令和安全连锁要靠这些驱动装置来执行和实现。因此必须对所有现场设备进行定期监视、检查和测试，并保证这些设备的清洁，不让这些设备粘上灰尘和油污。设备停运后，要定期活动所有的阀门和挡板。

四、火检冷却风机柜

在冷却风机柜有两个压力开关用来控制风机启动、停止、备用，以及控制风机就地、遥控方式。两个指示灯，即当风机运行时红灯亮，当风机备用时黄灯亮。

五、高能电弧点火器

高能点火器是锅炉点火的重要装置。高能点火器属低压点火器，是一个整流放电装置，它安装在每根油枪的附近，作为油枪的点火源或点火器。点火时，点火器火花棒直接插入油枪油的出口处，产生高强度的电火花，将被蒸汽雾化了的油点燃。整个点火过程由BMS控制。高能点火器由点火变压器、软电缆、软火花棒、点火端、火花棒伸缩机构和导管组成。点火变压器为点火端提供一个高电压，在点火变压器一次侧接上120V电压，则在二次侧产生一个 2000V DC 交点电压，输出能量为 12J/s，平均速率为每秒 3 个火花。二次侧产生的高电压通过两个整流器和两个电容器的双回路整流装置，交流电压整流为直流电压脉冲，当电压达到预定的数值时，将在火花隙中产生高能电弧，使点火端部点燃；软导管电缆是一根软的金属编织电缆，用于连接变压器和电火花棒推杆接线插座。火花棒用于连接软电缆和点火端，火花棒有一部分是柔性的，可以随着油枪喷嘴摆动而摆动。火花棒放置在导管内，当高能点火器不运行时，火花棒伸缩机构将火花棒从靠近火焰的高温地区退回到导管之中。火花棒伸缩机构由气动驱动活塞、电磁阀、伸进和缩回限位开关组成。电磁阀控制汽缸活塞两端的压力，使得火花棒伸进或缩回，限位开关给出火花棒进到位和退到位的信号，送到 BMS 且显示；点火端相似于一个火花塞，高压施加在点火端部的一个金属球上，一个表面涂有半导体材料的陶瓷绝缘子将这个金属球与金属球周围的金属环分开，当金属球上的电压达到预定的数值，则半导体材料使金属球与金属环相通。但是半导体不能像金属那样迅速传导电流，使周围空气电离而形成电弧。

六、火焰检测器

火焰检测器是燃烧器管理系统中十分重要的组成部分，它是利用探测矿物燃料发出的可见光鉴别火焰是否存在的新型火焰检测器，可以用于监视炉膛火球火焰，也可以用于监视单根油枪的火焰。

由于火焰检测器在锅炉安全中的重要地位，许多国家对此进行了大量的研究工作。在 20 世纪 60～70 年代，国外工业发达国家大量采用了以探测火焰发射的紫外线为原理的火焰检测器，在燃油和燃天然气的机组上获得了相当的成功。但是长期的使用实践证明，在燃煤锅炉上，紫外线型的火焰检测器常常遇到问题，特别是在燃煤低负荷时问题就更加严重。为此，在 70 年代后期，国外开始研制以探测红外线和可见光为原理的新型火焰检测器。

实验证明，炉膛里燃烧辐射出的可见光具有脉动性，脉动频率根据燃烧种类的不同而有很大的变化，燃煤的脉动频率最低，燃油和天然气则比燃煤的要高得多。另外，燃料/风量比、燃料喷射速度、风速和燃烧器的几何形状等也会影响到脉动的频率和强度。测量出火焰的脉动频率和强度是否在规定的范围内，就能判别出火焰是否正常。

以探测可见光为原理的安全火焰检测器综合应用了光纤技术、光—电转换敏感元件、先进的 CMOS 及对数放大器等集成电路，它通过探测燃烧辐射的可见光脉动频率和强度来检测火焰，是一种新型的火焰检测装置。

（1）火焰检测装置工作原理如图 4-3 所示。

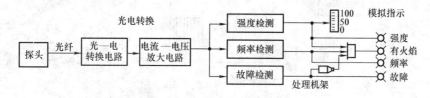

图 4-3　火焰检测装置工作原理图

（2）光纤和光电管的光敏特性如图 4-4 所示。

（3）火焰检测器的组成。

1）光电转换见图 4-5。

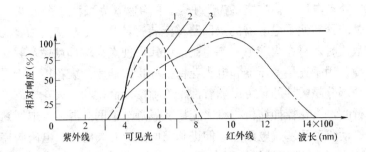

图 4-4　光纤和光电管的光敏特性曲线

1—光纤导管光敏特性曲线；2—带红外滤波光电管光敏特性曲线；

3—无红外滤波光电管光敏特性曲线

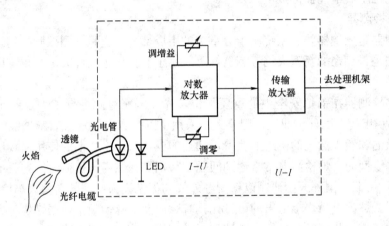

图 4-5　光电转换原理框图

2）强度检测见图 4-6。

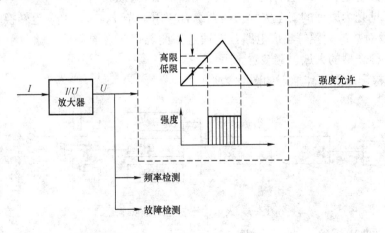

图 4-6　强度检测原理图

3）频率检测见图 4-7。

4）故障检测见图 4-8。

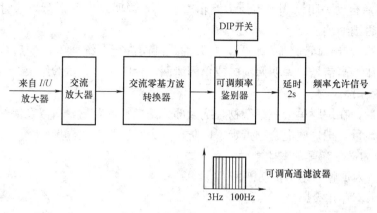

图 4-7　频率检测原理框图

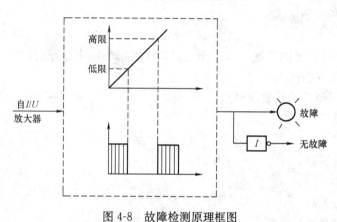

图 4-8　故障检测原理框图

第六节　炉膛安全监控系统的逻辑原理

一、油泄漏试验

检漏是非常重要的,因为如果阀是漏的,则吹扫条件中的油阀关闭等条件都没有意义。所以在锅炉进行炉膛吹扫前必须做油泄漏试验,检查油跳闸阀和油回油阀或油燃烧器油阀是否泄漏,以保证在阀关闭时无油漏入炉膛。油跳闸阀和油回油阀是所有油燃烧器与油源之间的两个隔离阀,因此,对这两个阀门的控制实际上是控制整个油泄漏的关键。

1. 油泄漏试验准备条件

以下条件需同时满足。

(1) 任意一个煤燃烧器在运行且 MFT 继电器复位,或 MFT 继电器跳闸。

(2) OFT 继电器跳闸。

(3) 油箱回油阀关闭。

(4) 油箱跳闸阀关闭。

(5) 所有油燃烧器角阀关闭。

2. 试验过程

(1) 若油泄漏试验准备条件满足,可以从 CRT 上启动油泄漏试验。程序发出打开油回油阀命令，3s后自动关闭该阀，若压力高信号发出，说明跳闸阀泄漏，这时停止试验，进行检修处理；否则继续进行。

（2）90s后，发出对管路加压信号，打开油跳闸阀进行系统加压，3s后自动关闭。若发出油泄漏试验压差高信号，说明回油阀或角阀泄漏，否则正常，试验结束。

二、炉膛吹扫

锅炉停运后，在炉膛里会积聚杂物，绝大部分是燃料混合物，所以在锅炉点火前要向炉膛吹入足够的风量，把这些混合物带走，以防在点火时炉膛发生爆燃。

1. 炉膛吹扫必须满足的基本条件

（1）所有进入炉膛的燃料被切断。

（2）炉膛内不存在火焰。

（3）吹扫空气流量必须保证在5min内把炉膛内可能存在的可燃混合物清除掉，一般规定吹扫流量大于30%额定风量。

2. 启动过程

（1）在允许条件满足的情况下，操作员启动吹扫命令，吹扫开始计时。

（2）5min内允许条件不满足，吹扫自动中断。

（3）5min时间到后吹扫自动结束。

三、燃油控制

1. 点油允许条件

下列条件同时满足。

（1）油温正常。

（2）油箱压力正常。

（3）油箱跳闸阀打开。

（4）主燃料跳闸继电器复位。

（5）油燃料跳闸继电器复位。

（6）所有二次风挡板没关闭或任意一个燃烧器在运行。

（7）冷却风压正常。

（8）炉膛空气流量正常。

（9）回油阀已打开。

2. 油燃烧器的运行方式

油燃烧器的运行方式共有单独启动、对角启动、层控启动三种。

四、煤层控制

1. 点煤允许

以下条件需全部满足。

（1）一次风正常。

（2）任意油层在运行或锅炉负荷大于75%，或允许点油。

（3）MFT继电器复位。

（4）冷却风压正常。

（5）一次风温度正常。

（6）炉膛空气流量正常。

2. 煤燃烧器的运行方式

煤燃烧器的运行方式共有单独启动、对角启动、层控启动三种。

五、燃料跳闸

当锅炉设备发生异常情况或汽轮机由于某些原因脱扣，或厂用电母线发生故障时，应立即切断供给锅炉的全部燃料，并使汽轮机脱扣、发电机跳闸，使整个机组停止运行。待查明原因，消除故障后机组再重新启动。

1. 主燃料跳闸条件

下列任一条件满足即可。

（1）所有送风机停。

（2）所有引风机停。

（3）冷却风压低跳闸。

（4）炉膛空气流量低跳闸。

（5）手打 MFT 按钮。

（6）任一角火焰丧失。

（7）临界火焰动作。

（8）炉膛无火。

（9）汽轮机跳闸。

（10）炉膛压力高保护动作。

（11）炉膛压力低保护动作。

（12）汽包水位高保护动作。

（13）汽包水位低保护动作。

（14）所有燃料中断。

（15）所有给水泵跳闸。

2. 油燃料跳闸条件

下列任一条件满足即可。

（1）主燃料跳闸。

（2）手打 OFT 按钮。

（3）燃油压力低保护动作。

（4）油跳闸阀未打开脉冲。

第七节　炉膛安全监控系统的调试与运行

一、锅炉炉膛安全监控系统的调试

1. 调试前的准备工作

（1）技术资料及设计图纸应齐全，工作人员应认真阅读和掌握。

（2）准备好必要的调试用仪器和工具，主要有光源装置、测量用仪表和记录仪、倾斜式微压仪等。

（3）进行一次全面的设备大检查。检查的要点包括：

1）结构设计和整体布置应合理，且应便于安装、调试和检修。

2）装置内部线路应无开焊、短路、甩线现象。

3）电缆接线整齐、完整，无接地故障。

4）系统硬件配置齐全且与设计要求相符。

5）相关设备已具备调试条件。

2. 系统调试要点

（1）首先应调整好探头的机械位置，使之对准被测火焰。在调试火焰信号时，既要考虑可靠性，又要考虑鉴别能力，故应满足下列要求：

1）调试火焰检测信号，应分别在锅炉高、低负荷两种工况下进行，以使全工况下均能正常检测。高负荷时应确保对切、投火嘴的鉴别能力；低负荷时应确保火焰信号能可靠显示。

2）在单个火焰监测装置调整正确后，可进行同一层面上各火焰信号的调整。

3）火焰信号、压力信号是否需要加延时时间以及延时时间的确定，应通过试验和总结运行经验后确定。

4）火焰信号应有一定的调整范围，且应能鉴别出不同负荷下不同亮度的火焰信号，并考虑以下的原则要求，包括底层火焰定值宜偏低，主要考虑可靠性要求；顶层火焰定值宜侧重考虑鉴别能力。

5）调试层面火焰信号为"四取三"逻辑保护回路时，应分别对各层的四个火焰信号进行不同组合，并反复多次调试。

6）为实现点火程序控制，油层火焰检测应具有单支油枪火焰鉴别能力。

（2）炉膛压力报警和保护动作定值，应根据以下因素来确定。

1）锅炉正常启、停时炉膛压力波动范围。

2）锅炉发生局部爆燃、掉焦等非正常工况时，炉膛压力波动范围。

3）锅炉炉膛的设计强度。

4）锅炉已运行的时间。运行时间越长，炉膛强度会相应下降，定值应减小。

5）对运行期间发生过"放炮"或其他原因造成损坏的锅炉定值宜偏低。

6）应保证低负荷灭火后保护装置不会拒动，高负荷时不会误动。

7）既要保证锅炉灭火后的安全，又不要因定值不合适而造成保护频繁动作。

8）一般正压定值绝对值宜比负压定值绝对值低 $100\sim200Pa$。

（3）调试炉膛压力为"三取二"逻辑保护回路时，应分别将三个正压（或负压）进行不同的组合，并反复试验多次，其逻辑关系均应正确。

3. 炉膛安全监控系统的调试项目与内容

（1）试验室内的检查与调试项目包括以下几部分。

1）火焰检测探头应进行耐稳实验。

2）火焰检测器应做性能测试。

3）调校好压力、温度开关及有关仪表和变送器。

4）进行系统静态调试时，应将停炉连锁保护（MFT）切除，然后按以下项目进行。测试系统绝缘性能且应合格；电源波动、送电、失电及电源切换试验均不应出现异常情况，不应发生误报警、误动作；探头安装位置的调整试验，冷却风系统、风机、管路及探头连接等调试合格，风源为压缩空气，则应做空气压缩机出口的最低压力定值试验，探头插入角度试验；炉膛压力系统试验；MFT 跳闸逻辑功能检查试验；检查炉膛吹扫逻辑功能。

（2）现场动态实验内容如下。

1）试验前的检查与准备。火焰检测、炉膛压力、冷却风等系统均应完成分部调试且一切正常；各项定值均已设置好；锅炉运行正常且负荷稳定；各有关执行机构、烟风挡板动作灵活；锅炉事故放水门、对空排气门完好且动作灵活。

2）调试项目及其要求。检查现场干扰电平；检查灵敏度；"火焰发暗"报警整定试验；"锅炉灭火"整定试验；炉膛压力越限报警及动作试验；冷却风机启、停、切换试验；使MFT 动作及手动试验 MFT；吹扫程序试验。

二、炉膛保护系统的运行

因为采用的系统各有差异，所以应根据所有设备指定 FSSS 系统的运行规程，并严格执行。运行规程应包括以下主要内容。

1. 炉膛保护设备

（1）火焰检测器的类型、数量等，并包括冷却风系统的设备和运行方式。

（2）炉膛正、负压监测。

（3）逻辑功能及操作面板设备说明。

（4）灭火保护的工艺信号。

2. 炉膛保护动作及停炉条件

这主要包括炉膛正负压力定值、燃料丧失、全炉膛灭火等设备状态说明。

3. 炉膛吹扫条件

这主要有：

（1）各层均无火。

（2）无锅炉跳闸指令。

（3）引风、送风要求。

（4）无粉、油投入要求。

4. 炉膛安全监控系统的投入与切除

（1）冷态时投入步骤。

1）启动冷却风机。其具体操作步骤为：送冷却风机电源及合上热工电源开关；放好并核对有关风机操作开关位置；启动冷却风机；启动后的检查，包括逐个检查探头通风情况、风压、管路有无泄漏等；风机启动后不允许停运，并定期切换风机。

2）投入保护。

3）开启引风机、送风机。

4）检查吹扫条件并进行吹扫，吹扫完成后，炉膛保护即投入。

（2）灭火保护动作后的操作。灭火保护动作后，因灭火保护有"清扫"闭锁条件，所以清扫未完成不能进行点火操作，应按以下要求进行操作和检查：

1）允许清扫指示灯应全亮。

2）"清扫准备好"灯亮后，按下"可清扫"按钮。

3）清扫完成后方可进行点火操作。

（3）保护装置的维护。

1）进行冷却风系统的定期维护工作。

2）按保护系统巡回检查项目及要求检查所属设备。

3）定期吹扫正、负压取样管路。

4）执行灭火保护装置切、投的规定。

5）炉膛保护的定期试验。

第八节 国电太原第一热电厂 FSSS 系统

国电太原第一热电厂 FSSS（BMS）系统主要由操作显示盘、逻辑控制部分、被控对象、就地控制柜、检测元件和执行机构等组成。国电太原第一热电厂六期 FSSS（BMS）系统操作显示和逻辑控制部分均采用美国西屋公司 WDPF-Ⅱ 系统，其软件功能通过定义梯形图的控制逻辑实现；其硬件设备如油燃烧器、油阀、火检放大器、光纤等均由富尼（FORNEY）公司提供，其中重要的火焰检测器采用 IDD-Ⅱ 型红外线动态探测仪，并经 RM-DR-610R 型双通道火焰检测放大器处理后进行逻辑控制。

FSSS（BMS）系统主要实现七大功能。

一、炉膛安全吹扫

锅炉停炉后，炉膛里会积聚大量的可燃混合物，为防止爆燃，锅炉在点火前、事故跳闸后和正常停炉后都必须进行炉膛安全吹扫。FSSS（BMS）系统的炉膛安全吹扫功能主要是在吹扫前对锅炉的有关设备进行安全性检查，待吹扫条件全部满足后开始吹扫，所有二次风挡板自动开启到吹扫位置（80%），风量维持在 30%～40%，计时 5min，吹扫完成。

1. 吹扫状态显示

（1）吹扫完成。

（2）吹扫在进行。

（3）吹扫准备好。

（4）吹扫请求。

（5）吹扫中断。

2. 首次吹扫允许条件

（1）无 MFT 跳闸条件。

（2）两台一次风机停。

（3）任一台送风机运行。

（4）任一台引风机运行。

（5）没有检测到火焰。

（6）所有油角阀关闭。

（7）油跳闸阀关或油泄漏试验正在进行。

（8）所有一次风挡板关闭。

（9）所有给粉机停。

（10）所有排粉机停。

（11）所有除尘器停。

（12）空气预热器正常。

（13）汽包水位正常。

3. 二次吹扫条件

(1) 空气流量小于 40%。

(2) 所有二次风挡板已开。

(3) 空气流量大于 30%。

(4) 油泄漏试验正在进行或已完成。

4. 吹扫在进行

首次吹扫允许条件满足后，CRT 按吹扫启动按钮发出吹扫命令，开二次风挡板置吹扫位，待二次吹扫条件满足后发 5s 脉冲信号，开始吹扫 5min 记时，CRT 显示"吹扫在进行"。

5. 吹扫完成

吹扫开始记时 5min（若无吹扫中断）且 MFT 继电器复位后，CRT 显示"吹扫完成"。

6. 吹扫中断

吹扫开始记时 5min 内若下列任一条件出现，则吹扫中断。

(1) 首次吹扫允许条件任一不满足。

(2) 空气流量大于 40%。

(3) 任意一个二次风挡板关。

(4) 空气流量小于 30%。

(5) 油泄漏试验没完成。

二、锅炉燃油系统泄漏试验

1. 锅炉燃油系统泄漏试验的原理

锅炉点火前或锅炉正常运行中，检查炉前油系统各设备是否泄漏非常重要，锅炉燃油系统泄漏不仅影响锅炉的经济性，而且影响锅炉的安全性。油泄漏试验主要是对来油跳闸阀、回油阀以及各油燃烧器油角阀的严密性进行检查并及时处理，以确保锅炉燃油系统严密无泄漏。锅炉炉前油系统如图 4-9 所示。

FSSS 系统的锅炉燃油系统泄漏试验功能主要分三个阶段。

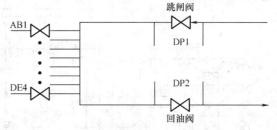

图 4-9　锅炉炉前油系统图

(1) 检查油跳闸阀。开回油阀（3s）卸系统油压，计时 90s 内，若 DP2 不高，则油跳闸阀正常；若 DP2（PD0623≥345kPa）高，则油跳闸阀泄漏，中断油泄漏试验，检修处理。

(2) 检查回油阀和角阀。开油跳闸阀给系统充压至正常，计时 90s 内，若 DP1（PD0617≥345kPa）不高，则回油阀和角阀正常；若 DP1 高，则回油阀和角阀泄漏，中断油泄漏试验，检修处理。

(3) 前两步正常进行后，共计时两个 90s，锅炉燃油系统泄漏试验完成。

在 DCS 系统设有锅炉燃油系统泄漏试验操作画面。画面上炉前油系统分别装设一个油跳闸阀、一个回油阀以及一个回油调整阀，装设"油泄漏试验"按钮，并显示油跳闸阀试验计时为 90s，回油跳闸阀试验计时为 90s。而且分别显示油泄漏试验状态："油泄漏试验正在进行"、"油泄漏试验完成"、"母管充压"、"充压失败"、"油跳闸阀试验中"、"回油阀试验中"、"压力控制阀未打开"，当任一状态满足时将点亮左边小灯使其变红。

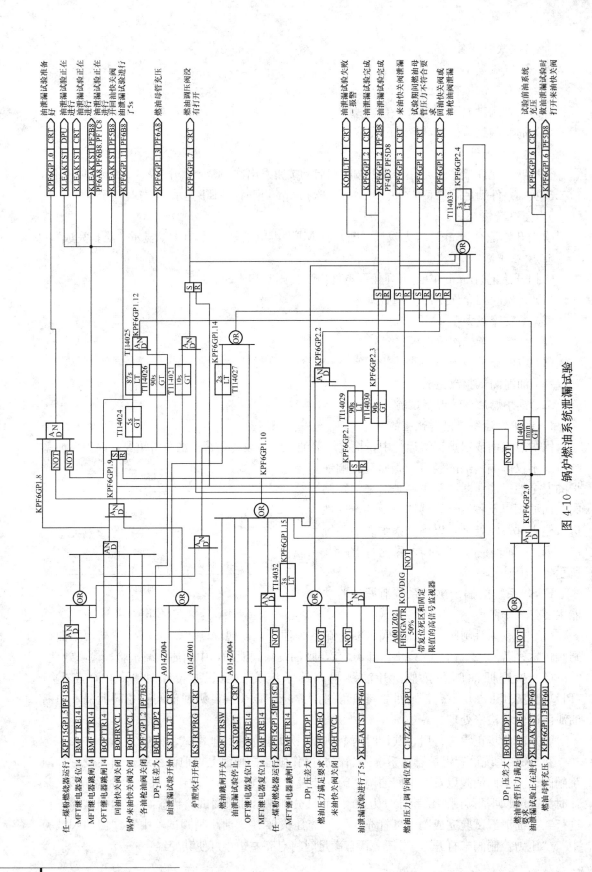

图 4-10 锅炉燃油系统泄漏试验

锅炉燃油系统泄漏试验逻辑如图 4-10 所示。

2. 锅炉燃油系统泄漏试验条件

(1) OFT 继电器跳闸。

(2) 回油快关阀关闭。

(3) 来油跳闸阀关闭。

(4) 油燃烧器各阀关闭。

(5) MFT 动作或 MFT 复位且任一煤燃烧器运行。

(6) 油泄漏试验未进行 5s。

(7) 油泄漏试验未完成。

当以上条件全部满足后，CRT 上显示"油泄漏试验准备好"。

3. 锅炉燃油系统泄漏试验过程

(1) 当油泄漏试验条件全部满足后，CRT 上显示"油泄漏试验准备好"，操作员可以从 CRT 上按下"油泄漏试验"按钮，也可以按下"炉膛吹扫"按钮同时启动油系统试验。此时 CRT 显示"油泄漏试验正在进行"，油跳闸阀泄漏试验计时开始 90s，同时打开回油快关阀，使燃油母管泄压。3s 后关闭回油快关阀，第 5s 时发出"油泄漏试验进行了 5s"，同时发 87s 的脉冲信号。在此时间内若回油快关阀前后的压差，即 DP2≥345kPa，则说明来油跳闸阀泄漏，油泄漏试验中断，应及时对来油跳闸阀进行修理。若 DP2＜345kPa，油泄漏试验继续进行。

(2) 第 90s 时，回油阀/角阀试验开始计时 90s。开来油跳闸阀，燃油母管充压，3s 后关闭来油跳闸阀。若第 90～180s 的 90s 时间内 DP1≥345kPa，或燃油母管压力小于 2.896MPa，则回油阀/角阀泄漏，油泄漏试验中断，应及时对回油阀/角阀进行修理。否则，说明油系统无泄漏，油系统泄漏试验结束，CRT 显示"油系统泄漏试验完成"。

三、燃料跳闸

FSSS（BMS）的炉膛安全保护功能主要由主燃料跳闸 MFT（Master Fuel Trip）、油燃料跳闸 OFT 和层跳闸三部分组成。

1. MFT 主燃料跳闸

当锅炉出现预先设定的 18 种异常工况之一时，MFT 保护动作，直接快速切断锅炉主燃料，锅炉灭火，汽轮机跳闸，MFT 逻辑如图 4-11 所示。

MFT 动作条件如下。

(1) 两台引风机全停。

(2) 两台送风机全停。

(3) 冷却风压低跳闸（P0533、P0534、P0535 三取二）。

(4) 空气流量小于 25％（二取一）。

(5) MFT 操作员手动操作跳闸按钮（跳闸板上两个按钮同时按下或 CRT 软跳闸按钮）。

(6) CCS DPU 任一不 OK。

(7) 汽轮机跳闸（自动主汽门关）。

(8) 炉膛压力高（P0505、P0506、P0507 三取二，延时 3s）。

(9) 炉膛压力低（P0511、P0512、P0513 三取二，延时 3s）。

(10) 汽包水位高（二取一，延时 3s），动作值为 +250mm。

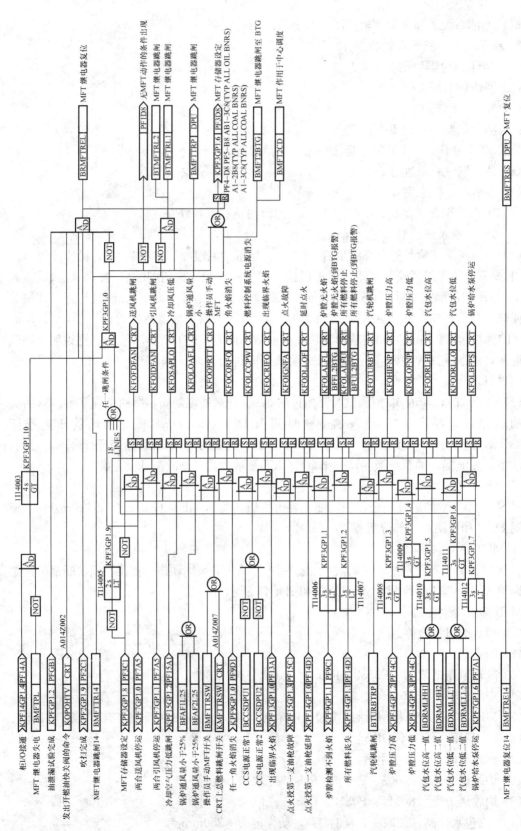

图 4-11 锅炉主燃料跳闸 MFT

(11) 汽包水位低（二取一，延时 3s），动作值为−250mm。

(12) 锅炉给水泵全停（延时 3s）。

(13) 任一角火焰丧失。A、B、C、D、E 五层给粉机有三层运行时，检测到任一角全无火焰。

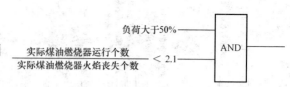

图 4-12　临界火焰逻辑

(14) 临界火焰。具体如图 4-12 所示。

(15) 锅炉灭火。四角火焰全部丧失（3s 脉冲）。

(16) 所有燃料源丧失。具体如图 4-13 所示。

(17) 第一支油枪点火失败（3s 脉冲）。

(18) 第一支油枪点火失败（5min 延迟）。

MFT 动作设备如下。

(1) MFT 继电器（2 个）。

(2) OFT 继电器（2 个）。

(3) 2 台一次风机。

(4) 4 台排粉风机。

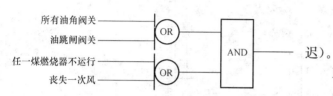

图 4-13　燃料源丧失逻辑

注：丧失一次风为两台一次风机停或一次风压低（P0527、P0528、P0529 三取二），动作值为 2.2kPa。

(5) 四层层跳闸继电器。

(6) 20 台给粉机。

(7) 20 个一次风挡板。

(8) 所有减温水门强关至 0。

(9) 给水泵勺管迫降至 0（30s）。

2. OFT 油燃料跳闸

当锅炉异常情况出现时 OFT（Oil Fuel Tirp）动作，立即切断油燃料，停止所有运行的油燃烧器，其逻辑如图 4-14 所示。

OFT 动作条件如下。

(1) MFT 动作。

(2) OFT 继电器跳闸（2s 脉冲）。

(3) CRT 关燃油跳闸阀或按 OFT 跳闸按钮（跳闸板 2 个按钮同时按）。

(4) 油跳闸阀已关（3s 脉冲）。

(5) 任一油角阀开时燃油压力低（$p_{0610} \leqslant 2.069$MPa）。

OFT 动作设备如下。

(1) OFT 跳闸继电器（2 个）。

(2) 燃油跳闸阀（1 个）。

(3) 燃油回油阀（1 个）。

(4) 燃油角阀（8 个）。

3. 层跳闸（煤燃烧器）

当 A、B、C、D、E 5 层煤燃烧器发生异常情况时，该层煤燃烧器跳闸，切除该层煤燃料。

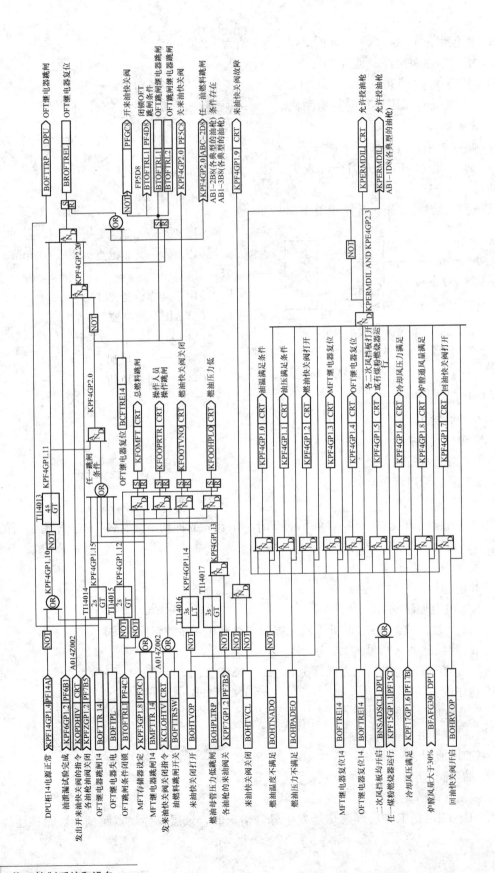

图 4-14 锅炉油燃料跳闸 OFT

层跳闸动作条件如下。

（1）MFT 动作（5 层全跳闸）。

（2）该层无火焰检测到。

（3）丧失一次风（5 层全跳闸）。

（4）操作员按软/硬手动操作按钮。

层跳闸动作设备如下。

（1）该层给粉机。

（2）该层一次风挡板。

（3）该层层跳闸继电器。

四、燃油控制

以 AB 层油燃烧器为例，FSSS 系统对油燃烧器的管理主要包括点油允许，油燃烧器启动、运行、停止，油层的层控、角控等逻辑。锅炉点火时点油允许条件必须全部满足。

1. 点油允许条件

（1）燃油温度正常。

（2）燃油压力正常。

（3）MFT 复位。

（4）OFT 复位。

（5）二次风挡板已开。

（6）冷却风压力正常。

（7）炉膛空气流量大于 30%。

（8）燃油跳闸阀已开。

（9）燃油回油阀已开。

2. 油燃烧器的准备（REDAY）

（1）点油允许。

（2）油燃烧器无火检信号。

（3）油燃烧器火检无故障。

（4）油燃烧器油角阀关。

（5）油燃烧器耦合好。

（6）油燃烧器电源好。

3. 油燃烧器点火模式（置位 30s）

（1）油燃烧器准备好。

（2）置点火模式方式。

1）CRT 远方启动（开油燃烧器角阀）。

2）CRT 层启/角启。

3）就地启动。

（3）点火模式的结果。

1）置点火模式同时启动油燃烧器的启动步序。

2）置点火模式 20s 后，若对应二次风挡板不 OK，则发 5s 脉冲，CRT 显示"二次风挡板位置不适当"。

3）置点火模式 30s 后，若油燃烧器不运行，则 CRT 显示"油燃烧器点火失败"。

4．油燃烧器的自动控制

（1）单支油燃烧器自动控制。

1）单支油燃烧器自动启动。CRT 远方启动（开油燃烧器角阀）逻辑如图 4-15 所示。

具体步骤为：启动步序→油枪推进→点火枪推进并打火 15s→开油阀→火焰检测到（5s 内）→油燃烧器运行。

2）单支油燃烧器自动停止。CRT 远方停止（关油燃烧器角阀）逻辑如图 4-16 所示。

具体步骤为：停止步序→关油阀→伸进点火器并打火 30s→开吹扫阀计时 2min→吹扫完成关闭吹扫阀→退油枪。

（2）层油燃烧器自动控制，逻辑如图 4-17 所示。

层控：$AB_1 \xrightarrow{15s} AB_3 \xrightarrow{15s} AB_2 \xrightarrow{15s} AB_4$。

（3）油燃烧器对角自动控制。

角控：$AB_1 \xrightarrow{15s} AB_3$；$AB_2 \xrightarrow{15s} AB_4$。

五、燃煤控制

FSSS（BMS）系统对煤燃烧器的管理实际上是对给粉机和一次风挡板的控制，包括煤层的控制方式、点煤允许，煤燃烧器的启动、运行、停止等逻辑。

现以 E 层煤燃烧器控制为例进行分析。

1．点煤允许条件

逻辑如图 4-18 所示。

（1）一次风压正常。

（2）点油允许或任一油枪运行，或负荷大于 50％。

（3）MFT 复位。

（4）冷却空气压力正常。

（5）炉膛空气流量大于 30％。

（6）一次风温度正常。

2．煤粉燃烧器的准备（REDAY）

逻辑如图 4-19 所示。

（1）点煤允许。

（2）A1 煤粉燃烧器无火焰。

（3）A1 煤粉燃烧器火检无故障。

（4）A1 煤粉燃烧器的一次风挡板已关。

（5）A1 煤粉燃烧器的一次风挡板电源好。

（6）A1 煤粉燃烧器的给粉机电源好。

（7）A1 煤粉燃烧器的给粉机停。

（8）点油允许/煤层 E 点火源存在。

3．煤燃烧器点火模式（置位 120s）

逻辑如图 4-19 所示。

（1）煤燃烧器准备好。

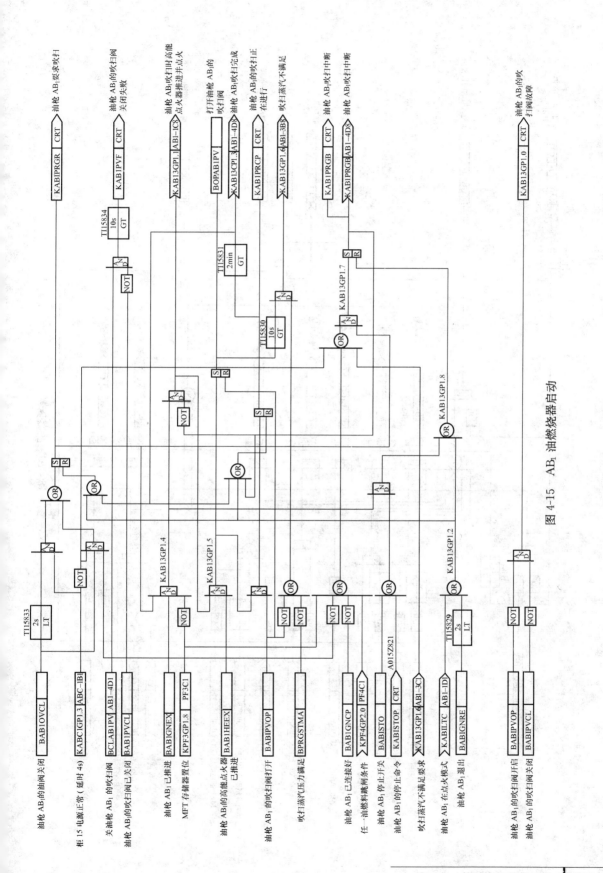

图 4-15 AB₁ 油燃烧器启动

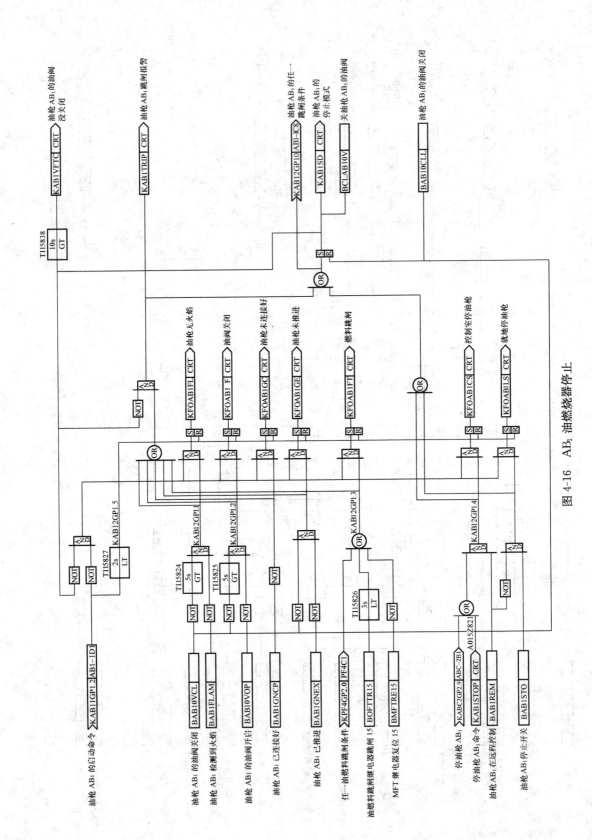

图 4-16　AB₁ 油燃烧器停止

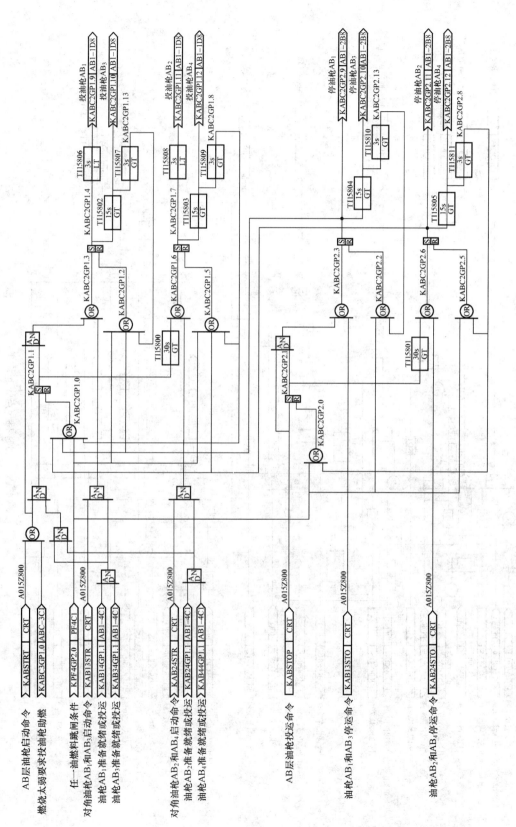

图 4-17　AB 层油燃烧器启动和停运

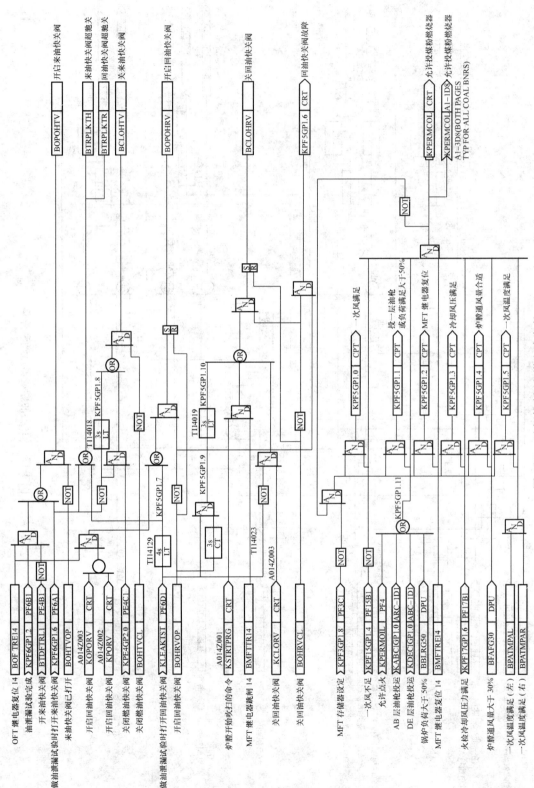

图 4-18 油阀控制/点煤允许条件

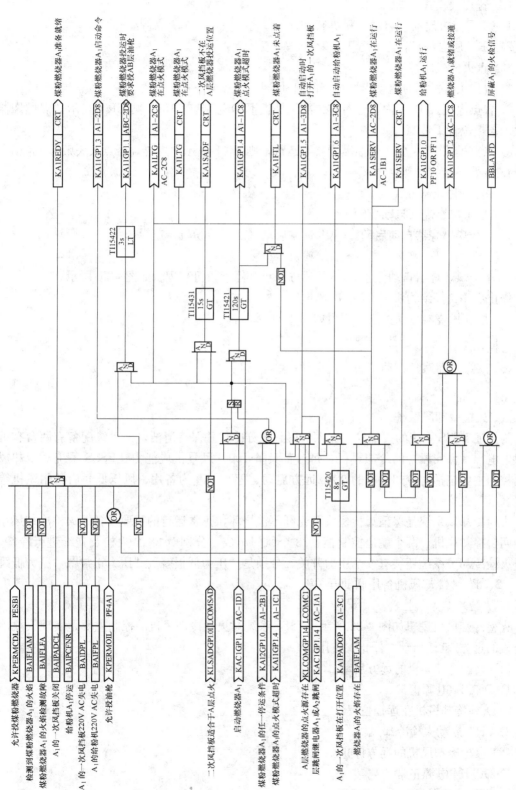

图 4-19 煤燃烧器 A₁ 启动

（2）置点火模式方式。

1）CRT 远方启动（启动给粉机）。

2）CRT 层启/角启。

（3）点火模式的结果。

1）置点火模式同时启动煤燃烧器的启动步序。

2）置点火模式 120s 内，若对应二次风挡板不 OK，延时 15s，则 CRT 显示"煤燃烧器二次风挡板位置不适当"。

3）点火模式 120s 后，若油燃烧器不运行，则 CRT 显示"煤燃烧器点火失败"。

4. 煤燃烧器的自动控制

可实现三种控制方式：

（1）单个煤燃烧器自动控制。

1）单个煤燃烧器自动启动。CRT 远方启动（启动给粉机）逻辑如图 4-19 所示。

启动步序：开一次风挡板 → 启给粉机。

2）单个煤燃烧器自动停止。CRT 远方停止（停给粉机）逻辑如图 4-20 所示。

停止步序：停给粉机 → 关一次风挡板。

（2）层煤燃烧器自动控制。逻辑如图 4-21 所示。

层控：$A_1 \xrightarrow{60s} A_3 \xrightarrow{60s} A_2 \xrightarrow{60s} A_4$。

（3）煤燃烧器对角自动控制。

角控：$A_1 \xrightarrow{60s} A_3$，或 $A_2 \xrightarrow{60s} A_4$。

六、火检冷却风系统

为保证 FSSS 系统的火焰检测器探头得到充分冷却并保持清洁，该系统配备有两台有可靠供电电源（保安段）的冷却风机，每台都具备 100％风量供应能力。FSSS 系统对冷却风机的控制主要包括对冷却风机的就地/远方启动、停止，互为备用、风压低联启备用风机等功能。

火检冷却风系统是保证火检探头及光纤不被烧坏，正常运行的重要设备。火检冷却风系统由两台冷却风机、两个就地控制柜、28 个风门组成，分别对 28 个火检及光纤进行冷却。另外火检冷却风系统还装有 6 个压力开关，分别是"压力低报警"、"压力正常"、"压力低跳闸 1、2、3"、"冷却风机备用联动开关"。

1. 火检冷却风机控制

火检冷却风机逻辑如图 4-22 所示。FSSS 系统对火检冷却风机的控制主要是实现火检冷却风机的远方/就地启动、停止、备用。

（1）火检冷却风机的远方启动。

1）DPU14 电源正常。

2）火检冷却风机在远控位置。

3）CRT 启动火检冷却风机。

（2）火检冷却风机的远方停止。

1）DPU14 电源正常。

2）火检冷却风机在远控位置。

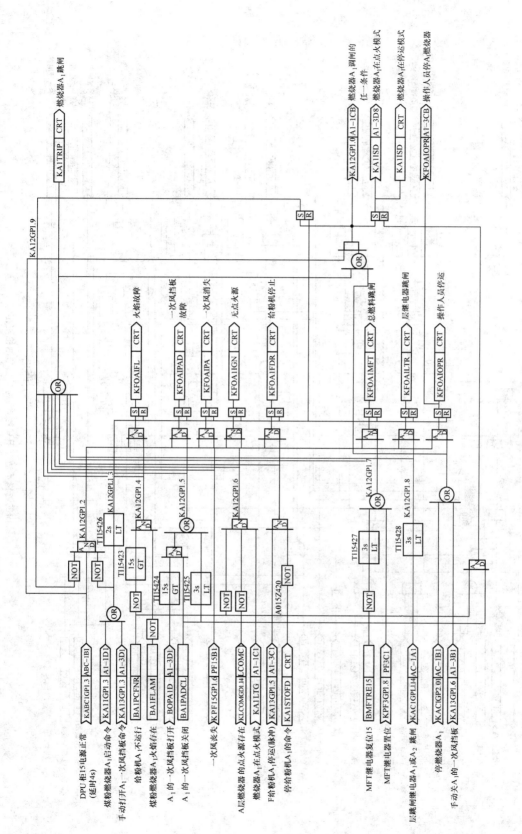

图 4-20 煤燃烧器 A₁停止

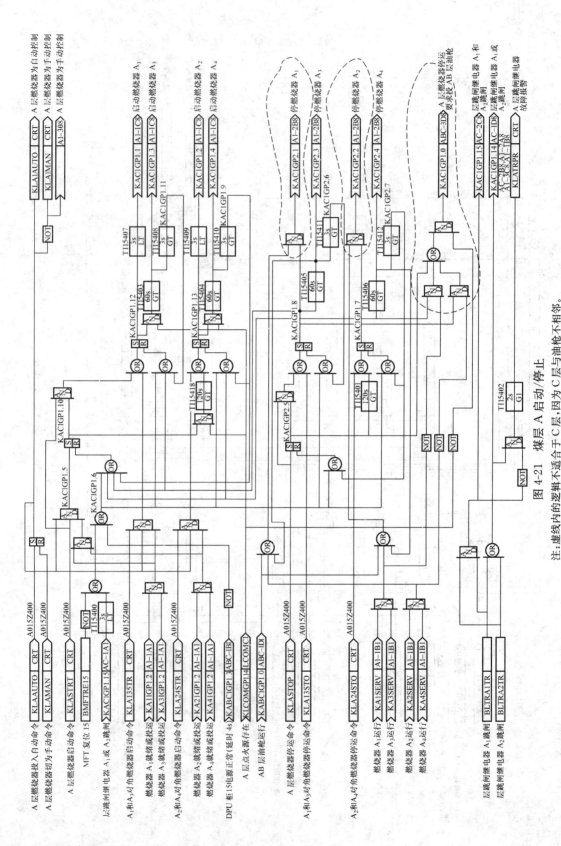

图 4-21 煤层 A 启动/停止

注：虚线内的逻辑不适合于 C 层，因为 C 层与油枪不相邻。

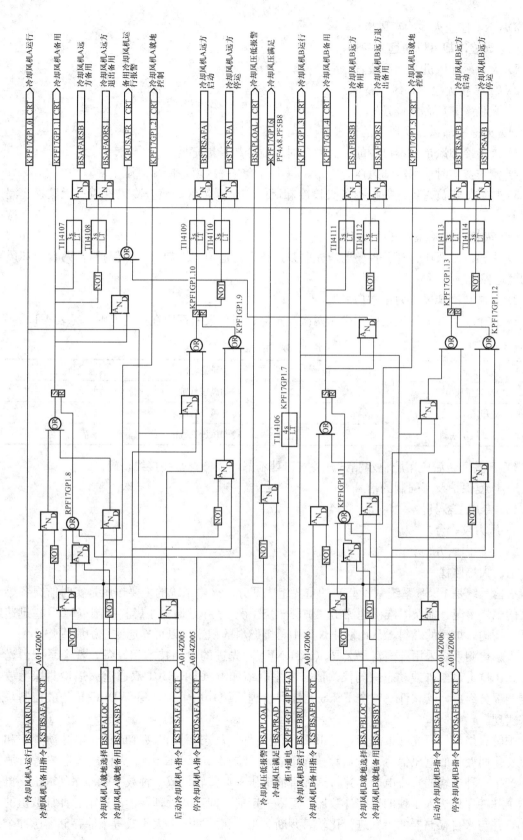

图 4-22 火检冷却风机控制

3）CRT停止火检冷却风机。

（3）火检冷却风机的远方备用。

1）火检冷却风机在远控位置。

2）CRT投火检冷却风机备用。

2. 火检冷却风系统检修

（1）火检冷却风压及风量的检查。

1）火检冷却风是必不可少的，必须随时保证冷却风量充足。

2）操作员实时检测冷却风压力正常，每小时检查一次就地冷却风压正常。

3）热控值班员每班逐一检查各火检冷却风门在全开位置，检查冷风管道有无破损、漏风现象。

（2）火检冷却风压力开关校验。

1）火检冷却风压力开关校验前应先联系运行人员退掉"冷却风压低保护"，两台冷却风机切就地控制。

2）强制"冷却风压力正常信号"。

3）每个压力开关定值校验不少于两次，定值、回差误差都应在规定范围，见表4-1。

表 4-1 定 值 规 定 范 围

开关名称	定 值	开关名称	定 值
冷却风压低报警		冷却风压低跳闸1	
冷却风压正常		冷却风压低跳闸2	
冷却风压联动		冷却风压低跳闸3	

4）开关回装后应用肥皂水测试开关接口处不漏风，检查开关接线正确。

5）恢复保护及所强制的信号。

（3）专用工器具。

1）压力校验台。

2）英制内六方一套。

七、火焰监视

火检系统是FSSS系统（BMS）的重要组成部分。火检系统的主要作用是实时监视各燃烧器的燃烧情况，能及时准确地测出"炉膛燃烧工况"，并且通过主燃料跳闸（MFT）迅速切断一切输入炉膛的燃料，从而防止炉膛中可爆燃料的积聚，以可靠地防止炉膛爆炸。

火焰检测系统采用美国富尼公司（FORNEY）先进的检测技术和设备。整个系统由光纤束、IDD-Ⅱ型红外线动态探测仪、信号专用电缆和RM-DR-6101双通道火焰检测探测放大器四部分组成，其软件（整个FSSS燃烧器管理系统）由美国西屋WDPF-Ⅱ分散控制系统来实现。

炉膛火焰信号经光纤束测回，经IDD-Ⅱ型红外线动态探测仪转变成随火焰脉动频率和强度变化而变化的电压信号。然后该模拟数据信号进入RM-DR-6101火检放大器先进行放大，产生一种平均的直流电压，并将这种直流电压平均值转换成一种数字脉冲序列输出。再将这个脉冲序列送入单独的数字计数器，每隔一定的时间，微处理器读出这个脉冲计数值的大小，并与来自存储器的参数进行比较、判断。当实测脉冲个数大于或等于原存储器脉冲个数时，则表明火焰存在，且输出代表火焰强度的模拟信号表示火焰强弱。火检流程图如图4-23所示。

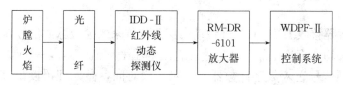

图4-23 火检工作原理图

1. 电源

火检电源系统由两路交流电源和一路直流电源组成，其中一路交流电源来自"220V AC UPS"电源柜，一路直流电源来自直流电源柜，两路电源互为备用供火检系统工作；另一路交流电源用作火检探头"盲板信号"电压，分别加到28个火检探头上去。火检放大器柜共有14块RM-DR-6101E型双通道火焰探测放大器板（一块板供两个火检探头放大使用），其中电源板供火检探头+15V DC和+50V DC电源。

2. 火检

（1）火焰检测器主要用于监视炉膛有无火焰及火焰的强弱程度。太原第一热电厂六期300MW单元机组炉膛火检系统采用富尼公司进口的火焰检测器，FSSS系统采用了28只火焰检测器，其中8只监视油枪，20只监视煤燃烧器。火焰检测器主要由保护套管（伸入燃烧器二次风喷口）、光纤、IDD-Ⅱ型红外线动态探测仪组成，其工作原理是伸入到炉膛二次风喷口的光纤将燃烧器的燃烧情况及光信号测回，IDD-Ⅱ型红外线动态探测仪将光信号转换成模拟脉冲信号，它的振幅和频率随火焰强度的变化而变化。

（2）火检的检修。

1）光纤的清擦。

① 火检光纤的清擦应定期进行。

② 先联系运行人员退出该火检及对角火检的运行。

③ 在电子间火检放大器控制柜内甩开该火检及对角火检放大器板的前端接线。

④ 就地后推探测仪与光纤的卡环接头，甩开探测仪。

⑤ 握住卡环接头，从炉膛中整根拔出光纤。

⑥ 待光纤冷却后，用干净柔软的抹布蘸清洁剂仔细清擦光纤。

⑦ 光纤头部应随时保持清洁，发现有烧黑、破损等现象应及时更换光纤。

2）IDD-Ⅱ红外线动态探测仪检查维护。

① IDD-Ⅱ红外线动态探测仪检查应每班进行。

② 就地逐一检查探测仪外观有无破损，电缆接头是否松脱。

③ 逐一检查探测仪周围有无漏风现象，探测仪上温度指示片有无超过50℃。

④ 若主控火检信号偏弱，经擦拭光纤无效时应及时清擦、检查、更换探测仪〔探测仪清擦程序同步骤1）〕。

3）专用工器具。

① 空气枪一个。

② 大功率吸尘器一个。

③ 风量表一块。

④ 风压表一块。

⑤ 常用工器具，包括扳手、改锥等。

3. 放大器

火检系统放大器接收 IDD-Ⅱ红外线动态探测仪传来的模拟脉冲信号，先将该 IDD 信号放大，产生一种平均的直流电压，并把这种直流电压平均值转换成一种数字脉冲序列输出，然后将该数字序列信号送入数字计数器。每隔一段时间，微处理器读出该脉冲计数值的大小，并与来自存储器的参数进行比较，当来自计数器的脉冲计数值超过来自存储器的参数时则输出火检信号，并且输出表明火焰强度的模拟信号。六期单元机组火检放大器采用富尼公司 RM-DR-6101E 型双通道火焰探测放大器，这种发大器提供了电源控制、信号转换和过程控制等功能。RM-DR-6101E 型双通道火焰探测放大器 PCB 板包括一个微处理器、在线操作系统、存储器、串行通信接口信号处理系统和电源控制回路。

（1）放大器参数调整。

1）放大器参数应每周重新核对一次，以维持系统的最佳运行性能。

2）RM-DR-6101E 型放大器第一级放大系数由 PCB 板前端两个电位计调整，1~10 倍可调，通常应置于最小位（增加这一级的放大倍数会使其后各级达到饱和，从而使输出不准确）。

3）第二级放大由 PCB 板上双方位 DIP 切换器控制（SW1—CH1，SW2—CH2），通常置于高频位置。

4）第三级放大由 HT TM/1000 手动操作器设置 IDD GAN 系数所控制。合格的系数值和最后所得的放大系数的值见表 4-2。

表 4-2   IDD 参数和放大器系数值

IDD 参数放大	放大器系数	IDD 参数放大	放大器系数
1	2	5	10
2	3	6	15
3	5	7	20
4	7.5	8	30

5）放大器其他参数调整。

① 在 RM-DR-6101E 型放大器前端串行接口中接入 HT TM/1000 手动操作器。

② 进入操作画面。

DR-6101E   UV/IDD

REV 1.2

CH1＝IDD   CH2＝IDD

TUN MON CHG DIAG

之后按"TUN"。

③ 进入操作画面。

238 PPS   IDDA

209 PPS   IDDA

FLAME   ENABLED

CHG   NXT

之后按"CHG"。

④ 进入操作画面。

238 PPS   IDDA

209 PPS   IDDA

FLAME   PYPASSED

CHG   NXT

之后按"NXT"。

⑤ 进入操作画面。

238 PPS   IDDA

209 PPS   IDDA

OFF CH1 CH2 TD

之后按"CH1"。

⑥ 进入操作画面。

238 PPS   IDDA

PKUP=25〈25〉

25 PPS IDDA

INC DEC SEL NXT

之后按"INC",增加"有火门槛"脉冲个数。

按"DEC",减少"有火门槛"脉冲个数。

按"SEL",选中所选参数。

按"NXT",完成该参数修改后进行下一步操作。

⑦ 进入操作画面。

238 PPS   IDDA

DROP=15〈15〉

15 PPS IDDA

INC DEC SEL NXT

之后按"INC",增加"无火门槛"脉冲个数。

按"DEC",减少"无火门槛"脉冲个数。

按"SEL",选中所选参数。

按"NXT",完成该参数修改后进行下一步操作。

⑧ 进入操作画面。

238 PPS   IDDA

MIN=15〈15〉

15 PPS IDDA

INC DEC SEL NXT

之后按"INC",增加"火检强度"最小值脉冲个数。

按"DEC",减少"火检强度"最小值脉冲个数。

按"SEL",选中所选参数。

按"NXT"，完成该参数修改后进行下一步操作。

⑨ 进入操作画面。

238 PPS IDDA

MAX＝100〈15〉

100PPS IDDA

INC DEC SEL NXT

之后按"INC"，增加"火检强度"最大值脉冲个数。

按"DEC"，减少"火检强度"最大值脉冲个数。

按"SEL"，选中所选参数。

按"NXT"，完成该参数修改后进行下一步操作。

⑩ 进入操作画面。

238 PPS IDDA

GAN＝15〈15〉

INC DEC SEL NXT

之后按"INC"，增加"火检"增益。

按"DEC"，减少"火检"增益。

按"SEL"，选中所选参数。

按"NXT"，完成该参数修改后进行下一步操作。

⑪ 进入操作画面。

GO TO SENSB?

YES NO

之后按"NO"。

⑫ 进入操作画面。

238 PPS IDDA

209 PPS IDDA

SELECT CHANGES

SAV ORIG NET

之后按"SAV"，存盘。

⑬ 进入操作画面。

238 PPS IDDA

209 PPS IDDA

OFF CH1 CH2 TD

之后按"TD"，设置延迟时间。

⑭ 进入操作画面。

238CH1 209CH2

TD＝2～4〈2～4〉

2～4 SECONDS

ENC DEC SEL NXT

之后按"INC"，增加"延迟时间"。

按"DEC"，减少"延迟时间"。

按"SEL"，选中所选参数。

按"NXT"，完成该参数修改后进行下一步操作。

⑮进入操作画面。

238 PPS　IDDA

209 PPS　IDDA

SELECT CHANGES

SAV ORIG NET

之后按"SAV"，存盘。

（2）故障检修。

1）若火检系统出故障，应先判断故障点在火检探头、连接电缆、放大器板，还是系统电源。

2）如果火检系统不能正常运行，用万用表测试电压，使+6.5V、+15V、−15V DC电源正常。

3）测量 RM-DR-6101E 型 PCB 板上的电源输入，确保所有的输入电压都正常。

4）如果 PCB 板不能正常响应输入，则系统可能死机，按 RST 开关以清除 CPU，并重新启动程序。

5）如果不能重新启动，则移开系统电源检查 PCB 板上所有熔断器，并按表 4-3 所列要求替换熔断器。

表 4-3　　　　　　　　　　　　　　　熔 断 器 替 换 说 明

零件号码	说　　　明
78701-01	熔丝，熔丝电阻，273，002，2A(F1 和 F7)
78701-10	熔丝，测微计，熔丝电阻，273，125，0.125A，125 V DC(F3，F4，F5，F6)
78701-06	熔丝，测微计，熔丝电阻，273，500，0.5A，125V DC(F2)

6）利用火检探头提供的记录检查探头或电缆所出的故障。

7）专用工器具。

① 常用工具。包括万用表、改锥等。

②HT TM/1000 手动操作器。按"SAV"，存盘。

（3）放大器柜的清扫。

1）控制柜清扫必须在停电后进行。

2）清扫前应将模件拔出。

3）清理防尘滤网和机柜。

4）清理模件槽位及插座。

5）吹扫时用吸尘器吸尘。

6）建议的吹扫工具。

① 带滤网的减压阀一个。

② 防静电空气枪一个。

③ 防静电接地环若干。

④ 防静电接地板一个。

⑤ 大功率吸尘器一个。

7）工作人员在清扫模件时必须带上防静电接地环，并尽可能不触及电路部分。

8）吹扫方法。

① 仪表空气接入减压阀入口。

② 防静电空气枪接至减压阀出口，并将减压阀输出压力调到 0.5MPa。

③ 防静电板接地。

④ 工作人员带上防静电接地环。

⑤ 开启吸尘器。

⑥ 模件放在防静电板上用空气枪吹扫模件。

9）吹扫后要对柜内的接线进行检查。

10）模件回装。

① 模件回装时，工作人员必须带防静电接地环。

② 回装前应仔细核对模件编号、设置开关。

③ 插入模件时应注意导槽位置，防止损坏模件。

④ 回装后，保证插接到位，连接可靠。

顺 序 控 制 系 统　第五章

第一节　顺序控制的基本概念和基础

一、顺序控制技术的发展

顺序控制技术作为生产过程自动化的重要方面，随着生产的发展和技术水平的提高而发展。同时，顺序控制技术又为过程自动化操作水平的提高，提供了有效的技术手段。顺序控制技术在火电厂自动化生产中发挥其独到的作用，并和其他的自动化控制系统互相联系、补充，共同发展，共同完成整个单元机组的自动控制任务。

20世纪50年代初，单机容量小，参数也较低，机组的热力系统采用母管制系统，机组的监视和控制是分散进行就地控制。在主设备及主要辅助设备附近设有控制盘，并设置运行值班人员，通过电话与主控室联系接受指挥，就地监视和控制机组工况。其特点是分散控制、灵活性高、控制及时、故障分散、投资少。

60年代初，中间再热机组的出现形成了单元机组，而且汽轮发电机组的容量、参数和效率不断提高，机、炉、电的联系更加密切，沿用原来的分散控制方式已不能适应运行要求。与此同时，测量技术和控制技术也在发展，将机、炉、电的控制盘都设在一个单元控制室内，形成机组的集中控制方式。集中控制方式提高了运行的安全性、经济性和劳动生产率，同时也促进了测量技术和控制技术的进一步发展。

当机组容量不大时，这种集中控制具有控制及时、配合得当等优点。但当机组容量增大时，由于热力系统变得复杂和辅机数量增加，需要监控的对象越来越多，巨大的操作量必须更广泛地应用自动化技术来代替人工劳动，提出了选线控制技术和程序控制技术。

选线控制方法是指对于一定数量的被控对象，用一个选线开关进行具体的操作对象选择，然后用一个公用的控制开关来操作。其优点是减少了控制开关的数量，接线简单，实现成组的控制操作。但由于其自身的局限性，只能用于操作机会不多和非主要设备控制方面，无法从根本上解决集中控制方式中操作量过大的问题。

我国在60年代中期将程序控制技术引入火电厂，以解决众多设备的自动操作问题，以及机组的自启停和正常运行中的操作控制，并逐步取得了一定的成效，如联动控制、机炉辅助系统、燃烧系统等。目前300MW发电机组的程控功能组达几十个，只须两人控制即可完成。

二、程序控制系统的构成和工作原理

程序控制技术在工业部门中的应用也非常广泛，用以构成程序控制装置所使用的逻辑元件和器件种类又极为繁多，工作原理也不相同，而系统构成方式也有较大的差别。本书以典型的步进式程序控制工作方式框图为例，来阐明程序控制系统的构成和工作过程。

当程序系统处于正常待机状态，并且从多个关系密切的被控对象发出的第一程序步的操

作信号已满足时，在操作员指令或其他装置（如计算机、自动系统等）指令的控制下，程序控制装置的逻辑控制电路经过逻辑运算和判断，可通过输出部分将操作指令送入信号转换部件或直接送入执行部件，使第一程序的被控对象动作。动作完毕后，被控对象的状态或代表状态的有关参量发生变化，并以回报信号的形式返回给程序控制装置。从操作指令发出，到回报信号具备，需要一定的时间，当时间达到仍未有回报信号，则说明操作没有完成，将发生超过报警。在第二程序步的其他操作条件已满足的条件下，这个回报信号作为第二程序步运行的重要条件，才能使逻辑控制电路工作状况发生变化，转而控制第二程序步，在新的操作指令控制下，使第二程序步的控制对象动作，回报信号返回到程控装置。按照这样的工作过程，程序一步一步进行下去，形成步进工作方式，直至整个程序执行完毕，从而完成一系列设备自动操作的目的。例如，某一次风机启动程序见表5-1。

表5-1　　　　　　　　　　　　　　　某一次风机启动程序

步　　序	本　步　指　令	转入下步条件
启动条件		无故障信号
第一步	一次风机出、入口门关	一次风机出、入口门关，回报信号
第二步	启动一次风机	一次风机启动回报信号
第三步	开一次风机入口门	一次风机入口门开回报信号；入口调节门未关
第四步	开一次风机出口门	一次风机出口门开回报信号； 一次风机启动回报信号； 入口调节门未关
第五步	闭锁启动状态	启动结束

在程序控制中，整个程序从开始到结束的每一步都是一种开环控制，但是每一步的转换中，必须具备上一步执行完毕的回报信号作为反馈信号送回程控装置，从而构成一种闭环系统。

程序控制必须具备两个最基本的功能：一是按程序执行规定的操作项目和操作量；二是在上步程序完成后，在规定条件下，能按次序有规律地进行程序步的转换。

在程序控制系统中，其核心是程序控制装置，其操作显示部分实现人机联系，指令及回报信号作为程控装置的输入信号，信号转换部件和执行部件则用于接收程序装置的输出控制信号，直接操作被控对象按要求动作。

三、程序控制系统的分类

程序控制技术在工业生产过程中的应用非常广泛，各种程序控制系统的构成方式、程序步的转换、逻辑控制原理等有很大的差别，程序控制装置的类型以及用来构成控制装置所使用的逻辑元件和器件的种类极为繁多，各种装置的接线方式和程序可变性也不相同。下面分别从这些方面简要介绍程序控制系统和装置的分类。

1. 构成方式

（1）开环工作方式。在程序控制系统工作的过程中，施控系统发出操作命令以后，不需要把被控对象机构执行后的回报信号反馈给施控系统，施控系统仍能自动使程序进行下去，这是开环工作方式。

（2）闭环工作方式。在程序控制系统工作的过程中，施控系统发出操作命令以后，要求把被控对象机构执行后的回报信号反馈给施控系统，施控系统必须依据这些输入信号控制程序进行下去，这是闭环工作方式。

2. 程序步转换条件

（1）按时间转换。根据时间进行程序步转换的控制系统采用开环工作方式，施控系统由时间发信部件为主构成，并按时间顺序发出操作命令，程序步的转换完全依据时间而定。

（2）按条件转换。根据条件进行程序步转换的控制系统采用闭环工作方式，前已述及。对某一程序步，操作前应准备充分的条件（操作条件），在条件满足的情况下，才能够执行该程序步的操作。操作已完成的条件为回报信号，回报信号反馈到施控系统作为进行下一步操作的依据。因此在程序进展过程中，程序步的转换是依条件而定的。

（3）混合式转换。有的程序控制系统，其某些程序步的转换是根据时间而定的，而有些程序步的转换则根据条件而定，为混合式转换。混合式转换通常采用闭环工作方式，时间信号来自计时器，相当于一个时间条件，计时时间到达的信号反馈给施控系统。例如锅炉吹灰程序控制系统，吹灰器进入炉膛到位后开始吹灰，计时器开始计时，当吹灰时间到达后，吹灰器即退出炉膛。

3. 逻辑控制原理

（1）时间程序式。按照预先设定的时间顺序进行控制，每一程序有严格的固定时间，采用专门的时间发信部件顺序发出时间信号。

（2）基本逻辑式。采用基本的与门、或门、非门、触发电路、延时电路等逻辑电路构成具有一定逻辑控制功能的电路，当输入信号符合预定的逻辑运算关系时，相应的输出信号成立，即基本逻辑式电路在任何时刻所产生的输出信号仅仅是该时刻电路输入信号的逻辑函数。

（3）步进式。整个控制电路分为若干个程序步电路，在任何时刻只有一个程序步电路在工作。程序步的进展由程序控制装置内的步进环节实现，步进环节根据操作条件、回报信号或设定的时间依次发出程序步的转换信号。因此，程序步的进展有明显的顺序关系，即步进式电路的每个程序步所产生的输出信号不仅取决于当时的输入信号，且与下一步的输入信号有关。

4. 程序可变性

（1）固定程序方式。根据预定的控制程序将继电器或固态逻辑元件等用硬接线方式连接，称为固定程序方式。该方式仅适用于操作规律不变的程序控制系统，当要求变更控制程序时，只能用更换元件和改变接线加以适应，因此程序的可变性较差。

（2）可编程序方式。可编程序方式使用软件编程，将程序输入计算机或可编程控制器以满足不同控制程序的要求。适用于各种操作规律的程序控制系统，控制装置具有很大的灵活性和通用性。当要求变更控制程序时，只要修改所编制的程序即可，因此程序的改变非常灵活。

四、程序控制的测量部件和执行部件

1. 开关量发送器基本原理

一个完整的程序控制系统，是将直接测量到的开关量信号或由模拟量信号转换来的开关量信号输入到施控系统，施控系统按照生产过程操作规律所规定的逻辑关系，对这些信号进行综合判断，然后输出开关量信号去指挥被控系统工作，完成生产过程所要求的操作控制。

开关量发送器的基本工作原理是将被测参数的限定值转换为触点信号，并按程序控制系统的要求给出规定电平，其电源通常由程序控制装置提供。开关量发送器的检测量是压力、温度等物理量，输出的是开关量触点信号或电平。一般，发送器的触点闭合或输出高电平为有信号状态，触点断开或输出低电平为无信号状态。由于开关量发送器触点的闭合或断开是在瞬间完成的，具有继电特性，因此也可以称为继电器，如压力继电器、温度继电器等。而实质上，开关量发送器就是一种受控于压力或温度等参数的开关，因而也可以称为压力开关、温度开关等。

当被测参数上升（下降）到达某一规定值时，开关量发送器输出触点的状态发生改变，这个规定值称为动作值。输出触点的状态改变后，在被测参数又下降（上升）到达原动作值附近的另一个数值时，触点恢复原来的状态，这个值称为恢复值。输出触点的动作值和恢复值之差称为回差。

开关量发送器的主要品种有：行程开关、压力开关、压差开关、流量开关、液位开关、温度开关等。

（1）行程开关。用于测量物体的机械位移量，如阀门的开、关位置等。一般由凸轮、杠杆等和微动开关配合组成。

（2）压力开关。用于将被测压力转换为开关量信号，测力机构多采用力平衡原理，测量元件有单膜片、双膜盒、波纹管、弹簧管等，可根据被测压力的高低选用合适的测量元件。压差开关实际上是压力开关的一个品种，和压力开关的区别仅仅是测量元件为双室。

（3）流量开关。在火电厂中，大部分蒸汽和水的流量都是采用节流方法测量的，利用孔板和喷嘴等已经标准化了的节流装置将流量值转化为压差值。输出开关量信号的流量开关，则可利用压差开关测量节流装置转换出的压差值，根据节流装置的流量—压差特性整定压差开关的动作值，即可得到流量的开关量信息。节流装置和压差开关组成的流量开关主要用于要求准确的场合。此外，有许多流体流动的工况不需要用准确的流量值来反映，其流量的开关量信号可以采用更简单、直接的方法取得。例如磨煤机的断煤信号是由断煤开关提供的，断煤开关由一个可以绕轴摆动的挡板，以及连接片、微动开关组成，当煤断流时，挡板靠重力返回，带动压板按压微动开关发出断煤信号。

（4）液位开关。常见的液位开关是利用液体对浮子的浮力来测量液位的，当液位变动到一定数值时，浮子带动的磁钢使外部的干簧管触点动作，发出开关量信号。

2. 阀门电动装置及转动机械

电厂使用最为广泛的执行部件是电动执行器，在程序控制系统中，控制装置输出的开关量命令有相当大的部分是通过电动执行器去控制各种开闭式阀门的，阀门种类主要有闸阀、截止阀、蝶阀和球阀等。各类阀门开启和关闭位置的定位方式（开启到位和关闭到位），对于阀门电动装置的选用以及控制电路的功能设计有很大影响，通常采用行程整定来确定阀门的开启、关闭位置。

（1）电动阀门的主要组成部分及功能。电动阀门的种类、系列很多，它的结构和主要组成部分随其本身各个部件的不同而有差别。现将它的主要组成部分及功能分述如下：

1）电动机。

2）主传动机构。电动机通过主传动机构减速后带动阀门的开闭件，最常见的是正齿轮传动和蜗杆、蜗轮传动相结合的结构形式。

3）转矩推力转换。对于开闭件做直线运动的阀门，主传动机构输出的转矩通过阀杆螺母转换为推力，带动开闭件动作，通常阀杆螺母都作为阀门的一个部件。

4）二次减速器。对于开闭件做旋转运动的阀门，转动角度为 90°，主传动机构的输出轴还要加装机械传动的二次减速器才能去带动阀门开闭件动作。

5）行程控制机构。用来整定阀门的开闭位置。当阀门开度达到行程控制机构的整定值时推动行程开关，发出信号给控制电路，切断电动机的电源，同时提供信号给程序控制装置使用。

6）转矩限制机构。用来限制电动装置的输出转矩，当转矩达到转矩限制机构的整定值时推动转矩开关，发出信号给控制电路切断电动机的电源。

7）阀位测量机构。阀位测量机构以模拟量的形式提供阀门的位置信号。

8）手/电动切换机构。

9）操作手轮。电动操作故障时用来手动操作。

10）控制电路。接受运行人员从操作盘发出的控制指令或由程控装置发来的控制指令，自动操作阀门的开闭。

（2）转动机械。在火电厂生产过程中应用了大量的转动机械，如各种水泵、油泵、风机等，这些转动机械的驱动动力主要采用电动机。由于转动机械功能各异，所以电动机的容量差别很大，而且它们的控制电路也有差别，但在程序控制系统中，对于转动机械的控制实际上就是驱动电动机，使其合闸或分闸，从而投入或切除转动机械。

第二节 顺序控制装置的基本工作原理

在工业生产过程的开关量控制技术中，程序控制装置经历了长期的发展过程。在 20 世纪 40 年代，采用的程序控制装置是由继电器、接触器等逻辑器件构成的。在四五十年代出现了电气与机械相结合的各种机电式程序控制装置，例如 GBK-1 型电动转鼓式程序控制器、TDS-01 型电动时间程序控制器等，这些都属于有触点的控制装置。五六十年代，开始采用所谓无触点的逻辑控制电路，构成各种固态逻辑式程序控制装置和二极管矩阵式程序控制装置。后者通常称为矩阵式顺序控制器，例如机械工业部统一设计的 KSJ 型矩阵式顺序控制器等。此后随着计算机技术的发展，60 年代末期出现了可编程序式的程序控制装置。70 年代以后研制出以多位微处理为基础的工业控制装置，它主要适用于开关量控制（也具有一定的模拟量控制功能），此时可编程序式控制装置达到微型化阶段，这种类型的装置通常称为可编程序器。除此以外，还研制出了一位微型计算机，主要应用于开关量控制技术中。

程序控制装置作为施控系统的核心，向被控系统发出操作命令，并接收被控系统及过程参数的反馈信号。通常，程序控制装置主要由三大部分组成，即输入部分、逻辑控制部分和输出部分。对于应用在工业现场的控制装置来说，输入、输出部分是很重要的，它具有接受或输出控制信号、隔离现场干扰、转换控制电平、进行信号功率放大等许多功能，是与现场接口的设备。逻辑控制部分由不同类型的逻辑控制电路构成。根据工作原理，逻辑控制电路主要分为两类，即基本逻辑式控制电路和步进式控制电路。

一般程序控制装置具有如下几项主要功能：①存储控制程序。②在条件满足时，执行和转换程序。③提供人机联系。除按程序自动操作外，还可向运行人员提供点步、跳离及手动操作被控对象等功能，同时装置应能向运行人员提供必要的显示、报警和故障信号。④具有与外部设备配合完善的接口方式和信号联系通道。⑤具有一定的程序检查功能，在有必要时可设置能够验证程序进展正确性的自检电路。⑥具有一定的保护功能，能够在执行程序时，检查执行机构的故障，在发生各种事故时，可以中断或复归程序。下面将分别对目前较常用的继电器式、固态逻辑式、二极管矩阵式程序控制装置以及可编程序控制器的基本工作原理进行介绍。

一、继电器式程序控制装置

1. 三种基本逻辑电路

由继电器构成的"与"、"或"、"非"三种基本逻辑电路的逻辑表达式分别为

$$K_1 = K_2 K_3$$
$$K_1 = K_2 + K_3$$
$$K_1 = \overline{K_2}$$

根据这三种逻辑控制电路，可以用继电器实现逻辑代数的主要运算，例如互补律、重叠律、交换律、结合律、分配律、吸收定理、反演定理等；也可以组成各种继电器控制电路的基本环节，例如自保持环节、优先环节、判断记忆环节、计时环节和步进环节等。

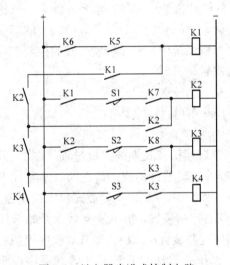

图 5-1　继电器步进式控制电路

2. 步进式控制电路

步进式控制电路使用得较为广泛，用继电器构成的步进式控制电路如图 5-1 所示。图中 K6、K7、K8 是各步的操作条件，K5 是控制电路启动继电器的触点。在发出启动命令后，该继电器的触点短时闭合，此后输出继电器 K1～K3 自动按顺序输出操作命令。步的转换取决于上一步动作完成后的回报信号 S1～S3。例如，当 K1 吸合后，依靠动断触点 K4、K3、K2 和动合触点 K1 的串联电路自保持等，同时输出操作命令。第一步动作完成后 S1 闭合，输出继电器 K2 吸合，第二步开始动作。同时动断触点 K2 断开，切断 K1 的自保持串联电路，使继电器 K1 释放，第一步停止输出操作命令。K4 为复归继电器，用于使控制电路复归，在该电路中则使 K3 复归。

图中各输出继电器的逻辑表达式为

$$K_1 = (K_6 K_5) + K_1 K_2 K_3 K_4$$
$$K_2 = (K_7 S_1 K_1) + K_2 K_3 K_4$$
$$K_3 = (K_8 S_2 K_2) + K_3 K_4$$
$$K_4 = S_3 K_3$$

除上述介绍的继电器逻辑控制的主电路以外，在继电器式程序控制装置中还设有公用控制电路。这部分电路的主要作用是提供人机联系手段，发出程序启动、程序停止、程序复归，以及工作显示等信号，以检查程序的执行情况，处理某些故障，发出程序中断信号等。

二、固态逻辑式程序控制装置

使用固态逻辑元件，即使用半导体数字分立元件和集成元件，可以构成具有一定控制功

能的逻辑控制电路，以完成所要求的程序控制任务。固态逻辑式程序控制装置由主程序逻辑控制电路组合，并附加必要的辅助功能电路构成。辅助功能一般包括程序的启停、中断和复归，信号状态显示，以及系统故障报警等，这与继电器式程序控制装置的公用控制电路的功能是类似的，只是使用不同的逻辑元件来实现。

固态逻辑式程序控制装置因其由半导体电子元件构成，因此也被称为电子程序控制器，控制器一般采用固定接线方式。控制装置的类型较多，但就其基本工作方式而言，主要可分为基本逻辑式和步进式两类。

固态逻辑电路属于弱电控制电路，因此对于程序控制装置的输入输出电路，要求能隔离工业现场的各种干扰，保证控制装置的正常工作。在复杂的固态逻辑控制电路中，传输信号之间存在着大量的"与"、"或"、"非"及其综合运算关系，此外电路中还有记忆、延时、定时、反馈等许多环节。因此除应具备分析逻辑电路的基本方法外，还需了解生产工艺本身的特点(因许多装置是针对火电厂生产过程而设计的专用控制装置)，只有同时从这两方面着手才能深入掌握具体的逻辑控制原理。

固态逻辑式程序控制装置的逻辑控制电路，其种类和组合变化是很多的，在此不可能一一加以分析介绍。但是对于电路的分析，归纳起来，通常有如下一些基本分析方法可供采用：直接观察法、列真值表法、逐级推导电平法、列逻辑表达式法和波形图分析法，可根据逻辑控制电路的繁简程度具体选用。

1. 基本逻辑式控制电路

图 5-2(a)所示为由固态逻辑元件构成的，用于产生时间配合信号的基本逻辑式控制电路。根据输入的控制命令，可以分别得到在时间上相互配合的几个输出信号，从而完成几项不同的功能。图中 A 端为控制命令的输入端，E 端输出一个 2s 的短脉冲操作命令，C 端输出被控对象的操作持续时间，F 端输出操作时间已结束的信号。

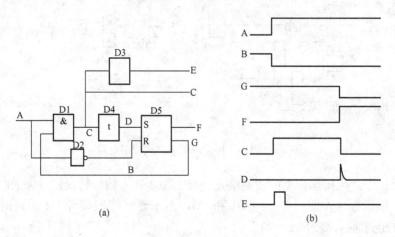

图 5-2　固态逻辑元件构成的基本逻辑式控制电路
(a) 逻辑电路图；(b) 信号波形图

在 A 端没有控制命令输入时，$A=0$，$B=1$，$C=0$，$D=0$，$E=0$，$F=0$，$G=1$，RS触发器 D5 为复位状态。

当 A 端接受到控制命令时，$A=1$，通过"非"门 D2 使 $B=0$，但 B 对 RS 触发器 D5 不起作用（因两个输入端信号均为"0"），D5 的输出状态不改变；这样"与"门 D1 导通，使 $C=1$，C 端输出的信号作为被控对象操作的持续时间信号。与此同时，启动单稳元件 D3，向被控对象输出一个 2s 的脉冲操作命令，输出端 $E=1$ 持续 2s 后自动变为"0"。此时延时单元 D4 也被启动计时，当延时接通的时间 10s 到达以后，D 点的电平变为"1"，B 点的电平仍为"0"，使 RS 触发器 D5 置位，输出端 $F=1$，$G=0$，由 F 端发出操作时间已结束的信号，用于控制其他逻辑电路。同时，$G=0$ 将使"与"门 D1 封锁，C 点电平降为"0"，此时 D 点电平也降回"0"，由 C 端输出的是被控对象操作持续时间信号。在此时间内，被控对象应有动作正常的回报信号送回有关控制电路，否则将进行超时报警。当输入控制命令 A 撤销后，电路回复到初始状态。

图 5-2(b)所示是该逻辑控制电路动作过程各点的信号波形图，从图中可看到各点输出信号随时间变化的情况。

2. 步进式控制电路

采用固态逻辑元件也可以构成按步进方式工作的顺序控制装置，一般采用电子式步进式构成发信控制部件，也可采用其他形式的电路。普通的固态逻辑步进式控制电路如图 5-3 所示。

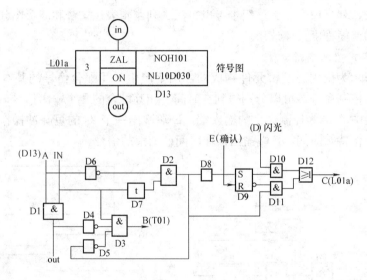

图 5-3 固态元件构成的步进式控制电路

该电路是一个产生操作命令的功能单元。当上一步送来的步转换信号输入时，控制程序进展到本步。该信号输入到"与"门 D1 和 D3，由于延时接通元件 D7 的延时作用，此时"与"门 D2 的这个输入端为 0。"与"门 D2 为 0 的信号经"非"门 D5 后为 1，接到"与"门 D3，此时由于本步被控对象动作结束的回报信号 A 不可能出现（A 为 0），"与"门 D1 为 0。此时信号经"非"门 D4 后为 1，也接到"与"门 D3，这样"与"门 D3 导通，输出控制本步被控对象的操作命令 B。当被控对象在 t_1 时间内已正常动作结束，有回报信号 A 出现（A 为 1）时，D1 为 1，经"非"门 D4 使 D3 为 0，切除操作命令 B，同时向下一步输出步转换信号，使程序转换到下一步。这时"非"门 D6 为 0，"与"门 D2 为 0，不产生故障信号 C。

当被控对象在操作过程中发生故障，t_1 时间后（D7 为 1），回报信号 A 没有出现（A 为 0），D2 的两个输入端将均为 1 信号，D2 为 1，并使 D3 为 0，切除操作命令 B。与此同时，单稳元件 D8 发出一个短时间 t_2 脉冲送到触发器 D9，使原来处于复位状态的触发器 D9 置位，这样闪光信号 D 将通过"与"门 D10 和"或"门 D12 送出故障信号 C。当运行人员按下"确认"按钮，送来一个确认信号 E 为 1 时，触发器 D9 复位，于是 D11 为 1，通过"或"门 D12 使 C 信号转为连续故障信号，故障显示灯将由闪光变为平光。

在发生被控对象操作故障后，由于回报信号 A 为 0，于是 D1 的输出始终为 0，输出端没有信号输出，程序不能进展到下步，成为中断状态。

三、可编程式程序控制装置

1. 可编程序控制器综述

可编程序控制器是在 20 世纪 80 年代初迅速发展起来的新一代工业控制装置，它的出现，引起了国内外的普遍重视并得到迅速的推广应用，并逐渐替代了传统的顺序控制器，如继电器控制逻辑、二极管矩阵逻辑以及硬件接线的半导体数字逻辑等。目前，可编程序控制器已经可以完全取代传统的模拟控制装置、顺序控制装置和小型的 DDC 控制系统，新开发的系列产品可与局部网络连成整体分布系统。在软件方面，该控制器也可向上发展并与计算机系统兼容。它广泛应用于电力、冶金、化工、机械制造、交通、电子、纺织、印刷、工艺等领域。现在，可编程序控制器已能完成对整个车间的监控，可在 CRT 上显示多种多样的现场图像，CRT 的画面可以代替仪表盘的控制，做各种控制和管理操作。它对信号和指令反应灵敏，动作快，使用范围广，操作十分方便和安全。

可编程序控制器名称较为混乱，早期有的称为"可编程序控制器"（Programmable Logic Controller，简称 PLC），有的称为"可编程顺序控制器"（Programmable Sequence Controller，简称 PSC 或"顺序控制器"Sequence Controller，简称 SC）等。1980 年美国电气制造商协会 NEMA 将它正式命名为"可编程序控制器"（Programmable Controller，简称 PC），这一名称和简称已为国际电工委员会（IEC）在《可编程序控制器国际标准草案》（1987 年）中所确认，此后均用此名。请勿将其与个人计算机的简称 PC（Personal Computer）相混淆。

国际电工委员会（IEC）1987 年在《可编程序控制器国际标准草案》中作了如下规定："可编程序控制器（PC），为通过数字量或模拟量的输入/输出控制各种机械和过程，为了实现逻辑、顺序、定时、计数、算术运算等特定功能，具有面向用户的命令，并具有内部储存用的可编程序存储器，为工业应用设计的数字型电子装置"。

以上的规定含义可理解为：可编程序控制器（PC）是一种数字型的电子装置，它为在工业环境条件中应用而设计，内部采用了可编程序的存储器，用来存储执行逻辑运算、顺序控制、定时、计数和算术运算等操作的指令。这些指令由用户设定，并通过数字量或模拟量的输入和输出，控制各种类型的机械或生产过程。可编程序控制器如此受欢迎，是因为它具有如下特点：

（1）通用性强。可编程序控制器（PC）均属于系列化产品。国内外生产 PC 的厂家很多，它们遍布于美国、日本，以及欧洲各国，各公司的产品也有所不同。各大公司几乎每隔几年就要推出一个新系列产品，许多大公司已经有几个系列的产品，结构形式也多种多样，功能板或模块品种多，可灵活组配，组成各种大小不同的控制装置，适用于各种工业领域。

较新的系列大致都有大、中、小三种配置的机型。

可编程序控制器用程序代替了硬接线，改变接线只要改变程序。当改变控制要求时，进行程序修改十分方便，而采用硬接线的继电器逻辑控制，则很难办到。

（2）功能强。PC采用微处理器，并向多微处理器方向发展。不仅具有逻辑运算、计时、计算、算术运算等程序控制功能，而且能完成数字运算、数据处理、模拟量控制、生产过程监控等功能。由于通信功能迅速发展，PC可以构成分级控制系统，组成本地局部网络。由于它具有快速中断处理能力，还能完成实时多任务过程控制等。

（3）编程简单，容易掌握。PC采用继电器线路形式的"梯形图"编程方式，面向生产，形象直观，适合于广大电气技术人员掌握、使用。如某10层电梯的控制继电器原来有300余只，接点几千个，采用PC控制后，除去PC主机外，仅用3只继电器，接点数也大大减少了。

（4）可靠性高。可编程序控制器在软件和硬件的设计上采取了一系列措施提高可靠性。如在硬件采取屏蔽、滤波、电源调整和保持、断电保持记忆功能等。在软件上有故障检测、信息保护和恢复措施，具有较强的抗干扰能力，使它可以直接安装于工业现场并稳定可靠地工作。在工业环境中，使用它的可靠性一般均高于普通微型计算机和单片机，在一定意义上讲，也高于继电器控制柜，特别是容易出故障的继电器触点系统。可编程控制器一般平均无故障率在20000～70000h以上。

（5）体积小、质量轻、功耗小。

2. 可编程控制器基本系统的构成和工作原理

一台PC机可以由不同规格的主机（或称基本单元）、各种扩展单元、编程器和各种外围设备构成。构成的规模可大可小，由用户根据实际需要来选配，非常灵活方便。为了正确选择和使用PC，我们先对它的基本系统作一介绍。

PC是一种专用计算机，它的结构形式基本上与微机相同。PC机一般由三部分组成，即输入输出组件、控制器和编程器。

控制器（又称PC主机）包括微处理器部分（CPU）、存储器部分和电源。

控制器是PC的核心部件。它的功能是用扫描方式，指挥、协调整个PC工作。它能接收从编程器进入的用户程序和数据，将各输入的状态信息读入，按照用户程序进行处理，依据处理结果向输出端发出各种输出命令。目前，一般中型可编程序控制器都是双处理器系统，也就是中央处理器中包括一个位处理器和一个字处理器。字处理器执行所有的编程器接口功能，监视内部定时器，监视扫描时间，处理字节指令及对系统总线的控制，同时字处理器还负责对位处理器的控制。位处理器则负责高速地处理指令。中央处理器还有一定的操作系统和用户编程用的内存单元，它与被控对象的连接是通过I/O接口来实现的。中央处理器在可编程控制器中称为CPU模板。不同型号的PC，采用的微处理器芯片也不同。

控制器除去微处理器CPU外，系统软件包括操作系统和其他系统程序，都需要放在系统存储器中，此外，系统软件还有一些随机数据和用户程序也需要存储，这些存储器称为内部存储器。为了满足更多的用户程序需要，在PC中还可以加装扩展存储器。内部存储器一般选用读写存储器RAM来实现，如某PC内部RAM有8KB，其中6KB留给系统软件使用，2KB可提供用户应用程序等使用。当外接电源断开时，存在RAM中的内容将无法保留，为了使内部RAM中的信息在PC停电时不丢失，在内部RAM旁加装有备用锂电池，写入 RAM 的信息在来电后能继续运行。锂电池寿命一般为 5～10 年，若经常负载可维持 1～5 年。用户的应用程序也可写入到 EPROM 中，PC 为固化在 EPROM 中的用户程序提供了插座。扩展存储器在不同的 PC 中组成方式不完全相同，有的通过系统总线直接连接；有的通过专用接口连接；有的是 RAM 读定存储器；有的则是 EPROM 存储器。PC 的存储器配有三种存储系统，即系统软件存储器、状态存储器和用户存储器。用户存储器主要用来存储通过编程器输入的用户编程程序，状态存储器用于存储计算机的状态信息，系统存储器用于存储监控程序。模块化应用于功能子程序、命名的解释、功能子程序的调用管理程序，以及各种系统参数等。

I/O 模块（也称 I/O 组件）是 CPU 组件与现场工业过程信号和其他外部设备之间的连接接口。输入模块对输入信号进行检测并转换成主机能够接收的信号；输出模块接收来自主机 CPU 的输出信号并转换成外部过程信号，去驱动各种现场设备。有各种各样的 I/O 模块供用户使用，如开关量输入/输出模块，模拟量输入/输出模块，以及各种不同类型的特殊功能模块，如通信模块，智能模块、扩展模块等。

编程器是人与 PC 联系、对话的工具，是用户与机器联系的外设。通过编程器的键盘可将用户的应用程序写入到主机的 RAM 中，并能很方便地利用编程器来对存入 RAM 中的用户应用程序进行编辑、调试、修改；同时编程器还可以作为现场的监视设备使用，通过编程器的键盘可调用和显示 PC 的一些内部状态和系统参数。编程器可以用专用电缆和电缆连接器与 PC 相连，有时也可以直接插在 PC 主机上，给现场使用编程器编程带来许多方便，有些 PC 还能提供几种不同类型的编程器供用户选用。编程器也是一个以微处理器为核心的装置。

编程器的工作方式有四种：

（1）输入方式。用于向内存编程，或修改已打入内存中的程序的元件编号、种类和寄存器中的数值等。

（2）检查方式。用于检查内存程序中，任一节点的当前状态。如触点、线圈状态，寄存器数值等。

（3）监控方式。这种方式下，可用来输入和启动控制器内存中的监控命令。

（4）出错方式。编程器、控制器出错时显示相应的代码。

可编程序控制器可以被看成是在系统软件支持下的一种扫描设备，它一直在周而复始地循环扫描，并执行由系统软件规定好的任务，建立相应的输出信号。图 5-4 所示为一个典型的可编程序控制器扫描框图，这里定义由扫描过程的一点开始，顺序扫描后又回到该点的过程为一个扫描周期。

从图 5-4 可以看出：用户程序只是扫描周期的一个组成部分，用户程序不运行时，可编程序控制器也在扫描，只不过从一个扫描周期中删除了用户程序和输入、输出服务这两部分任务。典型的 PC 在一个周期中要完成六个扫描过程。

（1）自监视扫描过程。为了保证设备的可靠性，可编程序控制器都具有自监视功能。自监视功能是通过监视器 WDT（Watchdog Timer）完成的。WDT 是一个硬件时钟，自监视过程主要是复位 WDT。如果在复位前，扫描时间已超过 WDT 的设定时间，CPU 将停止运行，复位输入输出，并给出报警号，这种故障称为 WDT 故障。WDT 故障可能由 CPU 硬件引起，也可能由用户程序执行时间太长，使扫描周期超过 WDT 的设定时间而引起。用编程

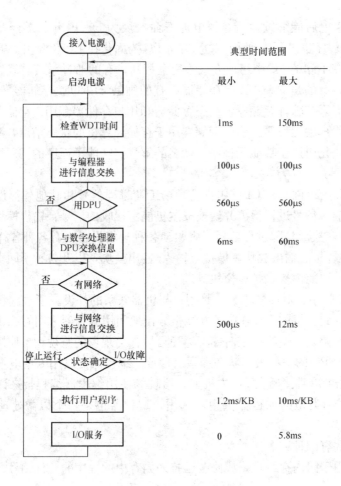

图 5-4　PC 的扫描周期框图

器可以清除 WDT 故障。WDT 的设定时间一般为 150～200ms，在有些可编程序控制器中，用户可以对 WDT 时间进行修改。

（2）与编程器进行信息交换扫描过程。在 PC 中，用户程序是通过编程器写入的，调试过程中，用户也通过编程器进行在线监视和修改。在这一扫描过程中，CPU 把总线权交给编程器，自己变为被动状态。当编程器完成处理工作或达到信息交换所规定的时间时，CPU 重新恢复总线权，并恢复到主动状态。

在与编程器进行信息交换的扫描过程中，用户可以通过编程器进行内存程序的修改，启动或停止 CPU，读 CPU 状态，封锁或开放输入、输出，对逻辑变量和数字变量进行改写。

（3）与数字处理器 CPU 进行信息交换的扫描过程。当配有数字处理器时，一个扫描周期中才包含这一过程，该过程用于数字处理器与 CPU 间的数据交换。

（4）与网络进行通信的扫描过程。配有网络的 PC，才有通信扫描过程，这一过程用于可编程序控制器之间以及可编程序控制器与磁带机或计算机之间的信息交换。

（5）用户程序扫描过程。当 PC 处于运行状态时，一个扫描周期内会包含用户程序扫描过程。

（6）输入输出服务扫描过程。CPU 在处理用户程序时，作用的输入值不是直接从实际输入点读取的，运用的结果也不是直接送到实际输出点。而是在输入服务扫描过程中，CPU 把实际输入点的状态读入到输入状态暂存区；在输出服务扫描过程中，CPU 把输出状态暂存区的值传进到实际输出点。

输入输出状态暂存区使用户程序有三个明显特点：

1）在同一扫描周期内，某个输入点的状态对整个用户程序是一致的。

2）在用户程序中，只应对输出赋值一次。如果多次，则以最后一次有效。

3）在同一扫描周期内，输出值保留在输出状态暂存区。因此，输出点的值在用户程序中也当作逻辑运算的条件使用。

用程序的长短来衡量扫描周期时间是不准确的。因为在程序执行过程中，由于逻辑运算条件不同，执行的语句也不同，尤其是子程序的执行次数不同就更使每一个扫描周期的时间各异。

图 5-5 所示是以可编程序控制器为基础组成的简单系统。该系统接收外部输入信号，用来处理用户程序，并可连续地监控控制器的全部信号，按照逻辑将输出信号回馈给输出模块。PC 也能执行数据处理、运算等功能。

在应用时，可不必从计算机概念去深入地了解该系统，只需将它看成一个由普通的继电器、定时器、计数器等组成的装置，其等效电路如图 5-6 所示。

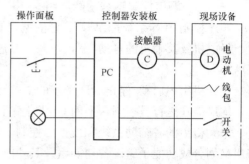

图 5-5　PC 组成的简单控制系统

输入接线端子和输出接线端子是 PC 与外部传感器或者负载的信号转换位，PC 中的输入继电器 X 由接到输入端子的外部开关量输入信号驱动（如限位开关、按钮、信号等）。输入继电器线路一般采用直流 24V DV，直流 48V DC，交流 26、110 或 220V AC 供电，通常按照可编程序控制器的要求决定具体电源。PC 中的输出继电器 Y 的触点与输出接线端子相连，用以驱动外部负载。PC 的输出有机械触点形式和无触点形式的区别，在应用时需按实际要求的输出形式选用。

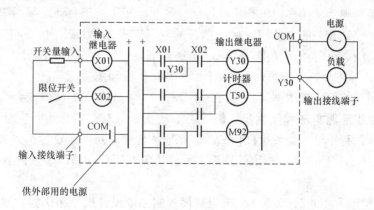

图 5-6　PC 的等效电路图

可编程序控制器包括用来区分各个输入输出端子的 I/O 区，即输入继电器 X 区，输出继电器 Y 区，以及其他元件区(也称数据区)。现以 2000HPC 系统为例作简要说明。

C2000HPC 系统将系统的数据区分为九大类，分别为 I/O 继电器区、内部辅助继电器区（IR）、专用继电器区（SR）、暂存继电器区（TR）、保持继电器区（HR）、辅助存储继电器区（AR）、联网继电器区（LR）、计时计数继电器区（TR/CR）和数据存储区（DM）。各区的功能和用法将在后面详细介绍。

可编程序控制器 PC 采用类似于汇编的一套编程语言。在使用时，可以采用功能图表、逻辑图、梯形图，正确选用编程语言指令，即可方便地写出应用程序，建立 PC 输入与输出的关系。

第三节　太原第一热电厂六期 2×300MW 机组程序控制和连锁保护

一、SCS 顺序控制系统功能说明

顺序控制 SCS 系统是 WDPF 分散型控制系统的重要组成部分，主要应用于锅炉、汽轮机、发电机及其辅机的自动/停止，并且通过数据高速公路与其他控制系统及数据采集系统（DAS）相连接。

单元机组的启动/停止顺序系统的框图、状态图和报警信息，以及顺序控制的操作指导等，均应能在运行员控制台上的 CRT 上进行显示。

单元机组的各辅助系统和设备的控制，是按照系统运行特点划分成若干个功能组，各功能组又划分成功能子组。各功能组及其功能子组应能分别执行某项特定功能，从单元机组的启动/停止系统得到操作指令，还应与相关的闭环控制系统和有关设备的自动连锁保护回路相联系。

WDPF 控制系统通过操作员站触摸式 CRT 和键盘，实现各功能组及主要被控设备（如电动门、气动门、风机挡板、电动执行机构等）的操作，实现机组的自动启动和停止。这类操作叫软手动操作，软手动操作需调动画面，并选择被控对象，然后用 2～3 个步骤来进行操作。这样，当机组面临事故状态，而同时操作多个执行机构时，就会显得比较麻烦。

若 WDPF 系统出现故障，键盘操作不能进行，可在硬手动操作面板上（即在 BTG 盘）操作，及时切换到硬手动操作，进行手动控制。硬手动操作对于自动控制系统有相对的独立性，除对与顺序控制有关的电动门、风门挡板的控制需进入 WDPF 外，一些在主控制操作中较重要的电动门、风门挡板及重要辅机（如送风机、引风机、一次风机、给水泵等），除去由 WDPF 操作监控外，在 BTG 操作盘上也装有操作板和按钮。

各顺序控制功能组应能根据运行人员的手动指令，实现程序的暂停或者程序中断，运行人员的手动指令也应能实现程序跳步，但这类手动指令只有在符合运行安全要求时才能有效。在程序执行过程中，不论发生任何故障，都应使程序中断，必要时返回到安全状态，并能在 CRT 上显示出程序中断或退出的原因。程序故障及运行人员的干预内容应在打印机上打印出来。

太原第一热电厂六期 2×300MW 机组顺序控制系统设计以子组级控制水平为主，即实现同一套辅机系统内相关设备的程序控制。对于可控性较好，逻辑关系又较密切的多个功能子组则设置功能组；对于逻辑规律性不强和要求不高，但需在盘台上操作的辅机及阀门或挡板，也纳入辅机顺序控制系统，但只设驱动级逻辑控制。对于重要的辅机、阀门或挡板，设

后备操作器。

辅机顺序控制采用分级分层结构，以实用、安全和独立完整为原则，从而达到简化操作手段，减轻劳动强度，避免误操作，缩小盘台监控面积的目的。

一般情况下，顺序控制系统中至少应包括下列主要的功能组。

1. 锅炉风烟系统

顺序控制各个空气预热器、引风机、送风机的启动和停运；并启闭相应风烟系统的阀门挡板。

2. 锅炉点火及燃烧系统

顺序控制一次风和制粉系统的切投。

功能组应包括：燃油控制功能组、制粉系统功能组、燃烧器各种风门、点火器和燃烧器功能组、磨煤机功能组、给煤机功能组。

3. 机组的汽水系统

在锅炉启动时，控制水循环和给水管路切换，以及主蒸汽管道和疏水管道上阀门的启用和切换。

功能组包括：汽轮机疏水功能组、锅炉疏水功能组、循环水功能组、凝结水功能组等。

4. 汽轮机启动及凝汽器抽真空

包括盘车、轴封供汽、抽真空及冲转过程中的所有有关设备阀门的控制。

功能组包括：汽轮机油回路功能组、汽轮机盘车功能组、凝汽器真空功能组、凝汽器清洗功能组等。

5. 汽轮机抽汽回热系统

包括除氧器、低压加热器、高压加热器，疏水泵的自动切投以及加热器旁路门的自动开启与关闭。

功能组包括：高压抽汽功能组、低压抽汽功能组、高低压加热器旁路功能组。

6. 发电机冷却系统

包括发电机冷却水系统、氢气冷却系统等。

7. 给水泵系统

包括电动给水泵功能子组、给水系统阀门的切投等。

8. 吹灰系统

锅炉吹灰系统被设计成的 14in（355.6mm）彩电 CRT 和键盘，PLC 可编程序控制器对整个吹灰系统进行顺序控制、监视及保护。

此外，顺序控制系统还包括辅助蒸汽系统、化学系统、输煤系统、除灰系统、定期排污，以及凝汽器腔球清洗。

二、功能级控制方式及逻辑图

单元机组的各辅助系统和设备应按系统运行特点划分成若干个功能组。功能组的控制切换应能从单元机组的自动启动/停止系统得到控制指令，也应能适应运行人员在 CRT 和键盘上进行人工干预，给出相应的指令，实现机组相应的控制。一般情况下，有 M1 和 M2 两种控制切换方式，其中主要区别在于 M2 方式下多增设了 CRT/键盘"自动"选择，能按照接收的自动启动/停止连锁信号去启动/停止功能组。

1. 输入信号

CRT 键盘操作包括自动方式键、功能组启动键、功能组停止键、跳步（超驰）键、暂停键或中断键、功能释放键。

输入信号包括自动连锁启动信号、自动连锁停止信号、功能组已运行回报信号、功能组已停止回报信号。

2. 输出信号

输出信号包括：

（1）功能组启动命令。

（2）功能组已启动，状态指示灯红色信号。

（3）功能组启动失败报警。

（4）功能组投入自动状态，指示灯白色亮。

（5）功能组停止命令。

（6）功能组已停止，状态指示灯绿色信号。

（7）功能组停止失败报警。

（8）功能组暂停或中断指示灯。

（9）状态释放确认指示灯。

3. 工作过程

在自动方式下，启动/停止功能组时，首先将 CRT/键盘的自动键"AUTO"按下，产生 2s 宽脉冲信号。在无手动启动/停止的作用下，记忆电路 1 产生自动状态信号输出，转入自动状态，白色指示灯亮。

如果出现 CRT/键盘的启动/停止键操作时，记忆电路 1 将复位自动状态，转入遥控软手动操作。

在自动状态下，如果出现自动启动功能组连锁命令时，AND1 电路产生输出，经或门 2，在没有停命令输出或没有跳步，或者没有出现功能组已运行命令返回时，记忆电路 2 输出置位，在没有中断信号时，通过与门电路 AND5，产生功能组启动命令。如果功能组启动，返回运行指令，则状态指示灯红灯变亮。如果功能组没有返回运行指令，延时一定时间后，则启动失败报警。当功能组已运行指令返回时，通过或门 4，记忆电路 2 复位端，清除功能组启动指令。

在功能组已启动转入运行状态，或功能组停止命令，出现跳步键操作时，就通过或门 4，记忆电路 2，解除功能组启动指令。

在自动状态下，如果出现自动停止连锁命令时，与门电路 AND2 将产生输出。有关逻辑请读者自己分析。

在 CRT/键盘遥控软手动操作时，通过启动键产生 2s 脉冲信号，直接通过或门 2，记忆电路 2，与门电路 5，产生功能组启动命令。通过停止键产生 2s 脉冲信号，直接通过或门 3，记忆电路 3，与门电路 6，产生功能组停止命令。其他情况如自动状态时一样。

在启动状态或停止状态时，通过与门电路 AND3，若出现暂停或中断键的操作时，记忆电路 4 输出，产生暂停或中断状态指示灯信号。由非门 3，通过与门电路 5 或 6 阻断启动，或者停止功能组信号。只有在确认键操作以后，通过记忆电路 4 的复位端作用，才能解除暂停或中断的作用，使状态指示灯信号变换，继续输出功能组启动/停止指令。

在 CRT/键盘跳步键操作时，产生 2s 脉冲信号，通过或门 4 或 5，复归记忆电路 2 或 3，停止功能组启动/停止命令的作用。

4. 功能组控制逻辑简图 M2

功能组控制逻辑简图见图 5-7。

三、设备顺序 AB/BA 选择操作逻辑图

300MW 发电机组中，两台互为备用的设备使用的很多，包括真空泵、凝结水泵、循环水泵、润滑油泵等。这些泵在电厂热力生产过程中，在进行顺序控制时，常常碰到 A、B 两台泵，需决定是 A 泵先工作，B 泵备用，还是 B 泵先工作，A 泵备用。即设备顺序选择 AB 或 BA 的问题。J13SCS-IC041 逻辑图可解决此方面问题。

（1）在系统最初开始投运时。CRT/键盘没有任何操作（即手动键、保持键、报警键均没有操

图 5-7　功能组控制逻辑简图

作），与门 1、2、3 输出均为 0；或者或门 1 输出为 0，与门 4、5 输出为 0，记忆电路（S-R）2 输出为 0，通过非门 3，实现 AB 方式选择。

（2）在无报警/无保持键操作情况下，手动键操作。这时记忆电路（S-R）1 输出为 0，阻断装置 A 或装置 B 的停泵返回信号作用，手动键操作，产生 2s 脉冲，经过非门 1、与门 1 作用，有输出。或门 1 输出，产生 2s 脉冲。若此时记忆电路（S-R）2 输出为 0，由于非门电路 2、与门电路 4 作用，产生高电平输出信号，与门电路 5 输出为 0，记忆电路（S-R）2 输出为 1，使输出方式选择为 BA 方式。由于作用脉冲只有 2s 时间延时，电路 2 有 2.5s 的通电延时作用，与门 5 不会出现变化，不会产生高电平输出。只有在下次手动键再操作时，将翻转为 AB 方式。

（3）在无报警作用，有保持键操作时，2s 脉冲时间内，记忆电路 1 输出为 0。可通过手动键操作，使与门电路 1 输出为高电平信号经或门 1，脉冲电路产生 2s 脉冲，使输出方式出现翻转。在此情况下，记忆电路（S-R）输出为 0 时，将阻断与门 2 或与门 3 的输出，即使 A 泵或 B 泵停止运行，也不会改变原来的选择顺序。

（4）在报警键操作，保持键未操作时。这时记忆电路（S-R）1 输出为 1，将阻断与门电路 1 的手动键作用。通过装置 A 或装置 B 的停止返回信号，使与门电路 2 或与门电路 3 作用，实现 AB/BA 方式的翻转作用。由于作用脉冲为 2.0s，记忆回路（S-R）2 返回作用则在 2.5s 后，所以每次翻转作用不会产生振荡。

在此工况下，若装置 A 停，转换为 BA 选择方式；若装置 B 停，转换为 AB 选择方式。

（5）通电延时电路 2，断电延时电路 1 和 3 的作用。此电路中，通电延时电路 2，可防止记忆电路（S-R）2 在输出转为高电平时（BA 作用方式），出现输入信号作用而引起振荡。

断电延时电路 1，可防止记忆电路（S-R）2 在输出转为低电平（AB 方式）时，出现输入信号的作用而引起振荡。

断电延时电路 3，在出现与门电路 4 变低电平输出时（由 AB 方式转为 BA 方式或者 OR 门电路 1 输出变为 0 时），断电延时电路 3 延时 1s 断开输出信号，使记忆电路 2 的 S 置位端从高电平转为低电平，比 R 复位端延迟 1s，输出不再改变，防止出现振荡和不稳定输出。

（6）AB/BA 顺序选择操作逻辑简图见图 5-8。

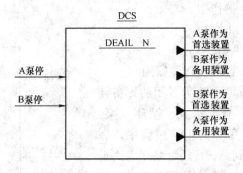

图 5-8　AB/BA 选择逻辑简图

热 工 保 护 系 统   第六章

第一节   热工保护的基本概念

现代大型机组的特点是大容量、高参数、单元制运行，锅炉、汽轮机、发电机及各种辅机之间的关系十分密切。此外，现代大型机组具备一套专门控制这些主设备的相当复杂的控制系统及装置。这些主、辅设备及控制装置在生产过程中组成了一个有机的整体，当其中有些环节产生故障时，就会不同程度地影响整个机组的正常运行，严重的故障还会导致机组停运，甚至危及设备和人身安全。

热工保护是通过对机组的工作状态和运行参数进行监视和控制来起保护作用的。当机组发生异常时，保护装置及时发出报警信号，必要时可自动启动或切除某些设备或系统，使机组仍维持原负荷运行或减负荷运行。当发生重大故障而危及机组设备安全时，热工保护系统会停止机组（或某一部分）运行，避免事故进一步扩大。

热工保护有时是通过连锁控制实现的。所谓连锁控制就是指将被控对象通过简单的逻辑关系连接起来，使这些被控对象相互牵连，形成连锁反应，从而实现自动保护的一种控制方式。例如引风机因故障跳闸，引起送风机、排粉机、给煤机、磨煤机等相继依次跳闸；又如汽轮机润滑油压力低时，自动启动交流油泵，油压继续降低时，启动直流油泵并停止交流油泵的运行等。

总之，热工保护是一种自动控制手段。在主、辅设备或电网发生故障时，热工保护装置使机组自动进行减负荷，改变运行方式或停止运行，以安全运行为前提，尽量缩小事故的范围。

一、汽轮机组的热工保护

当汽轮机组发生故障，危及机组的安全运行，或锅炉、发电机发生故障需要汽轮机跳闸时，保护系统应能自动、迅速地使汽轮机跳闸。

汽轮机保护系统由监视保护装置和液压系统组成。当汽轮机超速、真空低、轴向位移大、振动大、润滑油压低等监视保护装置动作时，该保护系统可使电磁阀动作，快速泄放高压动力油，使高、中压主汽门和调节汽门迅速关闭，紧急停止汽轮机运行，达到保护汽轮机组的目的。另外，还有汽轮机进水保护、高压加热器保护及旁路保护等自动保护系统，以保障汽轮机组的正常启停和安全运行。

二、锅炉机组的热工保护

锅炉机组的热工保护主要包括：炉膛安全监控、主燃料跳闸、锅炉快速切回负荷、机组快速切断等自动保护。

（1）炉膛安全监控保护。当锅炉启动、点火、运行或工况突变时，保护系统会监视有关参数和状态的变化，防止锅炉或燃烧系统煤粉的爆燃，并对危险状态作出逻辑判断和进行紧急处理，在停炉后和点火前进行炉膛吹扫等保护措施。实现炉膛安全监控的系统称为炉膛安全监控系统 FSSS（Furnace Safeguard Supervisory System）。

（2）主燃料跳闸保护。当锅炉设备发生重大故障，如送风机、引风机全部跳闸，汽包压力超过限值，锅炉水循环不正常，汽包严重缺水，炉膛压力过高或过低，锅炉灭火，再热蒸汽中断等，以及汽轮机由于某种原因跳闸或厂用电母线发生故障时，保护系统会立即使整个机组停止运行，即切断供给锅炉的全部燃料，并使汽轮机跳闸。这种处理故障的方法，称为主燃料跳闸 MFT（Master Fuel Trip）保护。

（3）锅炉快速切回负荷保护。当锅炉的主要辅机（如给水泵、送风机、引风机）有一部分发生故障时，该保护可使机组能够继续安全运行，必须迅速降低锅炉的负荷。这种处理故障的方法，称为锅炉快速切回负荷 RB（Run Back）保护。

（4）机组快速切断保护。当锅炉方面一切正常，而电力系统或汽轮机、发电机方面发生故障引起甩负荷时，为了能在故障排除后迅速恢复发、送电，避免因机组启停而造成经济损失，采用锅炉继续运行，但迅速自动降低出力，维持在尽可能低的负荷下运行的方法，以便故障排除后能迅速重新并网带负荷。这种处理故障的方法，称为机组快速切断 FCB（Fast Cut Back）保护。

三、炉机电大连锁保护

大型单元机组的特点是炉、机、电在生产中组成一个有机的整体，其中某些环节出现故障时，必然会不同程度地影响整个机组的正常运行。因此需要综合考虑故障情况下炉、机、电三者之间的关系，通常称为炉机电大连锁保护。例如在机组发生异常工况时，保护系统可以使机组继续运行或紧急停止；又如，当机组外部负荷突然甩去，或者机组内部重要辅机跳闸时，分别通过 FCB 或 RB 进行自动减负荷。当发生汽轮机超速、推力瓦磨损、真空低、润滑油压低等故障时，汽轮机自动停机，同时连锁控制发电机跳闸，使锅炉转入点火状态或停炉。当锅炉灭火、送风机或引风机全停、炉膛压力过高或过低时紧急停炉，同时连锁控制汽轮机和发电机跳闸。

随着机组容量的不断增加，处理事故的过程更为复杂，热工保护装置也在不断发展和完善。20 世纪 60 年代以前，大多采用电气式保护仪表和继电器控制电路。70 年代开始，逻辑控制电路大多由半导体逻辑元件构成，这些保护装置制造完成后，其功能就固定不变了。如要修改程序或改变功能，就必须改动逻辑卡件或逻辑线路。80 年代以来，随着微处理器技术的发展，出现了可编程序控制器（PLC），它取代了继电器及半导体逻辑元件，从而使保护装置的可靠性大大提高。近年来，集散型微机控制系统在过程控制领域得到迅速发展，我国很多电厂都引进了这一先进技术。集散型微机控制系统以微处理器为基础，集中了数据采集和模拟量连续控制。开关量程序控制和机组保护等功能的计算机综合控制系统，其特征是信息和操作管理集中化，而控制分散化。例如，某电厂引进的美国西屋公司生产的集散型微机控制系统，在热工保护中可用作炉膛安全监控，即进行炉膛压力保护，全火焰丧失保护，炉膛吹扫，油、煤燃烧器的自动启停等操作控制；该微机控制系统还可进行汽包水位保护、蒸汽流量受阻保护等，并且在机组发生故障跳闸时还能进行事故顺序记录。该微机控制系统投入运行以来，避免了多次锅炉事故的发生。此外，集散型微机控制系统还用于自动调节，包括燃料、送风、引风、汽温、汽压、给水、旁路等系统的自动调节；还具有数据采集和通信功能，包括模拟量、开关量、脉冲量的信号采集、报警、记录和控制功能。总之，集散型微机控制系统是控制技术、计算机技术和通信技术迅速发展的产物，将来还会逐步向更为先进的现场总线型控制系统发展。

第二节　热工保护系统的组成及特点

一、热工保护系统的组成

热工保护系统（下称保护系统）一般由输入信号单元、逻辑处理回路（或专用保护装置）以及执行机构等组成。

热工保护可分为两级保护，即事故处理回路（包括进行局部操作和改变机组的运行方式）及事故跳闸回路的保护。例如，主蒸汽压力过高时，切除部分燃烧器，投入旁路系统；汽轮机轴承润滑油压过低时，自动启动辅助油泵。这些事故处理的目的是维持机组继续运行。但是，当事故处理回路或其他自动控制系统处理事故无效，致使机组设备处于危险工况下，或者这些自动控制系统本身失灵而无法处理事故时，只能进行跳闸处理，使机组的局部退出工作或整套机组停止运行。跳闸处理的目的是防止机组产生机毁人亡的恶性事故，所以跳闸处理是热工保护最极端的保护手段。

二、热工保护系统的特点

热工保护是以保障设备和人身的安全为首要任务的。如果保护系统本身不可靠，就会造成不必要的停机，或保护系统起不到应有的保护作用，造成不堪设想的严重后果。为此，必须精心设计一整套安全可靠的保护系统。

热工保护系统一般具有以下特点：

（1）输入信号可靠。输入信号来自各种被测参数的传感器或反映设备工作状态的开关触点。一般采用独立的传感器，对重要的保护项目，其输入信号采用多重化设计。

（2）保护系统动作时能发出报警信号。当被监视参数超限时，发出预报信号，使运行人员在事故处理前采取必要的应急措施。当保护系统动作时发出事故处理或跳闸信号。

（3）保护命令一般是长信号。命令能满足保持到被控对象完成规定动作的要求。

（4）保护动作是单方向的。保护系统动作后，设备的重新投入在查出事故原因和排除故障后进行，由运行人员人工完成。

（5）保护系统能进行在线试验。在进行保护动作试验时，不会影响机组的安全经济运行。

（6）确定保护系统的优先级。当两个以上的保护连锁动作或相继动作时，如它们之间动作不一致，则应确定它们的优先级，并采取必要的闭锁措施，优先保证处于主导地位的高一级保护和连锁动作的实现。

（7）保护系统有可靠的电源。保护装置能绝对避免因失电而引起拒动或误动，重要的保护连锁控制电源和执行机构电源一般采用不停电电源供电，以便在设备故障时有效地起到保护作用。

（8）保护系统中设置了切换开关。自动保护系统不可能达到绝对的安全可靠，检测元件、控制回路或执行机构有时也会出现故障，这时保护系统能从"投入"位置切换到"解列"位置，以便进行检修。

（9）由计算机对保护系统进行监视。在计算机系统中有监视保护装置投入、切除的状态信号，在保护装置动作时，能通过 CRT 屏幕和记录仪自动地显示和记录保护系统的动作顺序、继电器动作和延时情况、工艺设备的工作状态等，使运行人员及时了解保护系统的动作情况，甚至对保护信号回路也进行必要的监视，以便及时处理和分析事故原因。

（10）保护系统具有独立性。保护系统不受其他自动化系统投入与否的影响，任何时候都能独立进行控制。

第三节　热工保护信号的摄取方法

热工保护系统能否可靠动作，先决条件是摄取的保护信号是否真实可靠。如果输入信号不能正确反映被监视的参数或设备状态，热工保护系统就无法正常动作。提高信号单元的动作可靠性可以提高整个保护系统的可靠性。

热工保护系统的完好状态是由"正确动作"和"正确不动作"两部分组成，相对于这两种完好状态，有两种故障状态，即"不正确动作"和"不正确不动作"。换句话说，保护系统不应该动作而动作，称为误动作；保护系统应该动作而不动作，称为拒动作。

一、单一信号法

单一信号法是指用单个检测元件组成信号单元的方法。显然，检测元件误动作时，信号单元也误动作；反之，检测元件拒动作时，信号单元也拒动作，信号单元与检测元件的误动作率、拒动作率相等。单一信号单元保护系统虽然元件少，结构简单，但系统的可靠性太差，因此可采用以下几种信号摄取法：串联、并联、串并联、"三取二"及其他信号摄取法。

二、信号串联法

在某些保护系统中，为了减少信号单元的误动作率，将反映同一故障的检测元件触点进行串联。例如，为了使轴向位移保护装置的动作可靠，在国产机组中使两个独立的轴向位移检测元件的输出触点相串联，它由两套传感器监测同一轴向位移参数。当两套传感器均发出危险信号时，轴向位移保护装置动作，即两者为"与"逻辑，逻辑表达式为

$$y=AB$$

式中　A、B——检测元件（传感器）的输出信号；

　　　　y——信号单元的输出信号。

由于信号串联，所以在每个检测元件都误动作时，信号单元才会误动作。换句话说，只有一个检测元件误动作时，不会造成信号单元的误动作。

设两个检测元件的输出信号 A、B 是相互独立的，即一个事件的出现并不影响另一事件出现的概率，则两事件同时出现误动作的概率，即为信号单元的误动作率，即

$$P=p_{A}p_{B}$$

设两个检测元件的误动作率为 $p_{A}=p_{B}=1\times10^{-2}$，则两个检测元件的输出信号串联后，信号单元的误动作率为 $P=1\times10^{-4}$，比单一信号的误动作率减小很多。

在考虑拒动作情况时，由于两个事件并非不能同时出现（非互斥），即一个检测元件拒动作时，另一个检测元件可能也发生拒动作。所以，信号单元拒动作率可写成

$$Q=1-(1-q_{A})(1-q_{B})=q_{A}+q_{B}-q_{A}q_{B}$$

设两个检测元件的拒动作率 $q_{A}=q_{B}=1\times10^{-3}$，则两个检测元件的输出信号串联后的拒动作率约为单一信号时的两倍。因此，信号串联法只适用于特别强调减小保护系统的误动作

率，而对拒动作率要求不高的场合。

三、信号并联法

在某些保护系统中，为了减少装置拒动作率，将几个检测元件输出信号并联。因而只要有一个检测元件能正常工作，信号单元就能可靠工作。或者说，只有当所有检测元件都拒动作时，信号单元才发生拒动作。例如，主蒸汽压力高保护，采用两只主蒸汽压力表触点并联电路控制电磁安全阀动作。

信号并联的逻辑表达式为

$$y = A + B$$

拒动作率为

$$Q = q_A q_B$$

误动作率为

$$P = 1 - (1 - p_A)(1 - p_B) = p_A + p_B - p_A p_B$$

显然，信号触点并联后，拒动作率大大下降，而误动作率却增加了近 1 倍。所以信号并联法只能用于要求拒动作率小，而对误动作率要求不高的场合。

四、信号串并联法

为了综合信号串联后误动作故障率降低和信号并联后拒动作故障率降低的优点，将两个信号先进行串联，然后进行并联，如图 6-1 所示。

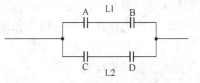

图 6-1　信号串并联法

信号串并联的表达式为

$$y = AB + CD$$

误动作率为

$$P = P_{L1} + P_{L2} - P_{L1} P_{L2} = p_A p_B + p_C p_D - p_A p_B p_C p_D$$

拒动作率为

$$Q = q_{L1} q_{L2} = (q_A + q_B - q_A q_B)(q_C + q_D - q_C q_D)$$

如果检测元件的结构和性能完全相同，即

$$p_A = p_B = p_C = p_D = p, \quad q_A = q_B = q_C = q_D = q$$

若 $p = 1 \times 10^{-3}$，则 $P \approx 2 \times 10^{-6}$；$p = 0.168$，$P \approx 0.168$；$p = 0.8$，$P \approx 0.87$。

若 $q = 5 \times 10^{-4}$，$Q \approx 1 \times 10^{-6}$；$q = 0.382$；$Q \approx 0.382$；$q = 0.5$，$Q \approx 0.562$。

上述数字说明，单个检测元件的误动作率 p 或拒动作率 q 很小时，4 信号串并联后的信号单元的误动作率或拒动作率均大大减小。当 $p = 0.618$ 或 $q = 0.382$ 时，4 信号串并联法与单一信号法的误动作率或拒动作率相等。如果单个检测元件的 $p > 0.618$，$q > 0.382$，则 4 信号串并联法反而比单一信号法的误动作率或拒动作率增加了。因此，关键问题是提高单个检测元件的可靠性，以减小信号单元的误动作率和拒动作率。

五、"三取二"信号法

为了既减小误动作故障率又减小拒动作故障率，现在机组中已广泛采用"三取二"信号法。当其中两个或两个以上检测元件测点的触点闭合时，信号单元就有输出。"三取二"信号法的逻辑图如图 6-2 所示。

由图 6-2 可见，信号系统有三条最小路径，即

$$[A, B], [B, C], [C, A]$$

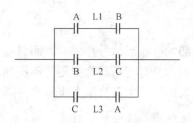

图 6-2 "三取二"信号法逻辑图

用最小路集表示的结构函数为

$$f_{AB}=1-(1-A)(1-B)=A+B-AB$$
$$f_{BC}=1-(1-B)(1-C)=B+C-BC$$
$$f_{CA}=1-(1-C)(1-A)=C+A-CA$$

"三取二"信号单元的误动作概率为

$$P_{2/3}=p_A p_B+p_B p_C+p_C p_A-2p_A p_B p_C$$

拒动作概率为

$$Q_{2/3}=q_A q_B+q_B q_C+q_C q_A-2q_A q_B q_C$$

设 $p_A=p_B=p_C=p$；$q_A=q_B=q_C=q$，则误动作率和拒动作率分别为

$$P_{2/3}=3p^2-2p^3$$
$$Q_{2/3}=3q^2-2q^3$$

当单个检测元件的误动作率和拒动作率很小时，"三取二"信号单元的故障率将大大低于单一信号法；当单个检测元件的 $p=0.5$ 或 $q=0.5$ 时，则"三取二"信号单元的误动作率或拒动作率也为 0.5；当 $p>0.5$ 或 $q>0.5$ 时，"三取二"信号单元的误动作率或拒动作率反而比单一信号法的还要大。当然，实际检测的误动作率和拒动作率不可能这样高，否则就不能用来作为保护装置的检测元件了。为了提高整个保护系统的可靠性，必须提高每个检测元件的可靠性。

六、信号表决法

在某些热工保护系统中装设多个检测元件，如炉膛安全监控保护系统，在炉膛的 4 个角装有火焰检测器。当每层 4 个火焰检测器中如有 2 个或 2 个以上检测到火焰时，则逻辑电路表决为"有火焰"；当 3 个或 3 个以上未检测到火焰时，则逻辑电路表决为"无火焰"。这种逻辑判断电路称为 2/4 或 3/4 表决电路，或称为逻辑门槛单元。图 6-3 所示为 3/4 表决逻辑图。

逻辑表达式为

$$y=ABC+BCD+ACD+ABD$$

还有多种表决电路，如 3/5 等，这些表决电路都能有效地防止信号单元的误动作或拒动作。因为一个检测元件的误动作或拒动作可能性较大，但几个检测元件同时误动作或拒动作的可能性却很小。

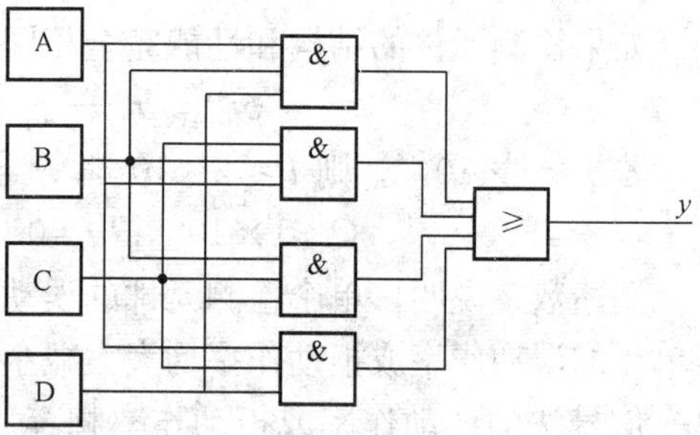

图 6-3 3/4 表决逻辑图

七、信号的多重化摄取法

大型机组中，为了提高重要参数的测量准确性和保护系统的可靠性，普遍采用了信号的多重化摄取法，如"二取一"、"二取均"、"三取中""三取均"等信号摄取法。例如在测量汽包水位时，一般在汽包两测和中间适当的位置取三个信号，在三个信号中取其中值，在某些场合也可采用三取均的测量方法。这些多重化摄取法，虽然增加了变送器的数量，增加了投资，但对提高测量准确度，增加系统可靠性，是很有必要的。

对热工保护系统，除了要求其测量信号必须正确可靠外，还要求保护装置和执行机构也必须正确可靠地动作，才能使保护系统正常投入运行。

第四节 汽轮机组的热工保护

随着汽轮机组容量的不断增大，蒸汽参数越来越高，热力系统越来越复杂。为了提高机组的热经济性，汽轮机的级间间隙、轴封间隙都选择得比较小，因汽轮机的旋转速度很高，在机组启动、运行或停机过程中，如果没有按规定的要求操作控制，很容易使汽轮机的转动部件和静止部件相互摩擦，引起叶片损坏、大轴弯曲、推力瓦烧毁等严重事故。为了保证机组安全启停和正常运行，需对汽轮机组的轴向位移、热膨胀、转速、振动、主轴偏心度等机械参数进行监控，并对轴承温度、油压、真空、高压加热器水位等热工参数进行监视和异常保护。当被监视的参数在超过规定值（报警值）时发出报警信号，在超过极限值（危险值）时保护装置动作，关闭主汽门，实行紧急停机。

汽轮机的热工保护一般自成一个系统，其保护功能实现的方法有多种：可以由继电器搭接输入输出及逻辑回路，来完成保护功能；也可以直接在 DCS 系统中用系统的逻辑实现；还可以采用独立的 PLC 和继电器配合完成，PLC 的电源、输入输出通道和主机都采用冗余配置，这样可以大大提高系统的可靠性。

一、轴向位移的监视和保护

1. 监测目的

汽轮机叶片具有一定的反动度，叶片和叶轮前后两侧存在着差压，形成一个与汽流方向相同的轴向推力；轮毂两侧转子轴的直径不等，隔板汽封处转子凸肩两侧的压力不等，也要产生作用于转子上的轴向力；高压前轴封处轴封漏汽，由后向前压力逐渐降低，产生与汽流方向相反的轴向力；还有其他方面产生的轴向力，这些轴向力的合成结果就是总的轴向推力。

推力轴承用于承受转子的轴向推力，借以保持转子与汽缸及其他静止部件的相对位置，使机组动静部分之间有一定的轴向间隙，保证汽轮机组的正常运行。

当轴向推力过大时，推力轴承过负荷，会造成推力瓦块烧毁，或汽轮机动静部分发生摩擦，造成设备的严重损坏。

为了监视汽轮机推力轴承的工作状况，一般在推力瓦块上装有温度测点，在推力瓦回油处装有回油温度表等。为了监视汽轮机组转子的轴向位移变化情况，一般都装有轴向位移监视保护装置，当轴向位移达到限值时，保护装置发出报警信号，提醒运行人员及时采取措施加以处理。当轴向位移达到危险值时，保护装置动作，汽轮机跳闸，立即停机，以保障汽轮机组设备的安全。

2. 汽轮机转子发生窜动的原因

汽轮机在启停和运行中，转子有可能发生向前或向后的窜动。

（1）汽轮机转子向前窜动的原因。转子发生向前窜动是由以下两方面的原因引起的：

1）机组突然甩负荷，出现反向轴向推力。

2）高压轴封严重损坏，调节级叶轮前因凝汽器抽吸作用而压力下降时，出现反向轴向推力。

（2）汽轮机转子向后窜动的原因。转子发生向后窜动是由以下两方面的原因引起的：

1）转子轴向推力增大，推力轴承过负荷，使油膜破坏，推力瓦块乌金烧熔。

2）润滑油系统上由于油压过低、油温过高等缺陷，使油膜破坏，推力瓦块乌金烧熔。

一般来说，汽轮机转子向前窜动的故障不大容易发生，转子向后窜动的故障却比较容易发生。因汽轮机的转子是以 3000r/min 转速不停地旋转着，为了不使汽轮机内部转动部件和静止部件之间发生摩擦和碰撞，叶片与喷嘴之间、轴封的动静部分之间以及叶轮与隔板之间，必须保持适当的轴向间隙。这个任务是由推力轴承来承担的，汽轮机运转时，推力轴承承受住转子的轴向推力，以保持转子和汽缸的相对轴向位置，使动静部件之间保持一定的轴向间隙。

（3）汽轮机转子上的推力。在正常情况下，汽轮机转子上所受的轴向推力有以下三方面：

1）由于转子的挠度不同而产生的转子重力沿轴向的分力。

2）转子上各叶轮、动叶片及转鼓阶梯上前后的蒸汽压力差所产生的轴向推力。

3）蒸汽进出各动叶片时的速度沿轴向的分速度差所产生的轴向推力。

冲动式汽轮机的轴向推力全部由推力轴承来承受；反动式汽轮机的轴向推力大部分或全部由平衡盘来抵消，其余的轴向推力则由推力轴承来承受。

推力轴承包括固定在主轴上的推力盘，以及两侧由青铜或钢制成的工作推力瓦块和非工作推力瓦块。推力瓦块上浇有乌金，一般厚度为 1.5mm。在正常情况下，转子的轴向推力是经推力盘传到推力瓦块上的，即推力盘的压力由工作推力瓦块来承受。

（4）汽轮机转子轴向推力增大的原因。汽轮机运转中，引起转子轴向推力增大的原因有以下几方面：

1）汽轮机发生水冲击。由于含有大量水分的蒸汽进入汽轮机内，水珠冲击叶片使轴向推力增大，同时水珠在汽轮机内流动速度慢，堵塞蒸汽通路，在叶轮前后会造成很大的压力差，使轴向推力增大。

2）隔板轴封间隙增大。由于不正确地启动汽轮机或机组发生强烈振动，使隔板轴封的梳齿磨损，间隙增大，漏汽增多，于是使叶轮前后压力差增加，致使轴向推力增大。

3）动叶片结垢，蒸汽品质不良。汽流中含有较多的盐分时，会使动叶片结垢。动叶片结垢后，蒸汽流通面积缩小，会引起动叶片前后的蒸汽压力差增大，因而增大了转子轴向推力。

4）新蒸汽温度急剧下降。新蒸汽温度急剧下降，转子温度也跟着降低，于是转子的收缩量大于汽缸的收缩量，致使推力轴承的负荷增加。当汽轮发电机采用挠性靠背轮时，靠背轮对转子的移动起了制动闸的作用，因而使推力轴承上承受的推力增大。若是齿形靠背轮，当齿或爪有磨损或卡涩时，情况就更为严重，推力轴承极易发生事故。

5）真空下降。汽轮机凝汽器真空下降，会增大级内反动度，致使轴向推力增大。

6）汽轮机超负荷运行。汽轮机超负荷运行时，蒸汽流量增加，会使轴向推力增大。

3．汽轮机转子发生窜动的危害性和保护措施

汽轮机转子轴向推力增大，将使推力轴承过负荷，破坏油膜，致使推力瓦块乌金烧熔。这时，转子发生窜动，轴向位移增大，汽轮机内部转动部件与静止部件之间的轴向间隙消失，因而动、静部件发生摩擦和碰撞，将造成严重损坏事故，如大批叶片折断、大轴弯曲、隔板和叶轮碎裂等。转子发生向前窜动，也会造成同样的危害。

因此，为了防止由于推力瓦块烧熔，转子发生窜动造成的损坏机组事故，一般汽轮机都

装设汽轮机轴向位移监视保护装置。它的作用是在汽轮机运行时，用于监视转子的轴向位移变化情况，也就是监视推力瓦块乌金磨损情况，一旦由于轴向推力突然增大或润滑油膜破坏，推力轴承发生烧瓦故障，转子轴向位移超过允许极限值时，轴向位移保护装置动作，发出灯光音响报警信号。与此同时，立即关闭主汽门、调速汽门和抽汽止回门（对于中间再热式汽轮机，还应关闭再热主汽门、中间截止旁路门和中间截止门），实行紧急停机，以保护机组的安全。

在汽轮机启动和增负荷过程中，转子的轴向位移会随之变化，这时，位移变化不是因为推力瓦块有磨损，而是由推力盘和工作推力瓦块后的轴承座、垫片、瓦架等，在汽轮机负荷增大、轴向推力增加时，发生弹性变形引起的。这种随着负荷变化而引起的轴向位移，称为转子的轴向弹性位移。如汽温、汽压、真空、使用回热抽汽等情况不变时，汽轮机在各种负荷下会有一定的轴向弹性位移。由于各种类型汽轮机的推力轴承的构造不相同，各类机组的轴向弹性位移值也不相同，一般约在 $0.2 \sim 0.4\text{mm}$ 范围内。各种汽轮机通过试验，都求出负荷和轴向位移的关系曲线作为标准值。在运行中，将轴向位移监视表的指示值和标准值作比较，就可鉴别出推力瓦是否有磨损。

4. 测量方法

轴向位移的测量装置有四种类型：机械式、液压式、电磁感应式和电涡流式。各种类型的装置因元件结构及电气回路各有所异，它们的特点也有所区别。

（1）机械式轴向位移装置。该装置中采用一耐磨的金属直接与汽轮机大轴相接触，将大轴的轴向位移变化通过杠杆传递系统传至指示器上。当轴向位移达到危险值时，保护跳闸机构动作，遮断去自动主汽门和调速器错油门的保护油路，实行紧急停机。

（2）液压式轴向位移装置。该装置中，转子的轴向位移变化使喷油嘴与汽轮机轴端平面（或转子上的凸缘平面）之间的间隙改变，引起油流量改变，以及喷油嘴前压力改变，所以可用此压力指示轴向位移的大小。当压力低于某一数值时，滑阀动作，实行紧急停机。

（3）电感式轴向位移装置。它是根据电磁感应原理，将转子的机械位移量转换成感应电压的变量，然后进行指示、报警或停机保护的。

（4）电涡流式轴向位移装置。它是根据电涡流原理，将位移的变化转换成与之成比例的电压变化，从而实现对位移的测量、报警和保护的。

前两种轴向位移监视保护装置目前已基本不采用，只有早期生产的小容量机组上还在使用。下面就目前广泛采用的电感式和电涡流式轴向位移监视保护装置进行叙述。

5. 轴向位移装置简述

（1）电感式位移传感器。电感式轴向位移监视保护装置一般由电感式位移传感器、指示器和控制器等部分组成。

电感位移传感器的结构形式有很多种，其铁芯常用的有凹形和平头Ⅲ形两种，如图 6-4 所示。两种传感器都有一个铁芯，在铁芯的三个芯柱上都绕有线圈，中间芯柱上是励磁绕组 L0（匝数 W_0），与交流电源相接；左右两侧芯柱上是两个匝数相等的绕组 L1 和 L2（匝数为 w_1、w_2），它们反向串接后作为输出绕组，当汽轮机轴向位移正常时，转子凸缘 2 处于凹形铁芯的中间位置。由于两侧磁路对称，其磁导率相同，两个分支磁通量 Φ_1 和 Φ_2 也相同，因而在两个输出绕组中的感应电动势也相等，输出绕组的输出电压 U_0 将为零。当发生轴向位移（正向位移或负向位移）时，a、b 气隙一个增大，一个减小，两边磁通量不等，两绕组的感应电动势也不等，输出绕组的输出电压也就不为零，这样就将轴向位移量转换成输出电压量。

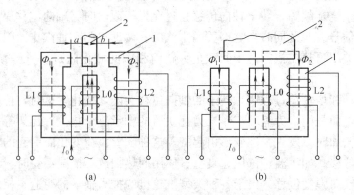

图 6-4　位移传感器结构示意

(a) 凹形铁芯；(b) 平头Ⅲ形铁芯

1—铁芯；2—转子凸缘；L0—励磁绕组；L1、L2—输出绕组

感应电动势的大小和穿过回路的磁通量成正比，而磁通量与空气间隙有关，所以感应电动势的大小就反映了转子轴向位移的大小。

电感式轴向位移保护装置的种类很多，虽然电感式传感器的结构都相同，但控制电路各不相同。在此只介绍其中之一的组成框图，如图 6-5 所示。

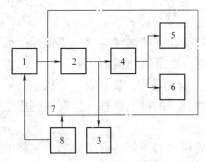

图 6-5　轴向位移保护装置框图

1—电感式位移传感器；2—整流电路；3—轴向位移指示器；4—滤波电路；5、6—正、负轴向位移保护开关电路；7—轴向位移控制器；8—磁饱和稳压器

整个装置由磁饱和稳压器、电感式位移传感器、指示表以及控制器等组成。轴向位移控制器中包括整流电路、滤波电路、正向和负向位移保护开关电路。

磁饱和稳压器 8 向电感式位移传感器 1 和控制器 7 供给稳定的 24V 交流电源。位移传感器输出绕组输出的感应电压，经二极管全波整流电路 2 整流后进行差动连接；然后一方面输入指示表 3 指示轴向位移大小，另一方面经滤波电路 4 滤波后，送入正向或负向轴向位移保护开关电路 5 和 6。当正向或负向轴向位移超过允许值时，相应开关电路动作，驱动控制电路，进行声光报警；当位移超过允许极限值时，跳闸停机，同时发出事故报警信号。

(2) 电涡流传感器。电涡流检测技术是一种非接触式测量技术。由于电涡流传感器具有结构简单、灵敏度高、测量线性范围大、不受油污介质的影响、抗干扰能力强等优点，所以在各个工业部门得到广泛应用。火电厂汽轮机组的轴向位移、振动、主轴偏心度的测量已广泛采用电涡流传感器，它还可测量压力、温度、转速、电导率、厚度、尺寸等参数，此外还可用来探测金属材料表面的缺陷和裂纹。本部分将介绍电涡流传感器的一般原理，并对相应的测量电路进行分析。

基本工作原理：当线圈有一高频电流通过时，便产生高频电磁场。如果线圈附近有一块金属板，金属板内就会产生感应电流，这种电流在金属板内是闭合的，所以称为涡流。图 6-6 所示为电涡流传感器的结构示意。

高频信号电流 I 施加于邻近金属板一侧的电感线圈 L 上，L 产生的高频电磁场作用于金属板的表面。由于趋肤效应，高频电磁场不能透过具有一定厚度的金属体，而仅作用于金属表面的薄层内。金属体表面感应的涡流 I_e 产生的电磁场反作用于线圈 L 上，改变其电感的大小，电感的变化程度与线圈的外形尺寸、线圈至金属板之间的距离 d、金属体材料的电阻率 ρ、导磁率 μ、激励电流强度 I、频率 f 及线圈的几何形状 r 等参数有关。假定金属体是均

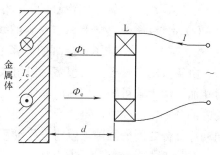

图 6-6　电涡流传感器的结构示意

质的，其性能是线性和各向同性的，则线圈的电感 L 可用如下函数来表示，即

$$L = F(\rho、\mu、I、f、r、d)$$

当被测材料一定时，ρ、μ 为常数；具体仪表中，I、f 为定值；传感器制成后，r 也为常数。可见，如果控制 ρ、μ、I、f、r 恒定不变，那么电感 L 就成为距离 d 的单值函数。

假如把传感器与被测体间的距离 d 保持不变，则传感器的输出值将与被测体材料的电阻率、导磁率成函数关系，利用这个关系可以用来测量金属材料的导电率、导磁率、硬度等参数，以及检测裂纹。

二、缸胀和差胀的监视

1. 监视目的

汽轮机在启动、停机过程中，或在运行工况发生变化时，都会由于温度变化而产生不同程度的热膨胀。

汽缸受热膨胀时，由于滑销系统死点位置的不同，可能向高压侧伸长或向低压侧伸长，也可能向左侧或右侧膨胀。为了保证机组的安全运行，防止汽缸热膨胀不均、发生卡涩或动静部分摩擦事故，必须对汽缸的热膨胀进行监视，简称"缸胀"监视。缸胀监视仪表指示汽缸受热膨胀变化的数值，也称汽缸的绝对膨胀值。

转子受热时也要发生膨胀，因为转子受推力轴承的限制，所以只能沿轴向往低压侧伸长。由于转子的体积小，而且直接受蒸汽的冲击，因此温升和热膨胀较快，而汽缸的体积较大，温升和热膨胀就比较慢。当转子和汽缸的热膨胀还没有达到稳定之前，它们之间存在较大的热膨胀差值，简称"差胀"（或"胀差"）值，也称汽缸和转子的相对膨胀值。

汽缸的绝对膨胀值理论上可表示为

$$L = \int_0^l \alpha_y(t)\Delta t_y\, dy,\ mm$$

式中　$\alpha_y(t)$——计算段材料的线膨胀系数，1/℃；

　　　Δt_y——计算工况金属温度与安装温度之差，即计算段的温度增量，℃；

　　　L——计算截面至死点的轴向距离，mm。

但在实际应用时，往往采用近似方法进行计算，即沿轴方向分成若干区段，先计算各区段的绝对膨胀值，然后进行修正和叠加，得出汽缸的绝对膨胀值。

由于汽轮机转子的轴向位置是由推力轴承固定的，所以差胀是以推力轴承为起点的某一处转子和汽缸总的膨胀差，例如高压缸在 C 点处的差胀可表示为

$$\Delta L = L_x - L_y = \int_0^c \alpha_x(t)\Delta t_x dx - \int_0^c \alpha_y(t)\Delta t_y\, dy$$

式中　L_x、L_y——转子和汽缸的膨胀值，mm；

　$\alpha_x(t)$、$\alpha_y(t)$——转子和汽缸材料的线膨胀系数，1/℃；

　　Δt_x、Δt_y——转子和汽缸的计算工况温度增量，℃。

由于汽缸和转子是由很多区段组成的，所以计算差胀时，也是先计算各区段的差胀，然后相加。由上式可知，加热时差胀由前段至后段，一般是递增的，这就是一般制造厂在设计动静部分轴向间隙时，自前至后把间隙设计得越来越大的原因。一旦某一差胀超过预留的轴向动静部分之间的间隙，就将发生动静部分摩擦，造成设备损坏。

2. 汽轮机胀差过大的原因

汽轮机在启动、暖机和升速、停机过程中，或在运行中工况发生改变时，都会由于温度变化而引起转子和汽缸不同程度的热膨胀。

汽轮机带负荷后，转子和汽缸受热逐渐趋于饱和，它们之间的相对胀差也逐渐减小，最后达到某一稳定值。在运行中，一般负荷的变化对热膨胀的影响是不大的，只有在负荷急剧变化或主蒸汽温度不稳定时，由于温度变化大，才会对热胀差产生较大的影响。

正胀差过大的原因一般有：

（1）暖机时间不够，升速过快。

（2）增负荷速度过快。

负胀差过大的原因一般有：

（1）减负荷速度过快，或由满负荷突然甩到空负荷。

（2）空负荷或低负荷运行时间过长。

（3）发生水冲击（包括主蒸汽温度过低时）。

（4）停机过程中，用轴封蒸汽冷却汽轮机速度太快。

（5）真空急剧下降，排汽温度迅速上升时，使低压缸负胀差增大。

3. 胀差过大的危害和监视措施

汽轮机轴封和动静叶片之间的轴向间隙很小，若汽轮机启停或运行中胀差变化过大，超过了轴封以及动静叶片间的正常轴向间隙时，就会使动静部件发生摩擦，引起机组强烈振动，以致造成机组损坏事故。为此，一般汽轮机都规定有胀差允许的极限值，它是根据动静叶片或轴封轴向最小间隙来确定的。即当转子与汽缸相对胀差值达到极值时，动静叶片或轴封轴向最小间隙仍留有一定的合理间隙。

因此，为了在汽轮机启动、暖机和升速过程中，或在运行、停机过程中，保护机组的安全，必须设置汽轮机热膨胀测量装置和转子与汽缸相对膨胀测量装置。一旦缸胀或胀差值达到允许极限值时，立即发出声光报警信号，以便运行人员及时采取相应措施，保护机组的安全。有的大型机组还装设了胀差保护装置。在胀差超限时，不仅发出声光报警信号，也可令机组停机。停机保护一般只在机组启停过程中及低负荷运行时投入。因为正常时，胀差一般变化不大。

4. 测量方法

汽轮机缸胀和差胀的测量方法与轴向位移测量方法相同，过去常用电感式测量方法，现在一般都采用差动变压器或电涡流式测量方法。

5. 缸胀和差胀监视器

缸胀和差胀监视器种类很多，但基本原理都相似。缸胀（Case Expansion）监视器用来连续监视汽轮机组的汽缸相对于机座差参准点的增长，它包括一个线性可变差动变压器LVDT和CE监视器。LVDT能提供与汽缸对机座间的膨胀差成比例的电压信号，此信号由监视器进行显示，还有相应的输出电压供记录表用；CE内有OK电路，但不带报警电路。

差胀（Differential Expansion）监视器可连续监视主轴相对于汽缸某一点的膨胀差。它由电涡流传感器和前置器提供与汽缸和轴间的膨胀差值成比例的直流电压信号，然后驱动监视器，供指示和外接记录。DE监视器内有OK电路，发报警、危险电路。

（1）线性差动变压器 LVDT。线性差动变压器（Linear Voltage Differential Transformer）的结构示意如图6-7所示，它由三个绕组组成，其中L0为励磁绕组，由1kHz振荡器提供交流励磁电源；L1、L2为输出绕组，反相差动连接，输出的交流电压正比于铁芯偏离中心位置的距离。交流信号经解调器检波后变为直流电压信号输出。当LVDT用于测量缸胀时，外壳固定于基础上，铁芯与汽缸相连；当LVDT用于测量差胀时，外壳固定于汽缸上，铁芯与汽轮机转子上凸缘相耦合。

（2）电涡流传感器原理说明见上述。

三、转速和零转速监控

1. 监视目的和测量方法

汽轮机是在高速旋转状态下工作的。如果转动力矩不平衡，转速就会发生变化。当转速失去控制时，可能发生严重超速现象。汽轮机的零部件在工作过程中已承受很大的离心力，转速增高将使转动部件的离心力急剧增加（离心力与转速的平方成正比）。当转速过多地超出额定转速，转动部件就会严重损坏，甚至发生"飞车"的恶性事故。为了保证机组的安全运行，必须严格监视汽轮机的转速，并设置超速保护装置。

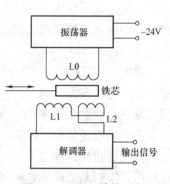

图6-7 LVDT结构示意

转速监视器能连续测量汽轮机等旋转机械的转速，当转速达到或超过某一设定值时，监视器后发出报警信号并采取相应的保护措施。

零转速监视器能连续监测汽轮机停机过程中的零转速状态，以确保盘车装置的及时投用。

2. 汽轮机超速的原因

汽轮机运行中的转速是由调速器自动控制并保持恒定的。当负荷变动时，汽轮机转速将发生变化。这时调速器便动作，调速汽门随之开大或关小，改变进汽量，使转速维持在额定转速。汽轮机发生超速的原因，主要是调速系统工作不正常，不能起到控制转速的作用。

在下列情况下，汽轮机的转速上升很快，这时若调速系统工作不正常，失去控制转速的作用，就会发生超速。

（1）汽轮发电机运行中，由于电力系统线路故障，使发电机油断路器跳闸，汽轮机负荷突然甩到零。

（2）单个机组带负荷运行时，负荷骤然下降。

（3）正常停机过程中，解列的时候或解列后空负荷运行时。

（4）汽轮机启动过程中，闯过临界速度后应定速时，或定速后空负荷运行时。

（5）危急保安器做超速试验时。

（6）运行操作不当。如运行中同步器加得太多，远远超过高限位置；开启升速主汽门开得太快；或停机过程中带负荷解列等。

调速系统工作不正常造成超速的原因较多，比如：

（1）调速器同步器的下限太高，当汽轮机甩负荷时，致使调速汽门不能关小。

（2）速度变动率过大，当负荷骤然由满负荷降至零时，转速上升速度太大以致超速。

（3）调速系统迟缓率过大。在甩负荷时，调速汽门不能迅速关闭，立即切断进汽。

（4）调速系统连杆卡涩或调速汽门卡住，失去控制转速的作用。

3. 汽轮机超速的危害和监测保护措施

汽轮机是高速旋转机械，转动时各转动件会产生很大的离心力，这个离心力直接与材料承受的应力有关，而离心力与转速的平方成正比。当转速增加 10% 时，应力将增加 21%；转速增加 20% 时，应力将增加 44%；在设计时，转动件的强度裕度是有限的。与叶轮等紧力配合的旋转件，其松动转速通常是按高于额定转速的 20% 考虑的。尤其随着机组参数的提高和单机功率的增大，机组时间常数越来越小，甩负荷后飞升加速度更大。因此，运行中若转速超过这个极限，就会发生严重损坏设备的事故，严重时，甚至会造成飞车事故。所以，一般制造厂规定汽轮机的转速不允许超过额定转速的 110%～112%，最大不允许超过额定转速的 115%。

因此，为了保护机组的安全，必须严格监视汽轮机的转速并设置超速保护装置。对大功率机组，为了在发生超速时能可靠地实现紧急停机，一般都装设三套超速保护装置，即危急保安器（也叫危急遮断器）超速保护装置、附加超速保护装置和电气式超速保护装置。另外，有的机组还装设汽轮机危急遮断器电指示装置，用以指示危急遮断器是否动作。

当汽轮机转速超过允许极限时，超速保护装置动作，立即关闭主汽门、调速汽门和抽汽止回门，实行紧急停机，同时还发出声光报警信号。这时，注意监视转速表和周波表的指示值。如果其指示值超过允许极限值并继续上升时，说明主汽门和调速汽门关闭不严，应尽快关闭隔离汽门（或总汽门），切实切断进汽，以保护机组的安全。

4. 测量方法

转速监视器能连续测量汽轮机等旋转机械的转速，当转速达到或超过某一设定值时发出报警信号并采取相应的保护措施。零转速监视器能连续监测汽轮机在停机过程中的零转速状态，以确保盘车装置的及时投用。

转速的测量方法有很多种，常用的有离心式、测速发电机式、磁阻式、磁敏式、电涡流式等。

（1）离心式测速。离心式转速表是根据惯性离心力的原理制成的，转速表由传动部分、机芯和指示器三部分组成。测量转速时，转速表的轴接触汽轮机的转轴，转速表内离心器上重锤在惯性离心力的作用下离开轴心，并通过传动装置带动指针转动。在惯性离心力和弹簧弹性力平衡时指针指示在一定位置，此位置表示轴的转速。

（2）测速发电机测速。测速发电机是一永磁交流式三相同步发电机，它将转速转换成电压信号，然后进行测量和保护。图 6-8 所示为转速测量与超速保护装置的组成示意图。

测速发电机 I 的转子通过弹簧联轴节与汽轮机转子前端相连接。测速发电机的转子上有三个永久磁极，静子为三个互成 120° 的电极，每个极上套有一个绕组。当转子旋转时，静子绕组中感应出的电动势 $E(\mathrm{V})$ 为

$$E = K(W\Phi/60)n \times 10^{-8}, \mathrm{V}$$

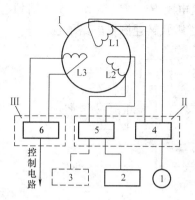

图 6-8　转速测量与超速
保护装置示意

Ⅰ—测速发电机；Ⅱ—转速测量部分；
Ⅲ—超速保护部分；
1—就地指示器；2—远方指示器；
3—自动记录表；4、5—整流器；
6—超速保护回路

式中　K——系数；

　　　　W——静子绕组匝数；

　　　　Φ——磁通，Wb；

　　　　n——转子转速，r/min。

测速发电机输出的频率为

$$f = Pn/60，Hz$$

式中　P——转子磁极对数。

由以上两式可见，静子绕组匝数 W、磁通 Φ 和磁极对数 P 是常数，因此测速发电机的输出电动势或频率是与转速成正比的，这样，便于采用电压表或频率表来测量。

上图中，绕组 L1 和 L2 输出的交流信号分别经整流器 4 和 5 整流成直流电压后，加到由电阻和电位器组成的分压器上，从电位器取出电压，分别接到就地指示器 1、远方指示器 2 和自动记录表 3，由它们指示或记录转速值。绕组 L3 接到由晶体管和继电器组成的超速保护回路 6。当汽轮机转速超过额定值的 10%（即达到 3300r/min）时，继电器动作，接通信号回路和保护回路，发出超速信号和自动停机信号。

（3）磁阻测速。图 6-9 所示为磁阻测速传感器示意图，在被测轴上放置一导磁材料制作的有 60 齿的齿轮（正、斜齿轮或带槽的圆盘都可以），对着齿顶方向或齿侧安装磁阻测速传感器，它由永久磁铁和感应线圈等组成。

当汽轮机主轴带动齿轮旋转时，齿轮上的齿经过测速传感器的软铁磁轭处，使测速传感器的磁阻发生变化。当齿轮的齿顶与磁轭相对时，气隙最小，磁阻最小，磁通量最大，线圈感应出的电动势最大；反之，齿槽与磁轭相对时，气隙最大，线圈产生的感应电动势最小。齿轮每转过一个齿，传感器磁路的磁阻变化一次，因而磁通量也变化一次，线圈中产生的感应电动势为

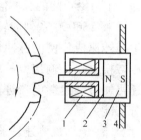

图 6-9　磁阻测速
传感器示意

1—感应线圈；2—软铁磁轭；
3—永久磁铁；4—支架

$$E = W(\mathrm{d}\Phi/\mathrm{d}t) \times 10^{-8}，V$$

式中　W——线圈匝数；

　　　　Φ——穿过线圈的磁通量。

感应电动势的变化频率等于齿轮的齿数和转速的乘积，即

$$f = nz/60，Hz$$

式中　n——旋转轴的转速，r/min；

　　　　z——测速齿轮的齿数。

当 $z=60$ 时，$f=n$，即传感器感应的交变电动势的频率数等于轴的转速数值。

（4）磁敏测速。采用磁敏差分原理进行转速测量的传感器内装有一个小的永久磁铁，在磁铁上装有两个相互串联的磁敏电阻。当软铁或钢等材料制成的标准齿轮接近传感器旋转时，传感器内部的磁场受到干扰，磁力线发生偏移，磁敏电阻的阻值发生变化。两个磁敏电

阻 R1、R2 串联接成差动电路，与传感器电路中的两个定值电阻 R3、R4 组成一个惠斯顿电桥。图 6-10(a)所示为传感器安装示意，图 6-10(b)所示为磁敏式转速测量电路示意。

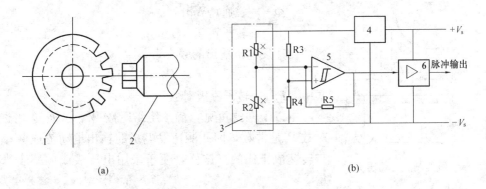

(a)　　　　　　　　　　　　　　　(b)

图 6-10　磁敏式转速测量装置示意
(a) 传感器安装；(b) 磁敏式转速测量电路
1—标准齿轮；2—传感器；3—磁敏电阻；4—稳压器；5—触发电路；6—放大电路

当齿轮的触发标记旋转到某一角度时，两个磁敏电阻阻值发生变化，一个阻值增加，另一个阻值减小，桥路失去平衡，输出正向电压；当触发标记旋转到另一个角度时，桥路反向不平衡，输出反向电压。电桥输出的电压信号经触发电路 5 和快速推挽直流放大电路 6，成为一个边沿很陡的脉冲信号。

MMS6000 系列的转速测量装置由磁敏电阻式传感器和 60 齿的测速齿轮组成，它产生与转速成比例的脉冲信号，然后通过数字转速表进行转速指示；也可以通过频率—电压转换电路，输出 0～10V 或 0～20mA/4～20mA 的直流信号，进行转速指示和记录；还可通过转速继电器进行必要的监控。这种磁敏式测速装置的测量范围宽（0～20kHz），分辨能力高。

（5）电涡流测速。采用电涡流传感器测速时，在旋转轴上开一条或数条槽，或者在轴上安装一块有轮齿的圆盘或圆板，在有槽的轴或有轮齿的圆板附近装一只电涡流传感器。当轴旋转时，由于槽或齿的存在，电涡流传感器将周期性地改变输出信号电压，此电压经过放大、整形变成脉冲信号，然后输入频率计指示出脉冲数，或者输入专门的脉冲计数电路指示频率值。此脉冲数（或频率值）与转速相对应。如轴上有一条槽或一个齿，频率计指示 1Hz 相当于转速为 1r/s；如有 60 个槽或齿，若频率计指示 3000Hz，则转速为 50r/s 或 3000r/min，这时每分钟的转数就可直接读出。如果轴上无法安装有轮齿形圆板或者不能开槽，那么也可利用轴上的凹凸部分来产生脉冲信号，例如轴上的键槽等。

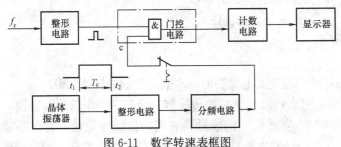

图 6-11　数字转速表框图

（6）数字转速表。数字转速表的测量原理一般为计数法测频率，即在一定的时间间隔内对被测脉冲进行计数，图 6-11所示为数字式转速表框图。

由转速传感器将转速转换成数字脉冲信号，通过整形电路将脉冲信号变换成窄脉冲信号送入门控电路的输入端。门控电路实际上是一个具有"与"门功能的电路，当控制端c为高电平时，"与"门电路导通。送至控制端c的基准时间信号是由高精度石英晶体振荡器产生的振荡信号，经整形和多级分频后形成。因此门控信号是一个宽度为 $T_c=t_2-t_1$ 的矩形脉冲。在 T_c 时间内，被测信号 f_x 通过门控电路输入计数器计数。例如，在计数时间 T_c 内发出 N 个脉冲，则被测轴的转速 n 为

$$n=60N/mt$$

式中　N——计数器读数；

　　　m——转轴上的标计数或轮齿数；

　　　t——计数时间，s。

这种数字式测频法，由于存在固有的量化误差，当转速很低时，数字转速表的准确度很低。因此，数字转速表有一个最低的转速测量值。

5. 零转速监控器

零转速监控器用于连续监视机组的零转速（低转速）状态。由于被测转速很低，如还是采用上述的计数法测频率，则 ±1 个刻度的量化误差很大。例如，当 $f_x=1\text{Hz}$，门控时间为 1s 时，其误差将为 100%。为了提高低频测量的准确度，通常采用反测法，即先测出被测信号的周期 T，再以周期的倒数来求得被测频率，这样，可提高测量准确度。图 6-12 所示为测周期的原理框图。

与图 6-9 所示测频原理框图相比，测周期原理框图只是将整形后的被测信号作为门控信号，即门控时间为被测信号的周期 T，而晶振信号经整形后直接输入门控电路，相当于被测信号。不难理解，计数器的计数值为 N 时，被测周期 T_x 为

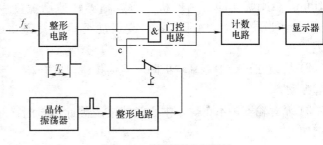

图 6-12　测周期原理框图

$$T_x=N/f_c=NT_c$$

式中　f_c、T_c——晶体振荡器的振荡频率和周期。

当转速传感器发出的脉冲周期大于预定的报警周期时，说明汽轮机的转速很低，为了防止大轴弯曲，需启动盘车装置。此时，控制电路将使报警继电器动作。

MMS6000 系列的转速监视装置采用磁敏电阻和磁钢组成的传感器。当装有 60 齿的齿盘随转轴旋转时，传感器输出的脉冲信号通过双通道转速检测放大器检测。另外，转速传感器输出的脉冲信号通过数字电压表显示汽轮机的转速。

四、振动的监视和保护

1. 监视目的

汽轮机组在启动和运行中都会有一定程度的振动。当设备发生了缺陷，或者机组的运行工况不正常时，汽轮机组的振动都会加剧，严重威胁设备和人身安全。例如振动过大将使转动叶片、轮盘等的应力增加，甚至超过允许值而损坏；使机组动静部分，如轴封、隔板汽封与轴发生摩擦；使螺栓紧固部分松弛；振动严重时会导致轴承、基础、管道甚至整个机组和厂房建筑物损坏。

由此可见，汽轮机组的振动对机组的安全经济运行影响很大。为此，我们要寻找其振源，监视其振动。

汽轮机组振动监视的主要内容为监测振动体在选定点上的振动幅值、振动频率、相位和频谱图等。位移、速度和加速度是表征振动的三个重要的参量，因为它们之间只要通过微分或积分运算就可以相互转换，所以在实际测量中可用多种方法进行振动测量。

汽轮机组的振动按照监测体的相对位置，大致可分为轴承座的绝对振动、轴与轴承座的相对振动和轴的绝对振动。

2. 汽轮机发生振动的原因

汽轮机在启动和运行中产生不正常的振动是比较普遍的现象，而且是一个严重的问题。产生振动的原因是多种多样的，可以是某一个因素引起的，也可以是多方面的因素引起的。一般来说，有以下几个方面的原因。

(1) 由于机组运行中中心不正而引起振动。

1) 汽轮机启动时，如暖机时间不够，升速或加负荷太快，将引起汽缸受热膨胀不均匀，或者滑销系统有卡涩，使汽缸不能自由膨胀，均会使汽缸对转子发生相对歪斜，机组产生不正常的位移，造成振动。

在机组升速过程中，应严格监视各轴承的振动。对 200MW 机组，在升速到临界转速以前，轴承振动应不超过 0.03mm，否则应立即打闸停机。在通过临界转速时，振动不超过 0.1mm，否则就立即打闸停机。通过临界转速后振动一般不超过 0.03mm，最大不超过 0.05mm。当发现机组内部有异声或振动突然增大到 0.05mm，则应立即打闸停机，检查原因。

2) 机组在运行中若真空下降，将使排汽温度升高，后轴承上抬，因而破坏机组的中心，引起振动。

3) 靠背轮安装不正确，中心没找准。因此运行时产生振动，且此振动是随负荷的增加而增加。

4) 机组在进汽温度超过设计规范的条件下运行，将使其膨胀差和汽缸变形增加，如高压轴封向上抬起等。这样，会造成机组中心移动超过允许限度，引起振动。

(2) 由于转子质量不平衡而引起振动。

1) 运行中叶片折断、脱落或不均匀磨损、腐蚀、结垢，使转子发生质量不平衡。

2) 转子找平衡时，平衡质量选择不当或安放位置不当、转子上某些零件松动、发电机转子绕组松动或不平衡等，均会使转子发生质量不平衡。

由于上述两方面的原因，转子出现质量不平衡时，则转子每转一转，就要受到一次不平衡质量所产生的离心力的冲击，这种离心力周期作用的结果，就是产生振动。

(3) 由于转子发生弹性弯曲而引起振动。转子发生弯曲，即使不引起汽轮机动静部分之间的摩擦，也会引起振动。其振动特性和由转子质量不平衡引起振动的情况相似，不同之处是这种振动较显著地表现为轴向振动，尤其当通过临界转速时，其轴向振幅增大得更为显著。

(4) 由于轴承油膜不稳定或受到破坏而引起振动。

(5) 由于汽轮机内部发生摩擦而引发振动。工作叶片和导向叶片摩擦，以及通汽部分轴向间隙不够或安装不当；隔板弯曲，叶片变形，推力轴承工作不正常或安置不当；轴颈与轴承乌金侧向间隙太小等；这些因素都会引起摩擦，进而造成振动。

（6）由于水冲击而引起振动。当蒸汽中带水进入汽轮机内发生水冲击时，将造成转子轴向推力增大和产生很大的不平衡扭力，进而使转子振动。

（7）由于发电机内部故障而引起振动。如发电机转子与静子之间的空气间隙不均匀、发电机转子绕组短路等，均会引起机组振动。

（8）由于汽轮机外部零件如地脚螺栓、基础等松动，将会引起振动。

3. 机组振动过大的危害和监视措施

汽轮机运行中振动的大小，是机组安全与经济运行的重要指标，也是判断机组检修质量的重要指标。汽轮机运行中振动大，可能造成以下的危害和后果：

（1）端部轴封磨损。低压端部轴封磨损，密封作用被破坏，空气漏入低压汽缸中，因而破坏真空；高压端部轴封磨损，自高压缸向外漏汽增大，会使转子轴颈局部受热发生弯曲，蒸汽进入轴承中使润滑油内混入水分，破坏了油膜，并进而引起轴瓦乌金熔化。同时，漏汽损失增大，会影响机组的经济性。

（2）隔板汽封磨损。隔板汽封磨损严重时，将使级间漏汽增大，除影响经济性外，还会增加转子上的轴向推力，进而引起轴瓦乌金熔化。

（3）滑销磨损。滑销磨损严重时，会影响机组的正常热膨胀，从而会进一步引起更严重的事故。

（4）轴瓦乌金破裂，紧固螺钉松脱、断裂。

（5）转动部件材料的疲劳强度降低，将引起叶片、轮盘等损坏。

（6）调速系统不稳定。调速系统不稳定，将引起调速系统事故。

（7）危急遮断器误动作。

（8）发电机励磁机部件松动、损坏。

由上述可见，汽轮机运行中发生振动，不仅会影响机组的经济性，而且会直接威胁机组的安全运行。因此，在汽轮机启动和运行中，对轴承和大轴的振动必须严格进行监视。如振动超过允许值，应及时采取相应措施，以免造成事故。为此，一般汽轮机都装设轴承振动测量装置和大轴振动测量装置，用于监视机组振动情况。当振动超过允许极限时，就发出声光报警信号，以提醒运行人员注意。或者同时发出脉冲信号去驱动保护控制电路，自动关闭主汽门等，实行紧急停机，以保护机组的安全。

4. 测量方法

汽轮机组振动监视的主要内容为监测振动体在选定点上的振动幅值、振动频率、相位和频谐图等。位移、速度和加速度是表征振动的三个重要的参量，因为它们之间只要通过微分或积分运算就可相互转换，所以在实际测量中可用多种方法进行振动测量。

汽轮机组的振动按照监测体的相对位置，大致可分为轴承座的绝对振动、轴与轴承座的相对振动和轴的绝对振动。按传感器的接触方式，可分为接触式传感器（如磁电式、压电式传感器等）和非接触式传感器（如电容式、电感式、电涡流式传感器等）。下面介绍常用的测量方法和基本原理。

（1）磁电式振动传感器。磁电式振动传感器的种类很多，按力学原理可分为惯性式和直接式传感器；按活动部件不同可分为动圈式和动钢式传感器。动圈式传感器可做成惯性式和直接式，而动钢式一般都做成惯性式传感器。下面介绍磁电式传感器的基本原理。

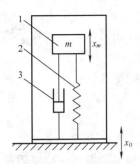

图 6-13　振动系统模型
1—质量块；2—弹簧；
3—阻尼器

磁电式振动传感器是利用电磁感应原理，将运动速度转换成绕组中的感应电动势输出。磁电式传感器的力学模型可以用一个由集中质量、集中弹簧和集中阻尼组成的二阶系统来表示，如图 6-13 所示。

由图 6-13 可见，质量块 1 通过弹簧 2 和阻尼器 3 装在传感器的基座上。测振时传感器的基座随外界被测振动物体而振动，此时质量块 m 就与基座产生相对运动。

当振动物体的频率比传感器的固有频率高得多时，质量（也称地震质量）与振动物体之间的相对位移就接近等于振动物体的绝对位移。在这种情况下，传感器的质量块可以看作是静止的，即相当于一个静止的基准，惯性式传感器就是基于上述原理测量振动的。这种传感器有时也称为地震传感器。

目前，国内测量汽轮发电机组的振动仪表多数采用磁电式传感器，它的典型结构如图 6-14 所示。

传感器的磁钢 4 与壳体 2 固定在一起。芯轴 5 穿过磁钢的中心孔，并由左右两片柔软的圆形弹簧片 7 支撑在壳体上。芯轴的一端固定着一个绕组 3；另一端固定一个圆筒形铜杯（阻尼杯 6）。这种结构形式的传感器，其惯性元件（质量 m）是绕组组件、阻尼杯和芯轴。当振动频率远远高于传感器的固有频率时，绕组接近静止不动，而磁钢则跟随振动体一起振动。

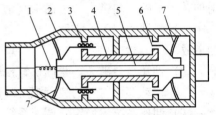

图 6-14　磁电式传感器结构示意
1—引线；2—壳体；3—绕组；4—磁钢；
5—芯轴；6—阻尼杯；7—弹簧片

因此，绕组与磁钢之间就有相对运动，其相对运动的速度等于振动物体的振动速度。绕组以相对速度切割磁力线，传感器就有正比于振动速度的电动势信号输出，所以这类传感器也称为速度式传感器。

绕组中产生的感应电动势 E 为

$$E = BL\,\mathrm{d}x/\mathrm{d}t$$

式中　B——磁场气隙中的磁感应强度，T；

L——绕组导线总长度，m；

$\mathrm{d}x/\mathrm{d}t$——绕组和磁铁间的相对直线运动的速度，m/s。

由于传感器绕组的感应电动势 E 与振动速度成正比，所以传感器可以作为振动速度计使用。如需用它测量位移，则应在输出电动势处连接一积分电路；如需用它测量加速度，则应在速度传感器的输出端连接一微分电路。

（2）电涡流式振动传感器。电涡流式振动传感器的原理已在前文中讨论过。目前国外多数采用电涡流式振动传感器，国内也在用电涡流式振动传感器来代替原来的磁电式振动传感器。图 6-15(a)所示是汽轮机组用电涡流式振动传感器测量主轴振动的示意。

传感器探头 2 通过支架 4 固定在机体 5 上，传感器的位置尽可能靠近轴承座附近。当轴振动时，周期性地改变轴和传感器探头之间的距离，传感器的输出电压便相应地反映振动的波形，通过显示仪表指示振幅的大小，前置器的输出电压波形如图 6-15(b)所示。

（3）组合式振动传感器。目前，汽轮发电机组的振动监视已从监视轴承座振动发展到直接监视主轴相对于自由空间的振动（即轴的绝对振动），这是因为转子是引起振动的主要原因。当振动出现异常时，反应在主轴上的振动变化要比轴承座的振动变化明显得多，因此，监视主轴的绝对振动更为重要。接触式传感器的顶杆直接接触主轴，虽然也能测量轴的绝对振动，但存在触点磨损问题，触点润

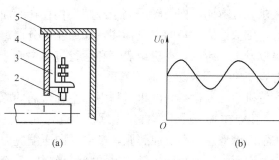

图 6-15　涡流式测量振动示意
(a) 主轴振动示意；(b) 前置器输出的电压波形
1—主轴；2—探头；3—罩壳；4—支架；5—机体

滑情况与轴表面光洁度也会影响测量值，速度响应也受到限制。所以，近年来出现一种复合式振动传感器，它由一个电涡流式传感器和一个速度传感器组合而成，放在一个壳体内，壳体可以安装在汽轮机组的同一个测点上，如图 6-16 所示。

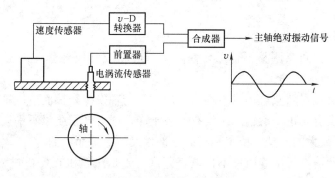

图 6-16　组合式振动传感器示意

这里，电涡流传感器用于测量主轴相对于轴承座的振动，即主轴的相对振动，而速度传感器用于测量轴承座的绝对振动。速度传感器输出的速度信号经 v-D 转换器转换，变为绝对振动的位移信号，与电涡流传感器输出的相对振动位移信号，一起输入合成器，在合成器内进行矢量相加，然后输出主轴的绝对振动信号。主轴的绝对振动测量是根据相对运动原理实现的。

组合式振动传感器除能测量主轴的绝对振动（两个传感器所测量的振动信号的矢量和），还能测量主轴相对于轴承座的振动（电涡流式传感器测得）、轴承座的绝对振动（速度式传感器测得）和主轴在轴承间隙内的径向位移（电涡流式传感器测得）。

组合式振动传感器比接触式振动传感器准确度高，并且还可以提供主轴与轴承振动的幅值和相位，所以是一种很有发展前途的振动传感器。

五、偏心度的监视和保护

1. 监视的目的

汽轮机组启动、停机或运行过程中，主轴弯曲现象是经常发生的，这是由于转子和汽缸各部件的加热或冷却程度不同，形成一定的温差，转子暂时性的热弯曲称弹性弯曲，这种弯曲一般通过正确盘车和暖机是可以消除的。但是转子与汽封之间产生严重径向摩擦，汽缸进水，上下缸温差过大，轴封或隔板汽封间隙调整不当，汽缸加热装置使用不当等，都会使主

轴产生永久性弯曲，即使转子完全冷却后仍存在弯曲。此时，只能停机进行直轴。如果仍继续运行，则会造成设备的严重损坏，如通流部分严重磨损，汽封片推倒损坏，推力瓦损伤等恶性事故发生。所以，在机组启停和运行过程中应严格监视主轴弯曲的情况。

2. 汽轮机主轴发生弯曲的原因

汽轮机启动、运行和停机过程中，主轴弯曲的原因一般有以下几个。

(1) 由于主轴与静止部件发生摩擦引起弯曲。主轴与静止部件发生摩擦，在摩擦地点附近，主轴因摩擦发生高热而膨胀，产生反向压缩应力，促使轴弯曲。

当反向压缩应力小于主轴材料的弹性极限时，冷却后，轴仍能伸直恢复原状，在以后正常运行中不会再出现弯曲，此种弯曲叫做弹性弯曲。若反向压缩应力大于材料弹性极限，轴弯曲后，在冷却时也不能再伸展恢复原状，此种弯曲叫做永久弯曲。此时，就需进行直轴工作。

(2) 由于制造或安装不良引起轴弯曲。在制造过程中，因热处理不当或加工不良，主轴内部还存在着残余应力。在主轴装入汽缸后运行过程中，这种残余应力会局部或全部消失，致使轴弯曲。在安装或换装叶轮时，安装不当或叶轮加热变形，因膨胀不均匀也会使主轴发生弯曲。

(3) 由于检修不良引起轴弯曲。

1) 通流部分轴向间隙调整不合适，使隔板与叶轮或其他部分在运行中发生单面摩擦，轴产生局部过热而造成弯曲。

2) 轴封、隔板汽封间隙过小或不均匀，启动后与轴发生摩擦而造成轴弯曲。

3) 转子中心没有找正，滑销系统没有清理干净，或者转子质量不平衡没有消除等原因，在启动过程中产生较大的振动，使主轴与静止部件发生摩擦而弯曲。

4) 汽封门或调速汽门检修质量不良，有漏汽，于是汽轮机在停机过程中，因蒸汽漏入机内使轴局部受热而弯曲。

(4) 由于运行操作不当引起轴弯曲。

1) 汽轮机转子停转后，由于汽缸与转子冷却速度不一致，以及下汽缸比上汽缸冷却速度快，形成了上下一定的温差，因而转子上部较下部热，转子下部收缩得快，致使轴向上弯曲。此种弯曲属于弹性弯曲，等到汽缸冷却到上下汽缸温度相同时，转子又伸直，恢复原状。

2) 停机后，轴弹性弯曲尚未恢复原状又再次启动，而暖机时间又不够，轴仍处于弹性弯曲状态，这样启动后就会发生振动。严重时主轴与轴封片发生摩擦，使轴局部受热产生不均匀的热膨胀，引起永久弯曲变形。

3) 在汽轮机启动时，转子尚未转动就向轴封送汽暖机，或启动时抽真空过高使进入轴封的蒸汽过多，送汽时间过长等，均会使汽缸内部形成上热下冷，转子受热不均而产生弯曲变形。

4) 运行中发生水冲击，转子推力增大和产生很大的不平衡扭力，使转子剧烈振动，并使隔板与叶轮、动叶与静叶之间发生摩擦，进而引起轴弯曲。

3. 汽轮机主轴弯曲的危害性和监视措施

汽轮机在启动、运行和停机过程中，主轴发生弯曲的原因是多种多样的。当主轴发生弯曲时，其重心偏离机组运转的中心，于是在转子运转时就会产生离心力和振动。当轴弯曲严重时，汽封径向间隙将消失，就会引起动静部件相碰撞，以致造成损坏机组的事故。若轴弯曲过大会形成永久弯曲，此事故就很大，这时需进行直轴。因此，汽轮机在启动、运行和停机过程中，必须严格监视主轴的弯曲情况。

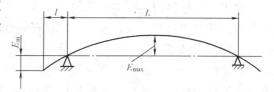

图 6-17　用千分表测主轴偏心度示意

监视主轴弯曲最简单的方法是在轴端装一块千分表，检测转子的晃动度。晃动度的一半称为轴的偏心度，也叫轴的弯曲度或挠度。测量轴的偏心度时，通常把千分表插在轴颈或轴向位移传感器处轴的圆盘上进行测量。根据所测的偏心度值、轴的长度、支撑点和测点之间距离的比例关系，可以用下式估算转子的最大偏心度（见图 6-17），即

$$E_{\max}=0.25(l/L)E_{\mathrm{m}}$$

式中　E_{m}——千分表测得的偏心度，$10\mu m$；

　　　L——两轴承之间转子的长度，mm；

　　　l——千分表位置与轴承间的距离，mm。

实际上转子的弹性弯曲经常发生在调节级区域内。根据比例关系可知，由上述公式估算出的数值比实际的弯曲数值要大，因此，当用估算值控制转子的弹性弯曲时，运行中不会发生危险。

偏心度的检测方法有很多种，如电感式、变压器式、电涡流式等，目前广泛采用电涡流式原理测量主轴的偏心度。

六、轴承温度和油压的监视和保护

1. 轴承温度监视

为了使轴承正常工作，必须监视轴承的温度和润滑油的温度。润滑油的温度过高，会使油的黏度下降，引起轴承油膜不稳定或破坏；油温过低，不能建立起正常的油膜，这两种情况均会引起机组的振动，甚至发生轴瓦毁坏。

润滑油油温的测量，主要是测量冷油器的出口油温和轴承的回油温度。一般润滑油的进口温度为 35～45℃，出口油温不高于 65℃。

一般，通过测量推力瓦块的温度来监视推力轴承的工作状况。推力轴承有工作瓦块和非工作瓦块各十来块，一般在每块工作瓦块上装一测温元件，在每个支持轴承上也装有测温元件，这些测温元件通过 DCS 系统在操作员监视器上显示每个测点的温度。

2. 低油压保护

润滑油压过低，将使各轴瓦的油膜受到破坏，导致轴颈和轴瓦之间干摩擦，支持轴瓦和推力轴瓦的乌金瓦面熔化，汽轮机轴向推力增大，动静部分发生摩擦和碰磨，造成严重损坏机组的事故。为了防止此类事故的发生，汽轮机组必须装设低油压保护装置。

油压低信号通常由油压继电器或电接点压力表发出。当运行中的润滑油压降低到规定值时，保护装置动作，自动启动辅助油泵（交流油泵或直流油泵），以恢复润滑油压。若油压继续下降到最低允许极限值时，低油压保护装置动作，迫使汽轮机跳闸并切断盘车装置电路，以保护汽轮发电机组的安全。

七、凝汽器真空的监视和保护

为了使汽轮机的运行有较好的经济性，并能及时发现和消除凝汽设备运行中的故障，应对凝汽器的真空进行监视，并在真空下降到危险值时能对汽轮机实行真空低保护。

1. 真空的监视

汽轮机运行中必须严格监视凝汽器的真空，当真空下降到规定限值时，发出报警信号；当真空下降到危险值时，发出停机信号。一般应装设指示式、电接点式、数字式和记录式真空表，以便对凝汽器的真空进行监视和记录。

2. 低真空保护

由于低真空运行对机组的安全运行危害极大，所以必须进行低真空保护。运行中无论何种原因引起凝汽器真空下降，且超过规定的低限值时，应首先减小汽轮机的负荷。例如某300MW机组在额定参数下运行，真空不低于90kPa。如真空下降了4kPa，则应发出报警信号；若继续下降，应启动备用循环泵和备用抽气器，若下降到86kPa以下，应采取减负荷措施，真空每降1.3kPa减负荷30MW；若下降到73kPa，负荷应减至零；真空低至63kPa时，应关闭主汽门，立即停机。

低真空保护装置根据预先规定的限值发出信号，使相应的控制回路动作，达到自动保护的目的。对真空的监视除一般设有指示和记录表外，还采用独立的电接点真空表或真空继电器发出保护信号。

如果真空降低到最低极限值而低真空保护装置不动作，排汽压力大于2～4kPa压力时，凝汽器上的薄膜式安全门被冲开，汽轮机向大气排汽，可避免发生凝汽设备因排汽缸压力和温度升高而遭到破坏的事故。